钙藻：形态、分类和研究方法
Calcareous Algae

范嘉松　编译

石油工业出版社

内 容 提 要

钙藻化石是碳酸盐岩内常见的化石，它是识别碳酸盐沉积环境最敏感的生物，人们可以利用它来判别沉积环境、相带和海洋深度，因而受到人们普遍的关注。本书叙述了钙藻三个主要门类（蓝绿藻门或称蓝细菌、绿藻门和红藻门）的各个分类单位。在叙述蓝绿藻或蓝细菌时，对各个属的形态与相似的现代蓝绿藻进行对比，并叙述了这些化石的古生态特征；在绿藻门内主要讨论钙质管形藻纲的各个分类单位的形态和结构特征；在红藻门内主要叙述红藻的分类体系、各个属的形态特征，并探讨它们的演化规律。本书对各类钙藻化石的基本结构、形态特征、分类体系、演化和古生态等方面有比较系统的叙述；本书可作为初学者的入门书籍；还可供高等学校作为古生物教程内钙藻化石及正在研究钙藻化石的研究者参考。

图书在版编目（CIP）数据

钙藻：形态、分类和研究方法 / 范嘉松编译 . — 北京：石油工业出版社，2020.6
ISBN 978-7-5183-3642-5

Ⅰ. ①钙… Ⅱ. ①范… Ⅲ. ①生物礁-碳酸盐岩-研究 Ⅳ. ①P588.24

中国版本图书馆 CIP 数据核字（2019）第 079436 号

出版发行：石油工业出版社
  （北京安定门外安华里 2 区 1 号楼　100011）
  网　　址：www.petropub.com
  编辑部：（010）64523707　图书营销中心：（010）64523633
经　　销：全国新华书店
印　　刷：北京中石油彩色印刷有限责任公司

2020 年 6 月第 1 版　2020 年 6 月第 1 次印刷
889 毫米×1194 毫米　开本：1/16　印张：10.5
字数：300 千字

定价：100.00 元
（如发现印装质量问题，我社图书营销中心负责调换）
版权所有，翻印必究

前　　言

在研究生物礁的过程中，钙藻是生物礁中很重要的一类生物，它对于礁的形成起到了不可忽视的作用。在海洋碳酸盐岩的研究中，钙藻化石的鉴定和研究也占据了重要的位置。钙藻化石是恢复古代沉积环境中最敏感的一类生物，通过它可以比较正确地了解海洋的环境因素，因此钙藻的研究是生物礁和碳酸盐岩研究中不可或缺的领域。

在学习和研究钙藻化石的过程中，我一直在寻找关于详细论述钙藻各个门——蓝绿藻（蓝细菌）、绿藻和红藻的一本书籍。但是，这一努力未获成功。美国曾经出版了一套无脊椎古生物丛书，它对于各门类化石的研究和鉴定起了重要的作用，但至今未见钙藻一书的出版。在 Robert Riding（1991）主编的《钙藻和叠层石》（Calcareous algae and stromatolites）一书内，虽然许多作者对各个门类有详尽的讨论，但缺乏系统的论述，因此仍然不是初学者的理想读物。Erik Flügel（2004）出版的《碳酸盐岩的微相：分析、解释和应用》（Microfacies of carbonate rocks: analysis, interpretation and application）的第10章：薄片中的化石对钙藻化石有比较详尽的论述，我认为这是对钙藻化石最好的总结，可惜，Flügel 并没有对各类钙藻的基本结构、分类体系、演化和古生态方面作系统的叙述，因此对初学者来说仍不能获得钙藻的全面的知识。因此，在综合对比之后，我认为1987年原苏联 Chuvashov, B. I., Luchinina, V. A. and Shuysky, V. P. 等所编写的《钙藻：形态、分类和研究方法》一书，对各类钙藻化石的基本结构、分类体系、演化和古生态方面有比较系统的叙述，我认为这本书可作为初学者入门的书籍，尽管这本书也存在着许多不足之处。因此我根据自己的理解及所掌握的专业知识，于2012年完成了此书的编译。在编译此书的过程中，我感到十分艰苦，因为我的俄语水平很有限。在2017年，我又结合新的资料系统地修改了原文，并添加了化石的中文译名。

在编译此书的过程中，我真诚地感谢我的同事——刘承祚研究员对我的帮助，他经常帮助我解决许多疑难问题；郑丽婧同志帮助借书和复制文献，在此编者谨向这些同志表示由衷的感谢！

使我感到遗憾和不安的是本书还存在着许多问题和缺陷，我真诚地期盼阅读此书的同志们能提出意见，使此书能达到更高的水平。

目　　录

1　钙藻的分类原则及其研究方法 ……………………………………………………………（1）
　1.1　藻类的一般特征 …………………………………………………………………………（1）
　1.2　钙藻的特征：叶状体钙化的各种类型 …………………………………………………（2）
　1.3　钙藻的研究方法 …………………………………………………………………………（5）
　1.4　古代钙藻化石的分类学特征 ……………………………………………………………（6）
2　蓝绿藻（蓝细菌） …………………………………………………………………………（8）
　2.1　现代蓝绿藻的钙化方式 …………………………………………………………………（8）
　2.2　现代蓝绿藻特征的简短叙述 ……………………………………………………………（9）
　2.3　蓝绿藻的生活环境 ………………………………………………………………………（11）
　2.4　钙质蓝绿藻化石在形态学上的基本特征 ………………………………………………（12）
　　2.4.1　钙质外壳的结构 ……………………………………………………………………（12）
　　2.4.2　群体和叶状体的结构 ………………………………………………………………（13）
　2.5　古代钙质蓝绿藻化石的分类原则和分类方案 …………………………………………（16）
　　　科　恰巴科夫菌科　Chabakoviaceae Korde，1969 …………………………………（16）
　　　　属　肾形菌属 *Renalcis* Vologdin，1932 ………………………………………………（17）
　　　　　　恰巴科夫菌属 *Chabakovia* Vologdin，1939 ………………………………………（17）
　　　　　　依申科菌属 *Izhella* Antrop.，1955 …………………………………………………（17）
　　　　　　古微囊菌属 *Palaeomicrocystis* Korde，1961 ……………………………………（18）
　　　　　　小球菌属 *Globuloella* Korde，1961 ………………………………………………（18）
　　　　　　角形蜂窝状菌属 *Angulocellularia* Vologdin，1962 ……………………………（18）
　　　　　　凯马菌属 *Gemma* Luchinina，1982 …………………………………………………（18）
　　　　　　Cherdyncevella Antrop.，1955 …………………………………………………（19）
　　　　　　Shuguria Antrop.，1959 …………………………………………………………（19）
　　　科　表附菌科　Epiphytaceae Korde，1959 …………………………………………（19）
　　　　　表附菌属 *Epiphyton* Bornemann，1886 ………………………………………………（19）
　　　　　萨拉马菌属 *Tharama* Wray，1967 ……………………………………………………（19）
　　　　　科里尔菌属 *Korilophyton* Voronova，1969 …………………………………………（19）
　　　科　前管孔菌科　Proauloporaceae Korde，1969 ……………………………………（19）
　　　　　前管孔菌属 *Proaulopora* Vologdin，1937 …………………………………………（19）
　　　　　管叶菌属 *Tubophyllum* Krasnop.，1955 ……………………………………………（19）
　　　　　航空风向囊菌属 *Aeolissaccus* Elliott，1958 ………………………………………（19）
　　　　　科伊瓦菌属 *Koivaella* Tchuv.，1974 ………………………………………………（19）
　　　科　巴捷内夫菌科　Bateneviaceae Korde，1969 ……………………………………（20）
　　　　属　巴捷内夫菌属 *Batenevia* Korde，1966 …………………………………………（20）

　　　　　　小花菌属 *Subtifloria* Maslov，1956 ……………………………………………………（20）

　　　　　　马拉霍娃菌属 *Malakhovella* Mamet and Roux，1977 ……………………………（21）

　　科　葛万菌科 Girvanellaceae Luchinina，1975 ………………………………………………（21）

　　　　属　葛万菌属 *Girvanella* Nicholson and Etheridge，1878 ………………………………（21）

　　　　　　链状菌属 *Halysis* Hoeg，1932 …………………………………………………………（21）

　　　　　　拉祖莫夫斯基菌属 *Razumovskia* Vologdin，1939 ……………………………………（22）

　　　　　　罗斯普莱兹菌属 *Rothpletzella* Wood，1948 …………………………………………（22）

　　　　　　奥布鲁切夫菌属 *Obruchevella* Reitlinger，1948 ………………………………………（22）

　　　　　　管壳石属 *Tubiphytes* Maslov，1956 …………………………………………………（22）

　　　　　　别拉亚菌属 *Belaya* Shuysky，1973 …………………………………………………（22）

　　　　　　扇形菌属 *Flabellia* Shuysky，1973 …………………………………………………（22）

　　科　加伍德菌科 Garwoodiaceae (Johnson) Shuysky，1973 修改 ……………………………（22）

　　　　属　米切尔丁菌属 *Mitcheldeania* Wethered，1886 ………………………………………（22）

　　　　　　比加菌属 *Bija* Vologdin，1932 …………………………………………………………（22）

　　　　　　察冈诺洛姆菌属 *Zaganolomia* Drosdova，1980 ……………………………………（23）

　　　　　　巴托木菌属 *Botomaella* Korde，1958 ………………………………………………（24）

　　　　　　奥登菌属 *Ortonella* Garwood，1914 …………………………………………………（24）

　　　　　　加伍德菌属 *Garwoodia* Wood，1941 …………………………………………………（24）

　　　　　　海德菌属 *Hedstroemia* Rothpletz，1913 ……………………………………………（24）

　　　　　　卡优菌属 *Cayeuxia* Frollo，1938 ……………………………………………………（24）

　　　　　　比沃卡斯特里亚菌属 *Bevocastria* Garwood，1931 …………………………………（24）

　　　　　　乌赖姆菌属 *Uraimella* Chuvashov，1973 …………………………………………（24）

　　　　　　Visheraia Korde，1958 ………………………………………………………………（24）

　　科　尚未确定 ………………………………………………………………………………………（24）

　　　　属　直角菌属 *Rectangulina* Antrop.，1950 ………………………………………………（24）

　　　　　　小茎菌属 *Stipulella* Maslov，1956 …………………………………………………（25）

2.6　各类蓝绿藻化石的详细讨论 ………………………………………………………………（25）

纲　色球藻纲 (Chroococcophyceae) Geitler，1925 …………………………………………………（25）

　目　色球藻目 (Chroococcales) Geitler，1925 ……………………………………………………（25）

　　科　恰巴科夫菌科 Chabakoviaceae Korde，1969 ………………………………………………（26）

　　　　属　肾形菌属 *Renalcis* Vologdin，1932 ……………………………………………………（26）

　　　　　　凯马菌属 *Gemma* Luchinina，1982 …………………………………………………（26）

纲　段殖体纲 Hormogonophyceae (Geitler) Elenkin，1934 …………………………………………（27）

　目　表附菌目 Epiphytales Korde，1973 …………………………………………………………（27）

　　科　表附菌科 Epiphytaceae Korde，1959 ………………………………………………………（27）

　　　　属　表附菌属 *Epiphyton* Born.，1886 ……………………………………………………（27）

　目　前管孔菌目 Proauloporales Luchinina，1975 ………………………………………………（29）

　　科　前管孔菌科 Proauloporaceae Korde，1969 …………………………………………………（29）

　　　　属　前管孔菌属 *Proaulopora* Vologdin，1937 ……………………………………………（29）

　　　　科　巴捷内夫菌科 Bateneviaceae Korde，1969 ……………………………………………（30）
　　　　　　属　巴捷内夫菌属 *Batenevia* Korde，1966 …………………………………………（30）
　　　　　　　　小花菌属 *Subtifloria* Maslov，1956 …………………………………………（30）
　　　　科　葛万菌科 Girvanellaceae Luchinina，1975 …………………………………………（31）
　　　　　　属　葛万菌属 *Girvanella* Nicholson and Ether.，1878 ………………………………（31）
　　　　　　　　罗斯普莱兹菌属 *Rothpletzella* Wood，1948 …………………………………（31）
　　　　　　　　奥布鲁切夫菌属 *Obruchevella* Reitl.，1948 …………………………………（31）
　　　　科　加伍德菌科 Garwoodiaceae (Johnson) Shuysky，1973 修改 ……………………（32）
　　　　　　属　巴托木菌属 *Botomaella* Korde，1958 …………………………………………（32）
　　　　　　　　比加菌属 *Bija* Vologdin，1932 ………………………………………………（32）
　　　　　　　　海德菌属 *Hedstroemia* Rothpletz，1913 ……………………………………（32）
　　　　科　韦瑟雷德菌科 Wetheredellaceae Vachard，1976 ………………………………（33）
　　　　　族　韦瑟雷德菌族 Wetheredelleae Berchenko，1987 …………………………………（33）
2.7　钙质蓝绿藻化石古生态的基本特征 …………………………………………………………（34）
　2.7.1　生长方式 ………………………………………………………………………………（34）
　2.7.2　深度 ……………………………………………………………………………………（35）
　2.7.3　温度 ……………………………………………………………………………………（35）
　2.7.4　对蓝绿藻必需的各种元素的讨论 ……………………………………………………（36）
　2.7.5　气体的状况（通气的状况）…………………………………………………………（37）
　2.7.6　水流的动荡程度 ………………………………………………………………………（37）
　2.7.7　土壤 ……………………………………………………………………………………（37）
2.8　钙质蓝绿藻化石的地层分布 …………………………………………………………………（38）

3　绿藻 …………………………………………………………………………………………（41）
3.1　绿藻的分类原则和研究方法 …………………………………………………………………（41）
3.2　绿藻的一般分类状况 …………………………………………………………………………（43）
3.3　管形藻纲（Siphonophyceae）的分类和详细介绍 …………………………………………（45）
　3.3.1　现代管形藻的解剖学和生理学上的简要特征 ………………………………………（45）
　3.3.2　钙质管形藻纲（此纲包括钙扇藻目 Udoteales、粗枝藻目 Dasycladales、
　　　　　管枝藻目 Siphonocladales）的形态及其术语和研究方法 ………………………（46）
　3.3.3　管形藻纲的分类原则的讨论 …………………………………………………………（54）
3.4　钙扇藻目 Udoteales Wille，1884（Blackm. and Tansl.，1902）…………………………（55）
　3.4.1　钙扇藻目 Udoteales 的一般叙述 ……………………………………………………（55）
　3.4.2　钙扇藻目的分类叙述 …………………………………………………………………（56）
　　　　科　量杯藻科 Lanciculaceae Shuysky，1987 ……………………………………………（57）
　　　　　族　量杯藻族 Lanciculeae Shuysky，1985 ……………………………………………（57）
　　　　科　双形管藻科 Dimorphosiphonaceae Shuysky，1987 ………………………………（58）
　　　　　族　双形管藻族 Dimorphosiphonaeae Shuysky，1987 ………………………………（58）
　　　　　　属　双形管藻属 *Dimorphosiphon* Hoeg，1927 ……………………………………（58）
　　　　　　　　前里坦藻属 *Praelitanaia* Shuysky，1987 ……………………………………（58）

　　　　　小里坦藻属 *Litanaella* Shuysky and Schirschova, 1987 …………………………（58）
　　　　　Bijagodella Chuvashov, 1973 ……………………………………………………（58）
　　　　　阿拉伯松藻属 *Arabicodium* Elliott, 1957 ………………………………………（58）
　族　里坦藻族 Litanaiae Shuysky, 1987 …………………………………………………（58）
　　属　里坦藻属 *Litanaia* Maslov, 1956 …………………………………………………（58）
　　　　卷曲藻属 *Circella* Schirschova, 1984 ………………………………………………（58）
　　　　马斯洛夫藻属 *Maslovina* Obrhel, 1968 ……………………………………………（58）
　族　托盘藻族 Abacelleae Shuysky, 1987 …………………………………………………（59）
　　属　托盘藻属 *Abacella* Maslov, 1956 …………………………………………………（59）
　族　杆孔藻族 Bacilloporelleae Shuysky, 1987 ……………………………………………（59）
　　属　杆孔藻属 *Bacilloporella* Maslov, 1973 ……………………………………………（59）
　族　烧瓶孔藻族 Ampulliporeae Shuysky, 1987 …………………………………………（59）
　　属　烧瓶孔藻属 *Ampullipora* Shuysky, 1987 …………………………………………（59）
　族　葡萄状藻族 Botryelleae Shuysky, 1987 ………………………………………………（59）
　　属　串藻属 *Uva* Maslov, 1956 …………………………………………………………（59）
　　　　葡萄状藻属 *Botrys* Schirschova, 1984 ……………………………………………（59）
　　　　小葡萄状藻属 *Botryella* Shuysky and Schirschova, 1987 ………………………（59）
　族　布恩藻族 Boueineae Shuysky, 1987 …………………………………………………（60）
　　属　布恩藻属 *Boueina* Toula, 1883 ……………………………………………………（60）
　　　　线状藻属 *Funiculus* Shuysky and Schirschova, 1987 …………………………（60）
　族　洛维藻族 Lowvilliae Shuysky, 1987 …………………………………………………（61）
　　属　类双形管藻属 *Dimorphosiphonoides* Guilbault and Mamet, 1976 …………（61）
　　　　洛维藻属 *Lowvillia* Guilbault and Mamet, 1976 ………………………………（61）
　族　克里贝藻族 Clibeciae Shuysky, 1987 …………………………………………………（61）
　　属　克里贝藻属 *Clibeca* Poncet, 1975 …………………………………………………（61）
　　　　希科洛松藻属 *Hikorocodium* Endo, 1951 ………………………………………（61）
　　　　泡沫双松藻属 *Aphroditicodium* Elliott, 1970 ……………………………………（61）
　　　　托罗斯藻属 *Tauridium* Güvenc, 1966 ……………………………………………（61）
　　　　泰国孔藻属 *Thaiporella* Endo, 1965 ………………………………………………（61）
科　裸松藻科 Gymnocodiaceae Elliott, 1955 ………………………………………………（61）
　属　裸松藻属 *Gymnocodium* Pia, 1920 …………………………………………………（61）
　　　二叠钙藻属 *Permocalculus* Elliott, 1955 ……………………………………………（61）
　　　短松藻属 *Succodium* Konishi, 1954 …………………………………………………（61）
　　　尤尔法裸松藻属 *Dzhulfanella* Korde, 1965 …………………………………………（61）
　　　南京裸松藻属 *Nanjinophycus* Mu and Riding, 1983 ……………………………（61）
科　近松藻科 Anchicodiaceae Shuysky, 1987 ………………………………………………（62）
　族　伊万诺夫藻族 Ivanoviae Shuysky, 1987 ……………………………………………（62）
　　属　伊万诺夫藻属 *Ivanovia* Chvorova, 1946 …………………………………………（62）
　　　　近松藻属 *Anchicodium* Johnson, 1946 ……………………………………………（62）

　　　　　新近松藻属 *Neoanchicodium* Endo，1954 ……………………………………………（62）
　　　　　真果叶藻属 *Eugonophyllum* Konishi and Wray，1961 ………………………………（62）
　　族　雨伞藻族 Paradellae Maslov，1956 ……………………………………………………（63）
　　　　属　雨伞藻属 *Paradella* Maslov，1956 …………………………………………………（63）
　　族　钙叶藻族 Calcifoliae Shuysky，1987 ……………………………………………………（63）
　　　　属　钙叶藻属 *Calcifolium* Schvetzov and Birina，1935 ………………………………（63）
3.5　粗枝藻目 Dasycladales Pascher，1931 ……………………………………………………（64）
　3.5.1　粗枝藻目的一般讨论 ……………………………………………………………………（64）
　3.5.2　粗枝藻目的分类系统 ……………………………………………………………………（66）
　　科　谢列特藻科 Seletonellaceae Korde，1972（谢列特是哈萨克斯坦北部的一条河流的名称）
　　　　……………………………………………………………………………………………（67）
　　　族　谢列特藻族 Seletonelleae Korde，1950 ………………………………………………（67）
　　　　属　谢列特藻属 *Seletonella* Korde，1950 ………………………………………………（67）
　　　　　梅耶尔藻属 *Mejerella* Korde，1950 …………………………………………………（67）
　　　族　寒武孔藻族 Cambroporelleae Korde，1950 …………………………………………（67）
　　　　属　寒武孔藻属 *Cambroporella* korde，1950 …………………………………………（67）
　　族　阿姆加藻族 Amgaelleae Korde，1957 …………………………………………………（68）
　　　　属　阿姆加藻属 *Amgaella* Korde，1957 ………………………………………………（68）
　　　　　雅库特藻属 *Yakutina* Korde，1972（=*Siberiella* Korde，1957）…………………（68）
　　　　　长笛藻属 *Thibia* Shuysky，1973 ………………………………………………………（68）
　　　　　马克西莫娃藻属 *Maksimovia* Korde，1980 …………………………………………（68）
　　　　　Iskanderkulia Saltovsk.，1984 …………………………………………………………（68）
　　科　圆球藻科 Cyclocrinaceae Maslov，1956 ………………………………………………（68）
　　　族　轴球藻族 Bornetelleae Morellet，1913；Bassoullet 等，1979 修改 …………………（68）
　　　　属　轴球藻属 *Bornetella* Munier-Chalmas，1877 ……………………………………（68）
　　　　　指孔藻属 *Dactylopora* Lamarck，1816 ………………………………………………（68）
　　　　　指状藻属 *Digitella* Morellet，1913 ……………………………………………………（68）
　　　　　齐特尔藻属 *Zittelina* Munier-Chalmas，1877（*Maupasia* Munier-Chalmas，1877）
　　　　　………………………………………………………………………………………（69）
　　　族　锥形孔藻族 Coniporelleae Bassoullet 等，1979 ………………………………………（69）
　　　　属　锥形孔藻属 *Coniporella* Fischer and Thierry，1971 ……………………………（69）
　　　　　小角形藻属 *Goniolina* d'Orbigny，1850 ……………………………………………（69）
　　　　　类角形藻属 *Goniolinopsis* Milanovic，1965 …………………………………………（69）
　　　　　约翰逊藻属 *Johnsonia* Korde，1965 …………………………………………………（69）
　　　　　日本孔藻属 *Nipponophysoporella* Endo，1959 ………………………………………（69）
　　　　　排孔藻属 *Stichoporella* Pia，1922 ……………………………………………………（69）
　　　族　圆球藻族 Cyclocrineae Pia，1927 ……………………………………………………（69）
　　　　亚族　圆球藻亚族 Cyclocrinae Pia，1927 ……………………………………………（69）
　　　　　属　梨形藻属 *Apidium* Stolley，1896 ………………………………………………（69）

腔球藻属 *Coelosphaeridium* Roemer，1885 …………………………………………… (69)

圆球藻属 *Cyclocrinus* Eichwald，1840 …………………………………………… (69)

米齐藻属 *Mizzia* Schubert，1907 …………………………………………………… (69)

卵石藻属 *Ovulites* Lamarck，1816 ………………………………………………… (69)

科佩特藻属 *Kopetdagaria* Maslov，1960 ………………………………………… (69)

亚族　乳孔藻亚族 Mastoporinae Pia，1927 ………………………………………………… (69)

属　　乳孔藻属 *Mastopora* Eichwald，1840 ……………………………………………… (69)

阿亚克马拉索尔藻属 *Ajakmalajsoria* Korde，1957 ……………………………… (69)

古角形藻属 *Eogoniolina* Endo，1953 ……………………………………………… (69)

表乳孔藻属 *Epimastopora* Pia，1922 ……………………………………………… (69)

柯尼克孔藻属 *Koninckopora* Lee，1912 …………………………………………… (69)

乌尼亚藻属 *Unjaella* Korde，1951 ………………………………………………… (69)

古柯尼克孔藻属 *Eokoninckopora* Saltovsk.，1984 ……………………………… (69)

科　粗枝藻科 Dasycladaceae（Kützing，1843）Stizenberger，1860 …………………………… (71)

族　细针藻族 Aciculelleae Bassoullet 等，1979 ……………………………………………… (71)

属　　细针藻属 *Aciculella* Pia，1930 …………………………………………………… (71)

拟纺锤藻属 *Atractyliopsis* Pia，1937 ……………………………………………… (71)

腔孢藻属 *Coelosporella* Wood，1940 ……………………………………………… (71)

全孢藻属 *Holosporella* Pia，1930 ………………………………………………… (71)

库立克藻属 *Kulikia* Golubtsov，1961 ……………………………………………… (71)

束缚孔藻属 *Sphinctoporella* Mamet and Rudloff，1972 ………………………… (71)

族　泡沫孔藻族 Aphroporelleae Shuysky，1987 …………………………………………… (71)

属　　泡沫孔藻属 *Aphroporella* Gnilovskaya，1972 …………………………………… (71)

族　具刺藻族 Batophoreae Valet，1969 ……………………………………………………… (71)

属　　具刺藻属 *Batophora* Agardh，1854 ………………………………………………… (72)

族　圆柱孔藻族 Cylindroporelleae Pal，1976 ……………………………………………… (72)

属　　圆柱孔藻属 *Cylindroporella* Johnson，1954 ……………………………………… (72)

土库曼斯坦藻属 *Turkmeniaria* Maslov，1960 …………………………………… (72)

异孔藻属 *Hetroporella* Ott，1968 ………………………………………………… (72)

族　粗孔藻族 Dasyporelleae Pia，1920；Bassoullet 等，1979 修改 ……………………… (72)

属　　粗孔藻属 *Dasyporella* Stolley，1893 ……………………………………………… (72)

柱孔藻属 *Rhabdoporella* Stolley，1893 …………………………………………… (72)

Mellporella Racz，1965 …………………………………………………………… (72)

碳孔藻属 *Anthracoporella* Pia，1920 ……………………………………………… (72)

Edelsteinia Vologdin，1940 ………………………………………………………… (72)

Issinella Reitlinger，1954 …………………………………………………………… (72)

乌拉尔藻属 *Uralella* Korde，1957 ………………………………………………… (72)

斯卡兹孔藻属 *Scasyporella* Shuysky，1987 ……………………………………… (72)

卷枝藻属 *Ulocladia* Shuysky and Schirschova，1987 …………………………… (72)

族	双孔藻族 Diploporeae Pia，1920；Bassoullet 等，1979 修改	(72)
亚族	双孔藻亚族 Diploporinae Pia，1920	(73)
属	双孔藻属 *Diplopora* Schafhäutl，1863	(73)
亚族	韦莱比特藻亚族 Velebitellinae Vachard，1977	(73)
属	韦莱比特藻属 *Velebitella* Kochansky-Devide，1964	(73)
	古韦莱比特藻属 *Eovelebitella* Vachard，1974	(73)
	窗格孔藻属 *Windsoporella* Mamet and Rudloff，1972	(73)
族	双枝藻族 Dissocladelleae Elliott，1977	(74)
属	双枝藻属 *Dissocladella* Pia，1936	(74)
族	费尔干纳藻族 Ferganelleae Maslov，1955	(74)
属	费尔干纳藻属 *Ferganella* Maslov，1955	(74)
族	圆孔藻族 Gyroporelleae Pal，1976；Bassoullet 等，1979 修改	(74)
亚族	圆孔藻亚族 Gyroporellinae Berchenko，1987	(74)
属	圆孔藻属 *Gyroporella* Gümbel，1874	(74)
	哥伦比亚藻属 *Columbiapora* Mamet，1974	(74)
	远藤藻属 *Endoina* Korde，1965	(74)
	二叠缠绕藻属 *Permoperplexella* Elliott，1968	(74)
亚族	大孔藻亚族 Macroporellinae Pia，1920；Bassoullet 等，1979 修改	(74)
属	大孔藻属 *Macroporella* Pia，1912	(74)
	因特姆尔藻属 *Intermurella* Elliott，1972	(74)
族	蠕藻族 Neomereeae Pia，1920；Bassoullet 等，1979 修改	(75)
亚族	蠕藻亚族 Neomerinae Pia，1927；Bassoullet 等，1979 修改	(75)
属	蠕藻属 *Neomeris* Lamouroux，1816	(75)
	蒙蒂藻属 *Montiella* Morellet，1922	(75)
	莫瑞莱特藻属 *Morelletina* Maslov，1969	(75)
	印度藻属 *Indopolia* Pia，1936	(75)
	勒莫因藻属 *Lemoinella* Morellet，1913	(75)
亚族	波纹藻亚族 Cymopoliinae Pia，1927；Bassoullet 等，1979 修改	(75)
属	波纹藻属 *Cymopolia* Lamouroux，1816	(75)
	卡勒藻属 *Karreria* Munier-Chalmas，1877	(75)
	假波纹藻属 *Pseudocymopolia* Elliott，1970	(75)
亚族	莫瑞莱特藻亚族 Morelletporinae Varma，1955	(75)
属	莫瑞莱特孔藻属 *Morelletpora* Varma，1955	(75)
	小皮亚藻属 *Piania* Gowda，1959	(75)
	Sakkionella Segonzac，1970	(75)
族	帕克藻族 Parkerelleae Genot，1978	(75)
属	帕克藻属 *Parkerella* Morellet，1922	(75)
	卡彭特藻属 *Carpenterella* Munier-Chalmas，1877	(75)
	Jodotella Morellet，1913	(75)

族　原始珊瑚藻族 Primicorallineae Pia，1920 ……………………………………………（75）
　　属　原始珊瑚藻属 *Primicorallina* Whitfield，1894 …………………………………（75）
　　　　丽楔藻属 *Callisphenus* Hoeg，1937 ………………………………………………（75）
　　　　类绢丝藻属 *Callithamniopsis* Whitfield，1894 ……………………………………（75）
族　古孔藻族 Palaeoporelleae Shuysky，1987 ………………………………………………（75）
　　属　古孔藻属 *Palaeoporella* Stolley，1893 …………………………………………（76）
　　　　分开孔藻属 *Diversoporella* Gnilovskaya，1972 …………………………………（76）
族　轮环藻族 Rotelleae Shuysky，1987 ………………………………………………………（76）
　　属　友好藻属 *Amicus* Maslov，1956 ……………………………………………………（76）
　　　　轮环藻属 *Rotella* Shuysky and Schirschova，1987 ………………………………（76）
　　　　帕尔马藻属 *Parmiella* Schirschova，1985 ………………………………………（76）
族　号角孔藻族 Salpingoporelleae Bassoullet 等，1979 ……………………………………（77）
　　亚族　少孔藻亚族 Oligoporellinae Bassoullet 等，1979 ………………………………（77）
　　　　属　少孔藻属 *Oligoporella* Pia，1912 …………………………………………（77）
　　　　　　坎贝尔藻属 *Campbelliella*（Radoičič，1959）Bernier，1974 ……………（77）
　　　　　　新梭孔藻属 *Neoteutloporella* Bassoullet 等，1978 …………………………（77）
　　　　　　囊孔藻属 *Physoporella* Steinmann，1903 …………………………………（77）
　　亚族　号角孔藻亚族 Salpingoporellinae Bassoullet 等，1979 …………………………（77）
　　　　属　号角孔藻属 *Salpingoporella*（Pia，1918）Conard，1969 ………………（77）
　　　　　　安纳托利亚藻属 *Anatolipora* Konishi，1956 ………………………………（77）
　　　　　　Salopekiella Milanovič，1965 ……………………………………………（77）
　　　　　　Unella Poncet，1974 ………………………………………………………（77）
　　　　　　Uragiella Pia，1925 ………………………………………………………（77）
　　　　　　科钦恩斯基藻属 *Kochanskyella* Milanovič，1974 …………………………（77）
　　　　　　新圆孔藻属 *Neogyroporella* Yabe and Toyama，1949 ……………………（77）
族　特尔奎姆藻族 Terquemelleae Pia，1927 …………………………………………………（77）
　　属　特尔奎姆藻属 *Terquemella*（Munier-Chalmas，1877）Morellet，1913 …………（77）
　　　　链条藻属 *Catellaria* Maslov，1955 ……………………………………………（77）
　　　　小瓶藻属 *Ollaria* Maslov，1955 …………………………………………………（77）
族　梭孔藻族 Teuloporelleae Pia，1920 ………………………………………………………（78）
　　属　梭孔藻属 *Teutloporella* Pia，1912；Bassoullet 等，1978 修改 …………………（78）
　　　　细孔藻属 *Litopora* Johnson，1964 ………………………………………………（78）
族　茎孔藻族 Thyrsoporelleae Pia，1927；Elliott，1977 修改 ……………………………（78）
　　属　茎孔藻属 *Thyrsoporella* Gümbel，1972 …………………………………………（78）
　　　　贝氏藻属 *Belzungia* Morellet，1908 ……………………………………………（78）
　　　　Dobunniella Elliott，1975 …………………………………………………………（78）
　　　　因佩里藻属 *Imperiella* Elliott，1975 ……………………………………………（78）
　　　　Placklesia Bilgutay，1968 …………………………………………………………（78）
族　三孔藻族 Triploporelleae Pia，1920；Bassoullet 等，1979 修改 ………………………（78）

亚族　粗枝藻亚族 Dasycladinae（Pia，1920）；Bassoullet 等，1979 修改 ……………（78）
　属　粗枝藻属 *Dasycladus* Agardh，1827 ………………………………………………（78）
　　　绿枝藻属 *Chlorocladus* Sonder，1871 …………………………………………（78）
　　　始粗枝藻属 *Eodasycladus* Cros and Lemoine，1966 …………………………（78）
　　　古粗枝藻属 *Palaeodasycladus* Pia，1927 ………………………………………（78）
亚族　线孔藻亚族 Linoporallinae Pia，1927；Bassoullet 等，1979 修改 ……………（78）
　属　线孔藻属 *Linoporella*（Steinmann，1899）Bassoullet 等，1978 …………（79）
　　　海拉克藻属 *Herakella* Kochansky-Devide，1970 ……………………………（79）
　　　五形孔藻属 *Pentaporella* Senowbari-Daryan，1978 …………………………（79）
　　　Suppiluliumaella Elliott，1968 ……………………………………………………（79）
　　　Cabrieropora Mamet and Roux，1975 …………………………………………（79）
　　　连接藻属 *Connexia* Kochansky-Devide，1970 …………………………………（79）
亚族　石刻藻亚族 Petrasculinae Pia，1920；Bassoullet 等，1979 修改 ………………（79）
　属　石刻藻属 *Petrascula*（Gümbel，1873）Pia，1920 …………………………（79）
亚族　三孔藻亚族 Triploporellinae Pia，1920；Bassoullet 等，1979 修改 …………（79）
　属　三孔藻属 *Triploporella*（Steinmann，1880）Bassoullet 等，1978 ………（79）
　　　尖孔藻属 *Acroporella*（Praturlon，1964）Praturlon and Radoicic，1974 （79）
　　　艾伯塔孔藻属 *Albertaporella* Johnson，1966 …………………………………（79）
　　　巴尔坎藻属 *Balkhanella* Srivastava，1973 ……………………………………（79）
　　　Broeckella Morellet，1922 …………………………………………………………（79）
　　　小棒孔藻属 *Clavaporella* kochansky and Herak，1960 ………………………（79）
　　　Crinella Sokač and Nikler，1973 …………………………………………………（79）
　　　迪纳尔藻属 *Dinarella* Sokač and Nikler，1969 ………………………………（79）
　　　真连结孔藻属 *Euspondyloporella* Sokač and Nikler，1973 …………………（79）
　　　Fanesella Cros and Lemoine，1966 ………………………………………………（79）
　　　日孔藻属 *Helioporella* Sokač and Nikler，1973 ………………………………（79）
　　　黑山藻或蒙特内格鲁藻属 *Montenegrella* Sokač and Nikler，1973 ………（79）
　　　Pekiskopora Mamet，1974 …………………………………………………………（79）
　　　Sarosiella Segonzac，1972 …………………………………………………………（79）
　　　中华藻属 *Sinoporella* Yabe，1949 ………………………………………………（79）
　　　Tersella Morellet，1951 ……………………………………………………………（79）
　　　三枝藻属 *Trinocladus* Raineri，1922 ……………………………………………（79）
　　　早管藻属 *Orthriosiphon* Johnson and Konishi，1956 …………………………（79）
　　　类早管藻属 *Orthriosiphonoides* Petryk，1972 …………………………………（79）
　　　伊夫杰利藻属 *Ivdelipora* Shuysky and Schirschova，1987 …………………（79）
族　Uterieae Morellet，1922；Bassoullet 等，1979 修改 ………………………………（79）
　属　*Uteria* Michelin，1845 ……………………………………………………………（79）
　　　导管孔藻属 *Angioporella* Masse，Conrad and Radoičić，1973 ……………（79）
族　蠕孔藻族 Vermiporelleae Saltovskaya，1987 ………………………………………（80）

　　　　属　蠕孔藻属 *Vermiporella* Stolley，1893 ……………………………………………（80）
　　　　　　诺万泰藻属 *Novantiella* Elliott，1972 ………………………………………（80）
　　　　　　哈萨克斯坦藻属 *Kazakhstanelia* Korde，1957 ……………………………（80）
　　科　伞藻科 Acetabulariaceae（Endlicher）Hauck，1884 ………………………………（81）
　　　族　伞藻族 Acetabularieae Decaisne，1842 ……………………………………………（81）
　　　　属　伞藻属 *Acetabularia* Lamouroux，1816 ………………………………………（81）
　　　　　　尖针藻属 *Acicularia* d'Archiac，1843 …………………………………………（81）
　　　　　　定向孔藻属 *Orioporella* Munier-Chalmas，1877 ……………………………（81）
　　　族　盾形藻族 Clypeineae Elliott，1968；Bassoullet 等，1979 修改 ………………（81）
　　　　属　盾形藻属 *Clypeina* Michelin，1845 ……………………………………………（81）
　　　　　　射孔藻属 *Actinoporella*（Gümbel，1882）Conrad 等，1974 ………………（81）
　　　　　　古盾形藻属 *Eoclypeina* Emberger（Bassoullet 等，1979）……………………（81）
　　　　　　假盾形藻属 *Pseudoclypeina* Radoičič，1969 ……………………………………（81）
　　　　　　马斯洛夫孔藻属 *Masloviporella* Kulik，1973 …………………………………（81）
　　　　　　钩形藻属 *Hamulusella* Elliott，1978 ……………………………………………（81）
　　　　　　普拉图隆藻属 *Praturlonella* Barattolo，1978 …………………………………（81）
　　　　　　研钵藻属 *Coticula* Shuysky and Schirschova，1987 …………………………（81）
　　　族　海棍藻族 Halicoryneae Valet，1969 ………………………………………………（81）
　　　　属　海棍藻属 *Halicoryne* Harvey，1859 ……………………………………………（81）
　　　　　　喙孔藻属 *Rostroporella* Segonzac，1971 ………………………………………（81）
　　　族　Luliporeae Shuysky，1984 …………………………………………………………（81）
　　　　属　吉萨尔藻属 *Gissarella* Saltovskaya，1979 ……………………………………（82）
　　　　　　Lulipora Shuysky，1984 …………………………………………………………（82）
3.6　管枝藻目 Siphonocladales（Blackm. and Tansl.）Oltm.，1904 …………………………（82）
3.6.1　管枝藻目的概述 …………………………………………………………………………（82）
3.6.2　管枝藻目的分类叙述 ……………………………………………………………………（85）
　亚目　古管枝藻亚目 Palaeosiphonocladales Shyusky，1985 ………………………………（85）
　　科　古别立兹藻科 Palaeoberesellaceae Mamet and Roux，1974 …………………………（85）
　　　族　卡马藻族 Kamaeneae Shuysky，1985 ……………………………………………（86）
　　　　属　卡马藻属 *Kamaena* Antropov，1967 …………………………………………（86）
　　　　　　小卡马藻属 *Kamaenella* Mamet and Roux，1974 ……………………………（86）
　　　　　　古别立兹藻属 *Palaeoberesella* Mamet and Roux，1974 ……………………（86）
　　　　　　亚卡马藻属 *Subkamaena* Berchenko，1981 ……………………………………（86）
　　　　　　小柱藻属 *Stylaella* Berchenko，1981 …………………………………………（86）
　　　族　小碳孔藻族 Antracoporellopsiae Shuysky，1985 ………………………………（86）
　　　　属　小碳孔藻属 *Antracoporellopsis* Maslov，1956 ………………………………（86）
　　　　　　拟卡马藻属 *Parakamaena* Mamet and Roux，1974 …………………………（86）
　　　　　　Brazhnikovia Berchenko，1981 ………………………………………………（86）
　　　　　　Pokorniella Vachard，1977 ……………………………………………………（86）

　　　　　　下弯藻属 *Proninella* Reitlinger，1971 ·· （86）
　　族　Exvotariselleae Shuysky，1985 ·· （86）
　　　　属　*Exvotarisella* Elliott，1970 ·· （86）
　　　　　　假卡马藻属 *Pseudokamaena* Mamet，1972 ·· （86）
　　　　　　Dokutchaevskella Berchenko，1981 ·· （86）
科　别立兹藻科 Beresellaceae Maslov and Kulik，1956 ·· （86）
　　族　顿涅茨克藻族 Donezelleae Termier and Vachard，1975 ··································· （86）
　　　　属　顿涅茨克藻属 *Donezella* Maslov，1929 ··· （87）
　　　　　　前顿涅茨克藻属 *Praedonezella* Kulik，1973 ··· （87）
　　　　　　亮壳藻属 *Claracrusta* Vachard，1981 ··· （87）
　　　　　　Berestovia Berchenko，1983 ·· （87）
　　族　别立兹藻族 Bereselleae Maslov and kulik，1956 ·· （87）
　　　　属　别立兹藻属 *Beresella* Machaev，1939 ·· （87）
　　　　　　德维纳藻属 *Dvinella* Khvorova，1949 ··· （87）
　　　　　　德维纳藻属 *Dvinella*（*Trinodella*）Maslov and Kulik，1955 ··················· （87）
　　　　　　德维纳藻属 *Dvinella*（*Ardengostella*）Vachard，1977 ·························· （87）
　　　　　　Goksuella Güvenc，1965 ·· （87）
　　　　　　Einoriella Saltovskaya，1984 ·· （87）
　　族　乌拉尔孔藻族 Uraloporelleae Shuysky，1985 ··· （87）
　　　　属　乌拉尔孔藻属 *Uraloporella* Korde，1950 ·· （87）
　　　　　　Jansaella Mamet and Roux，1974 ··· （87）
　　　　　　萨马拉藻属 *Samarella* Maslov and Kulik，1955 ····································· （87）
　　　　　　古乌拉尔孔藻属 *Eouraloporella* Berchenko，1981 ·································· （87）
　　　　　　Luteotubulus Vachard，1977 ··· （87）
　　　　　　Zidella Saltovskaya，1984 ··· （87）
　　　　　　微孔藻属 *Nanopora* Wood，1964 ·· （87）
　　　　　　假微孔藻属 *Pseudonanopora* Mamet and Roux，1975 ····························· （87）
　　族　钙茎藻族 Calcicaulisae Shuysky，1987 ·· （87）
　　　　属　钙茎藻属 *Calcicaulis* Shuysky and Schirschova，1987 ··························· （87）
　　族　小链藻族 Catenaelleae Shuysky，1987 ·· （87）
　　　　属　小链藻属 *Catenaella* Shuysky，1987 ··· （88）
　　　　　　帕尔马茎藻属 *Parmacaulis* Shuysky and Schirschova，1987 ······················· （88）
　　　　　　昆达特藻属 *Kundatia* Korde，1973 ·· （88）
3.7　某些分类位置不清楚的绿藻 ··· （88）
　　　　属　微松菌属 *Microcodium* Glük，1914 ··· （88）
　　　　　　短锥菌属 *Nannoconus* Kamptner，1938 ··· （88）
　　　　　　努亚菌属 *Nuia* Maslov，1954 ·· （88）
　　　　　　小米齐藻属 *Mizziella* Maslov（Maslov，1956；《古生物学基础》，1963） ·········· （88）
　　　　　　相似松藻属 *Consinocodium* Endo，1961（Bassoullet 等，1983） ·················· （88）
　　　　　　石松菌属 *Lithocodium* Elliott（Elliott，1956；Johnson，1964；《古生物学基础》，1963） ··· （88）

束藻属 *Fasciella* Ivanova（Ivanova，1973） …… (88)
4　红藻 …… (90)
4.1　现代红藻的基本特征 …… (90)
4.1.1　概述 …… (90)
4.1.2　红藻的细胞结构 …… (92)
4.2　红藻的生殖方式 …… (93)
4.2.1　营养性生殖或植物性生殖 …… (93)
4.2.2　无性生殖 …… (93)
4.2.3　有性生殖 …… (93)
4.3　红藻的分布 …… (95)
4.4　古代红藻化石在形态上的基本特征 …… (95)
4.4.1　红藻的钙化 …… (95)
4.4.2　红藻叶状体的形态学特征 …… (99)
4.5　现代红藻和古代红藻化石的分类体系 …… (106)
4.5.1　现代红藻的分类体系 …… (106)
4.5.2　古代红藻的分类体系 …… (106)
　　纲　古红毛藻 Protobangiophyceae Korde，1973 …… (106)
　　　目　假花藻目 Pseudoanthales Korde，1973 …… (107)
　　　　科　假花藻科 Pseudoanthaceae Korde，1973 …… (107)
　　　　　属　假花藻属 *Pseudoanthos* Korde，1973 …… (107)
　　　　科　刺藻科 Acanthinaceae Korde，1973 …… (107)
　　　　　属　刺藻属 *Acanthina* Korde，1973 …… (107)
　　　目　黏液藻目 Mucilinales Korde，1973 …… (107)
　　　　科　黏液藻科 Mucilinaceae korde，1973 …… (107)
　　　　　属　黏液藻属 *Mucilina* Korde，1973 …… (107)
　　　目　昆达特藻目 Kundatiales Korde，1973 …… (107)
　　　　科　昆达特藻科 Kundatiaceae Korde，1973 …… (107)
　　　　　属　昆达特藻属 *Kundatia* Korde，1973 …… (107)
　　纲　古红藻纲 Protofloridomorphophyceae Korde，1973 …… (107)
　　　目　凯纳藻目 Kenellales Korde，1973 …… (107)
　　　　科　鲁德洛藻科 Ludloviaceae Chuvashov，1987 …… (108)
　　　　　属　鲁德洛藻属 *Ludlovia* Korde，1973 …… (108)
　　　　　　管状藻属 *Tubomorphophyton* Korde，1973 …… (108)
　　　　　　戈顿藻属 *Gordonophyton* Korde，1973 …… (108)
　　　　　　科西瓦藻属 *Kosvophyton* Korde，1973 …… (108)
　　　　　　类表附藻属 *Epiphytonoides* Korde，1973 …… (108)
　　　　　　丝体藻属 *Filaria* Korde，1973 …… (108)
　　　　科　管孔藻科 Solenoporaceae Pia，1927 …… (108)
　　　　　族　管孔藻族 Solenoporae Chuvashov，1987 …… (109)
　　　　　　属　管孔藻属 *Solenopora* Dybowsky，1878 …… (109)

拟刺毛藻属 *Parachaetetes* Deninger，1906 ……………………………………………（109）
石藻属 *Petrophyton* Yabe，1912 ………………………………………………………（109）
假刺毛藻属 *Pseudochaetetes* Haug，1883 …………………………………………（109）
多角藻属 *Polygonella* Elliott，1957 ……………………………………………………（109）
族　假管孔藻族 Pseudosolenoporae Chuvashov，1987 ………………………………（109）
　属　假管孔藻属 *Pseudosolenopora* Mamet and Roux，1977 ………………………（109）
　　　密孔藻属 *Pycnoporidium* Yabe and Toyama，1928 ………………………………（109）
　　　窄孔藻属 *Stenoporidium* Yabe and Toyama，1928 ………………………………（109）
　　　马罕藻属 *Marinella* Pfender，1939 …………………………………………………（109）
科　串珠孔藻科 Moniliporellaceae Gnilovskaya，1972 ……………………………………（109）
　属　串珠孔藻属 *Moniliporella* Gnilovskaya，1972 ……………………………………（110）
　　　缠绕藻属 *Contexta* Gnilovskaya，1972 ……………………………………………（110）
　　　纽扣孔藻属 *Ansoporella* Gnilovskaya，1972 ………………………………………（110）
　　　分叉孔藻属 *Furcatoporella* Gnilovskaya，1972 ……………………………………（110）
　　　交织藻属 *Plexa* Gnilovskaya，1972 …………………………………………………（110）
　　　编织藻属 *Texturata* Gnilovskaya，1972 ……………………………………………（110）
　　　茸毛孔藻属 *Villosoporella* Gnilovskaya，1972 ……………………………………（110）
科　杰米德藻科 Demidellaceae Chuvashov，1987 ……………………………………………（110）
　族　拟量杯藻族 Paralanciculae Chuvashov，1987 ……………………………………（110）
　　属　拟量杯藻属 *Paralancicula* Shuysky，1973 ……………………………………（110）
　族　杰米德藻族 Demidellae Chuvashov，1987 …………………………………………（110）
　　属　杰米德藻属 *Demidella* Shuysky，1985 …………………………………………（110）
科　卡塔夫藻科 Katavellaceae Korde，1966 …………………………………………………（110）
　属　卡塔夫藻属 *Katavella* Chuvashov，1965 …………………………………………（111）
科　翁格达藻科 Ungdarellaceae Maslov，1962 ………………………………………………（111）
　族　翁格达藻族 Ungdarellae Chuvashov，1987 ………………………………………（111）
　　属　翁格达藻属 *Ungdarella* Maslov，1950 …………………………………………（111）
　　　　科米藻属 *Komia* Korde，1951 ………………………………………………………（111）
　　　　Erevanella Maslov，1962 ……………………………………………………………（111）
　族　伯朝拉藻族 Petschoriae Chuvashov，1987 …………………………………………（111）
　　属　伯朝拉藻属 *Petschoria* Korde，1951 ……………………………………………（111）
　　　　假科米藻属 *Pseudokomia* Racz，1966 ………………………………………………（111）
科　古石叶藻科 Archaeolithophyllaceae Chuvashov，1987 …………………………………（111）
　属　非形藻属 *Amorphia* Racz，1966 ……………………………………………………（111）
　　　古石叶藻属 *Archaeolithophyllum* Johnson，1956 …………………………………（111）
　　　首要藻属 *Principia* Brenckle，1982 ………………………………………………（111）
科　施塔契藻科 Stacheinaceae Loeblich and Tappan，1961 …………………………………（111）
　族　马梅藻族 Mametellae Chuvashov，1987 ……………………………………………（112）
　　属　施塔契藻属 *Stacheia* Brady，1876 ………………………………………………（112）
　　　　褶枝藻属 *Ptychocladia* Ulrich and Bassler，1904 ………………………………（112）

　　　　　　四石藻属 *Fourstonella* Cummings，1955 …………………………………………………（112）
　　　　　　楔形藻属 *Cuneiphycus* Johnson，1960 ……………………………………………………（112）
　　　　　　马梅藻属 *Mametella* Brenckle，1977 ………………………………………………………（112）
　　　　　　角形藻属 *Gonialia* Vachard，1979 ………………………………………………………（112）
　　　　　　弗吕格藻属 *Eflugelia* Vachard，1979 ……………………………………………………（112）
　　　　　　丘瓦索夫藻属 *Chuvashovia* Vachard，1981 ………………………………………………（112）
　　　　族　奥杰盖尔藻族 Aoujgaliae Chuvashov，1987 …………………………………………………（112）
　　　　　　属　奥杰盖尔藻属 *Aoujgalia* Termier and Termier，1950 ……………………………（112）
　　　　　　　　类施塔契藻属 *Stacheoides* Cummings，1951 ……………………………………（112）
　　　　　　　　拟施塔契藻属 *Parastacheia* Mamet and Roux，1977 ……………………………（112）
　　　　族　假施塔契藻族 Pseudostacheoideae Chuvashov，1987 ……………………………………（113）
　　　　　　属　假施塔契藻属 *Pseudostacheoides* Petryk and Mamet，1972 ……………………（113）
　　　　　　　　表施塔契藻属 *Epistacheoides* Petryk and Mamet，1972 …………………………（113）
　　　　　　　　弯曲施塔契藻属 *Sinustacheoides* Termier and Vachard，1977 ………………（113）
　　　　　　　　飞驰施塔契藻属 *Dromastacheoides* Perret and Vachard，1977 …………………（113）
　　科　雷西瓦藻科 Lysvaellaceae Chuvashov，1987 …………………………………………………（113）
　　　　属　雷西瓦藻属 *Lysvaella* Chuvashov，1971 ……………………………………………（113）
目　隐丝藻目 Cryptonemiales ………………………………………………………………………………（114）
　　科　珊瑚藻超科 Corallinaceae Harvey，1849 ………………………………………………………（114）
　　科　皮壳藻科 Melobesioideae ………………………………………………………………………（114）
　　　　族　古石枝藻族 Archaeolithothamnieae Maslov，1962 ………………………………………（114）
　　　　　　属　古石枝藻属 *Archaeolithothamnium*（Rothpletz）Foslie，1891 ………………（114）
　　　　　　　　古代石枝藻属 *Palaeolithothamnium* Conti，1945 ……………………………（114）
　　　　　　　　中石藻属 *Mesolithon* Maslov，1955 ……………………………………………（114）
　　　　族　石枝藻族 Lithothamnieae Maslov，1962 …………………………………………………（114）
　　　　　　属　石枝藻属 *Lithothamnium* Philippi，1837 ………………………………………（115）
　　　　　　　　中叶藻属 *Mesophyllum* Lemoine，1928 …………………………………………（115）
　　　　族　石叶藻族 Lithophylleae Maslov，1962 ……………………………………………………（115）
　　　　　　属　石孔藻属 *Lithoporella* Foslie，1909 …………………………………………（115）
　　　　　　　　石叶藻属 *Lithophyllum* Philippi，1837 …………………………………………（115）
　　　　　　　　皮壳藻属 *Melobesia* Lamouroux，1812 …………………………………………（115）
　　科　珊瑚藻科 Corallinaceae Harvey，1849 …………………………………………………………（115）
　　　　属　珊瑚藻属 *Corallina* Lamouroux，1816 ………………………………………………（115）
　　　　　　叉节藻属 *Amphiroa* Lamouroux，1816 ………………………………………………（115）
　　　　　　古叉节藻属 *Archamphiroa* Steinmann，1930 …………………………………………（115）
4.6　红藻的演化和发育状况 ……………………………………………………………………………（115）
钙藻和蓝细菌的各个属按字母顺序排列的检索表 ……………………………………………………（123）
参考文献 ………………………………………………………………………………………………（135）

1 钙藻的分类原则及其研究方法

藻类的领域是很广阔的，而且多样化，它们属于地球上最古老的居住者之一。毫无疑义，藻类已经生活于早元古宙，它们完全可能存在于太古宙。从藻类出现之时起，它就与其他生物一起产出；这些生物首先是细菌，它们积极地影响着一切地质作用。这些生物可以减少地球上大气中过剩的二氧化碳、补充氧气，从而创造了有利的条件，以使一切生物界的生物（动植物）产出和随后的发育。我们研究藻类不仅可以了解地球上生命的历史，而且还能恢复不同时期和不同地区的环境条件，从而有助于预测和勘查各种矿产，其中首先是烃类（油气）。

勘查那些存在于碳酸盐岩内的非构造型石油和天然气矿藏，就要对这些岩层进行详细的沉积相分析，因为在评价这些矿产时，如果对石油和天然气的可能储集层的形成条件和其以后遭受到的成岩变化没有清晰的认识，那是不可能进行评价的。如果我们获得了钙藻化石组合的信息，那么这些问题就易于解决，因为藻类化石的组合可以精确地确定这些沉积物形成的深度、查明是否存在隐蔽的间断、恢复沉积物堆积时特征的全部变化，如盆地的变浅或加深，并能解决一系列其他问题，如重建过去地质时期的地貌。

预测和勘查铝土矿、铁矿、磷块岩矿和化学上纯净的石灰岩，所有这一切都需要对围绕这些矿藏和侧向替代的碳酸盐岩进行详细的沉积相分析。

可惜，在岩石内，我们往往不可能找到保存完好的藻类骨骼，因此不可能作出一切最终的结论，即关于这些生物的分类归属、钙质骨骼的形态。从我们所掌握的现代藻类的概念来看，这一任务十分复杂，而且所获得的结果经常不唯一。当前的研究提出了重要问题，就是古藻类学的分类方案取决于藻类学的分类方案。

1.1 藻类的一般特征

从日常生活和科学意义上来说的藻类，并不是指所有的水生植物，只是指主要生活于水中的生物，但是对这样的定义也还有许多例外。藻类可以生活于空气、土壤、石头和木头上等。

藻类最常见的形态标志是它缺乏高等植物形态学上的组成要素——根、茎、叶等。当然在许多藻类内也出现类似于这些器官的器官。

藻类被包括于低等植物的一个广阔的亚界内，它们与细菌、放线菌、真菌和地衣一起属于低等植物。藻类的生长是从母体中分出的或藉助孢子，它们具有叶绿素，并靠着叶绿素把二氧化碳（利用光线）制造成碳氢化合物，这种营养方式称为光养方式。下面叙述到的那些藻类学家对藻类提出了以下简短的定义：藻类是一类低等植物，具有孢子的叶状体植物，其组成细胞内有叶绿素，主要生活于水体内。

藻类的形态特征、繁殖方式、它们在地质历史中出现的时间和发展演化，表明它不是一个简单的生物群体，它可以分成若干个门或类型，而每一个从分类学来看，完全可以与植物界的那些门进行比较，如真菌、地衣。藻类划分成各个高等级单位的依据是颜色和形态特征。在各个不同的分类方案中，分类单位的总数是不同的。

下面提出了藻类的分类方案，这是大家都能接受的分类方案：

（1）蓝藻门，即蓝绿藻 Cyanophyta；（2）甲藻门 Pyrrophyta；（3）金藻门 Chryzophyta；（4）硅藻门 Bacillariophyta；（5）黄藻门 Xantophyta；（6）褐藻门 Phaeophyta；（7）红藻门 Rhodophyta；（8）绿藻门 Chlorophyta；（9）裸藻门 Euglenophyta；（10）轮藻门 Charophyta。

在这些分类系统中，主要的争论问题是蓝绿藻的位置及那些具有单细胞、能活动、鞭毛状的藻类，这些藻类包括裸藻、甲藻、金藻、黄藻和绿藻。

蓝绿藻或蓝细菌与其他各种藻类不同之处在于它没有细胞核，因此它归于原核生物；而其他所有各门均有细胞结构，其内有形状清晰的细胞核和细胞器，它们一般均归属于广阔的真核生物。根据某些专家的意见，蓝绿藻应当从藻类内分离出去。具有鞭毛状的藻类，其形状极似那些无叶绿素的鞭毛生物，这些藻类可以归属于动物亚界。

把那些具有叶绿素的原核生物归置于藻类的拥护者认为以光养习性取得营养的生物是比较真实的证据，这样有利于蓝绿藻更加接近其他的藻类。在蓝细菌的细胞内缺失形状清晰的细胞核，它们已经存在于古元古代，甚至可能从太古宙就有蓝细菌，这样就可以有根据来设想在细胞内出现细胞核以前就有叶绿素和以光养方式来取得养料。

其他各门，如绿藻和红藻，其出现历史不会早于前寒武纪，确切的说，是从寒武纪开始出现绿藻和红藻。

应当着重指出，不管藻类各高级别分类单位存在着多么不同，但是蓝绿藻、绿藻、红藻和轮藻在所有分类方案内总是存在的。

1.2 钙藻的特征：叶状体钙化的各种类型

藻类的钙化和产生钙质包壳的生物是生物地球化学内许多令人不解的问题之一，在这方面出现了许多假设。在这些假设中，明显地偏重于外部环境因素的跃进式的变化，这就是大气的成分和海水的成分（Rozanov 等，1969；Tappan，1974；Riding，1984）。很有可能，也即是这种状况引起了在前寒武纪与寒武纪之交的藻类各门有可能建立自己的钙质骨骼。但是，这不能解释，为什么某些藻类，尤其是蓝绿藻，在以后又丧失了这种性能（图 1.1）。与此同时，其他的藻类，如绿藻，特别是红藻则又加强。应当注意

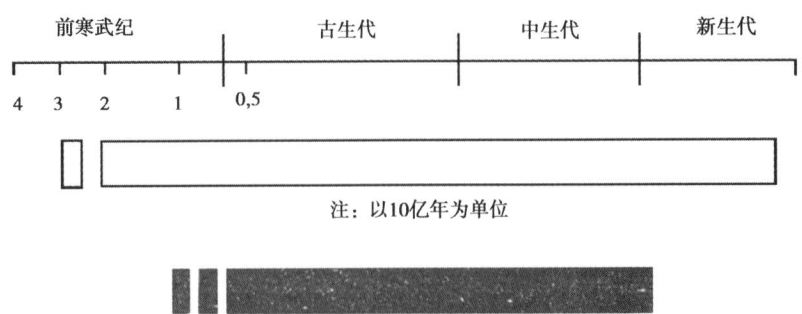

图 1.1　蓝绿藻和钙化蓝绿藻在各个地质时代的分布状况图

白色代表蓝绿藻在地质历史上的分布状况；黑色代表具有钙化叶状体的蓝绿藻

到在各门的藻类化石中，能够钙化的藻类和那些不能钙化的藻类之间的比例是很复杂的，尤其是这一比例有明显的变化，这已经从蓝绿藻中明显地表现出来，因此藻类的造骨作用在时间上存在着相当大的变化。对于古生代的钙藻，不久以前 Chuvashov 和 Riding（1984）已经做过综合分析。

钙藻的各个门基本上具有不同的钙化习性。在蓝绿藻内，叶状体外面的薄膜就是钙化作用的结果。绿藻的钙化作用则是形成表面的钙化层，但这些钙化层较深，因此在粗枝藻内，侧枝的末端和叶状体的中央部分一般没有钙化；钙扇藻则有比较完整和均匀的钙化叶状体。红藻的叶状体，如果它们遭受到钙化作用，尤其对于红藻化石来说，一般保存得较完整。

因此，钙藻的概念不是系统分类术语，只是反映某些藻类叶状体能够完全钙化或部分钙化的习性。这些藻类的人为组合对于古生物学家和地质学家来说极为重要。首先钙藻最好能保存在化石状态，即能够成为化石；古代钙藻的绝大部分信息都是从它们获得的。其次这些造岩生物最能反映沉积环境。

藻类的生物矿化作用，其研究状况是相当薄弱的，尽管有许多研究者从事这方面的研究。对各种藻类的观察总结已经归纳在 Maslov 的一系列著作中（Maslov，1961，1973）。现将各类钙化作用叙述如下：

（1）有机沉淀：所谓钙质的有机沉淀就是从细胞液内分离出碳酸钙，并沉淀在细胞壁上。这些分离出来的矿物沉淀物表现为细小的方解石晶体，呈规则地排列，在正交偏光下显示波状消光。许多动物门类和红藻内的珊瑚藻科就具有这种钙质有机沉积物习性。

（2）生理沉积：生理沉积物是指光合作用下钙藻将碳酸（二氧化碳和水）合成了碳酸钙。碳酸钙进入到叶状体的外表面，呈不规则分布的方解石晶体。这种钙化作用显然是绿藻和某些蓝绿藻特有的特征。轮藻内生长部分也是以这种方式钙化，而轮藻的生殖器官是用有机沉淀的方式钙化。古代和现代轮藻的藏卵器在保存完好时具有层状的细胞壁结构，而细胞壁内则有许多不同结构的微层纹交替出现，有些微层纹由干净的方解石组成，它们具有同心状层纹或放射状结构；而有些层纹则由暗色的、富含有机质的方解石组成。藏卵器开始形成时具有较厚的有机质薄膜，这些薄膜得以保存且常保存在化石内。此时，中间的微层纹是由暗色的、富含有机质的方解石组成，它们在成岩作用后，可以形成一层较厚的放射状方解石层纹（图1.2）。有机质薄膜明显地能促进形成由干净方解石组成的微层纹，但是，这些微层纹只有一定的厚度。为了增加相继的干净方解石薄膜的厚度，必须再形成富含有机质的碳酸盐薄膜。

（3）生物化学方式：第三类沉淀方解石的方式称为生物化学方式。在这种情况下，藻类仅起间接作用，当改变紧贴于叶状体外面的薄水层的 pH 值时，就能促使钙沉淀下来。

应当特别关注对藻类钙质沉淀影响较大的复合作用。藻类的薄膜和丝状体是机械作用、生物化学作用、化学作用相互作用之下而沉淀碳酸钙的。当藻类的有机组织死亡以后，沉淀下来的碳酸盐就固结起来，这样就形成了硬的皮壳。这种复合钙化作用是形成叠层石所特有的作用。

藻类钙质外壳的结构类型：

由于叶状体的钙化作用具有不同的方式，其钙化的厚度、钙化作用的顺序、钙化部分所遭受的变化均有不同，这样就使得钙化外套的结构出现了不同的类型。在古代钙藻化石的不同类型内，所形成的方解石可以根据其结构特征，分为以下各种类型（图1.2）：

（1）暗色球粒状或泥晶方解石，它们在反射光下呈瓷白色，而在透射光下呈黑色。这种类型的方解石是最古老的蓝绿藻所特有的，且出现于前寒武纪的晚期。具有管形的藻类有葛万菌属 *Girvanella*，奥布鲁切夫菌属 *Obruchevella*，管状菌属 *Tubomorphophyton*，科伊瓦菌属 *Koivaella* 等；具有丝状体的藻类为表附菌属 *Epiphyton*；具有气泡状形态的藻类有肾形菌属 *Renalcis*，恰巴科夫菌属 *Chabakova*；具有团块状和小棍状的藻类属 *Jkella*，管壳石属 *Tubiphytes*。类似这些球粒状或泥晶也可组成红藻的细胞壁，如管孔藻属 *Solenopora*，拟刺毛藻属 *Parachaetetes*，卡塔夫藻属 *Katavella* 及轮藻藏卵器外壁的微层纹。有根据认为球粒状

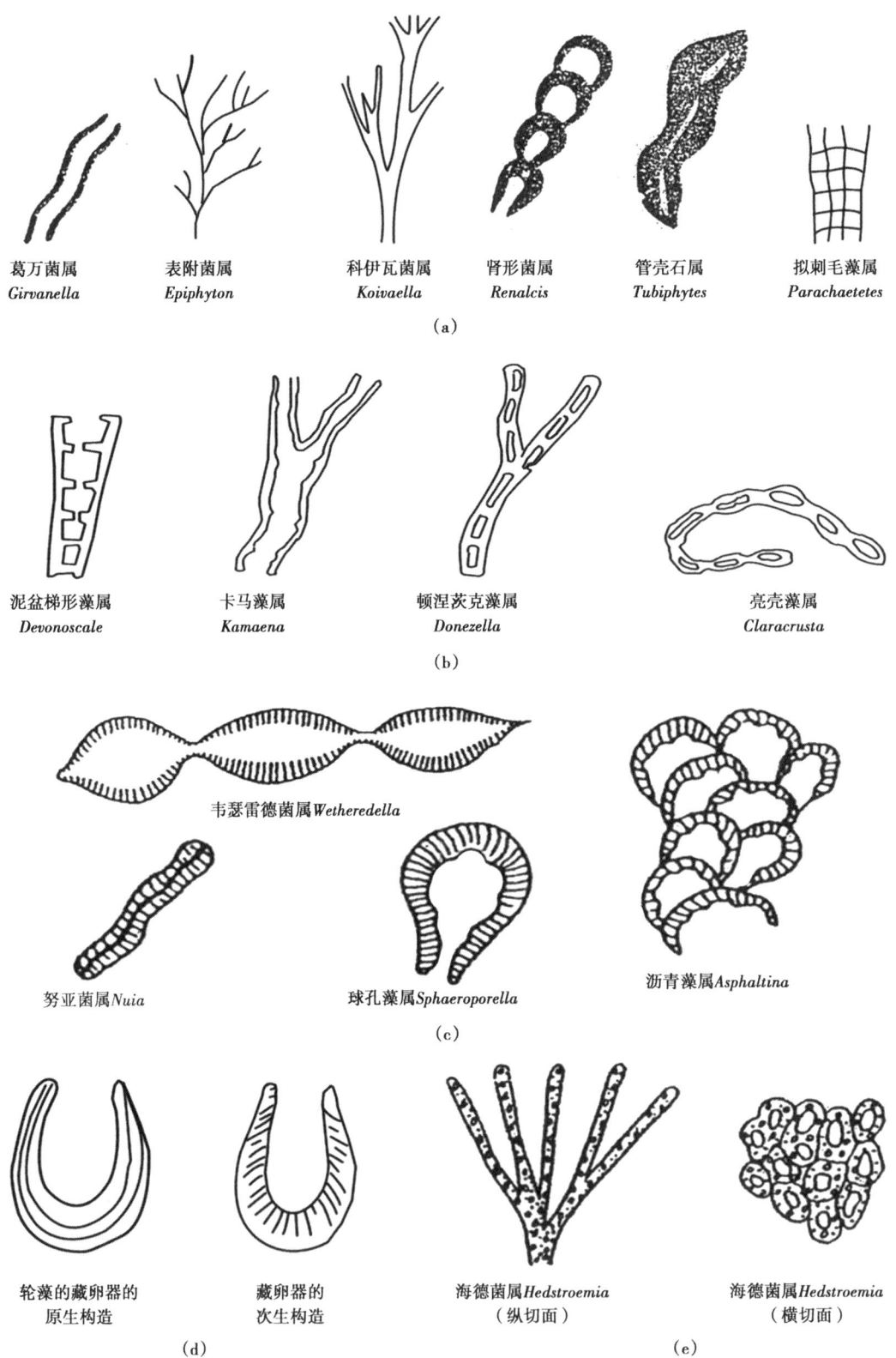

图 1.2 藻类钙质外套的基本结构类型

（a）叶状体的钙质外套是由暗色的球粒或泥晶方解石组成；（b）钙质外套是由透明玻璃状方解石组成；

（c）钙质外套是由两层碳酸盐组成；（d）钙质外套由暗色泥晶方解石与透明玻璃状方解石呈交替组成；

（e）钙质外套是由细粒方解石组成，如海德菌属 *Hedstroemia*、加伍德菌属 *Garwoodia* 等

方解石是最古老的、最原始的钙化类型。

（2）由透明玻璃状的或略带黄色的方解石组成外套，外套无孔的藻类有下弯藻属 *Proninella*，泥盆梯形藻属 *Devonoscale* 等。而在绿藻内，有孔钙质外套的绿藻属于古别立兹藻科 Palaeoberesellidae，别立兹藻科 Beresellidae 的分子。某些红藻的细胞壁，如管孔藻属 *Solenopora*，拟量杯藻属 *Paralancicula* 也是由这些结构的方解石组成。

（3）由细纤状和放射状方解石组成多层钙质外套的蓝绿藻，如韦瑟雷德菌属 *Wetheredella*，沥青菌属 *Asphaltina* 的钙质外套是由两层组成，外层是由球粒状方解石组成，而内层是由较厚的、放射状多孔的方解石组成；努亚菌 *Nuia* 具有三层式的结构，其中间层是由暗色球粒状方解石组成，而其内、外层均由纤状、略带黄色的透明方解石组成。

（4）同心层纹状结构，如轮藻内藏卵器的硬壳结构。这些藏卵器的外壳是由亮暗方解石层交替组成，因此它们都具有原始的同心层纹状结构。如它们遭受到次生成岩变化，这些干净的方解石最易于成为放射状结构。在以后的次生改造阶段，整个藏卵器的硬壳，除了内层以外，都失去了原始的层状结构，形成单一、较厚的放射状硬壳。

（5）细晶方解石：在透射光下呈灰色、细结晶的方解石。这些方解石是由细粒的、等轴的、具有不同定向的方解石小晶体组成。这类方解石组成了加伍德菌属 *Garwoodia*，海德菌属 *Hedstroemia*，乌赖姆菌属 *Uraimella* 等钙质外壳。在轮藻内，无性生殖部分也是由这些结构组成。

由上述可知，现已归属同一门类的藻类，它们的钙质外套可以出现不同的钙化特征。对这种情况可以用两种解释来说明：一种解释是在一个门类内的钙藻可以改变自己的外套的钙化性能；另一种解释是由于分类系统的不完备性，使得在一个分类单位内可能存在不同的组合。如果用更为谨慎的方法来研究这些藻类和其结构时，也许能获得关于钙藻分类学和演化方面有趣的新资料。

上面提到的钙化类型并不是藻类所特有的特征，同样相似的情况首先出现在有孔虫。如第一种类型——暗色球粒状或泥晶方解石组成了许多有孔虫的外壳，其中包括最古老的原始属种，如古球虫属 *Archaesphaera*、拟砂户虫属 *Parathurammina*、厄尔伦虫属 *Earlandia*、*Tikhinella* 等；透明的、带黄色的方解石组成了下列这些有孔虫的外壁，如 *Nanicella*、古节房虫属 *Protonodosaria* 等；而双层式的外壳壁是由暗色方解石组成的薄膜和较厚的、放射纤状方解石层组成，这是不同年代有孔虫大多数属的特征；灰色细粒方解石也是有孔虫许多属所固有的特征，最显著的是早石炭世杜内期的 Tournailids。因此，钙化作用所出现的各种结构类型反映某些一般的生物化学作用，这些作用不仅出现于动物的细胞内，也可出现于植物细胞内。

1.3 钙藻的研究方法

绝大多数的钙藻出现于碳酸盐岩内，在砂岩、粉砂岩内很少能找到，而在黏土岩内几乎不能找到。例外的情况是轮藻的生殖器官，它们经常发现于陆相沉积岩内，这表明它们受到搬运后、被埋葬在异地的情况。

钙藻的叶状体保存为化石的好坏取决于许多原因，决定于钙化特征和藻类形状的复杂程度，也取决于藻类居住条件及它们埋葬后的各种因素。管孔藻属 *Solenopora*，拟刺毛藻属 *Parachaetetes* 及那些呈卵形结核体的藻类，它们即便遭受到远距离的搬运，也能保存很好。至于绿藻，如钙扇藻和粗枝藻，只有在少数情况下，才能保存很完整。由于绿藻只是表面钙化，而且其结构又很复杂，因此它们埋葬后的叶状体都以碎片状态产出。这些情况决定了信息的不完整性，而且这些钙藻是在任意定向的薄片内取得的，这样就更加影响信息的完整性。这种方法是在漫长的历史过程中形成的，因为长期以来，对钙藻的研究是在鉴定有孔虫和研究岩石时顺便进行的，甚至在最近，大多数的信息也是在这样的研究过程中获得的。在研究的开始阶段，这种方法完全是正确的，也许在将来，任意定向的薄片仍是获得钙藻信息的重要来源。

但是，现在已到达必须更加深入研究的阶段，因此研究那些偶然获得的化石切面，而且依据这些切面取得不是确切的图像时，这样的研究和观察就显得非常不够了。我们需要那些藻类叶状体结构方面的材料、形态学的详细的细节，这只有改进研究方法才能达到上述目的，而且早应在收集和准备材料阶段就开始。有许多古代的藻类，其形体十分巨大，因此在野外调查时用放大镜就能发现，如管孔藻属 *Solenopora*，拟刺毛藻属 *Parachaetetes*，量杯藻属 *Lancicula* 等。我们可以从专门选择的标本中切制一些定向薄片或一系列顺序薄片，这样我们就可以重建这些藻类的精确和客观的形态。切制这些切面的数量和需要哪些方面的切面，取决于这些藻类结构的复杂程度。对于红藻来说，有横切面和纵切面就够了；而对于钙扇藻和粗枝藻来说，要重建它们的形态，就要切制许多定向的、横切面和纵切面。

有孔虫的研究者已经对有孔虫切取顺序切面，而且可以毫无失真地重建其形态。藻类的叶状体在岩石中经常遭受到硅化，如果我们把含有藻类的岩石放在弱盐酸或醋酸中浸泡，就能取得硅化的叶状体，甚至可以取得藻类已破碎的碎片，这些碎片对于形态上的细节和分类学的研究都有重要的价值。在研究乌拉尔地区泥盆纪地层中取得的古别立兹藻 Palaeoberesellid 的硅化叶状体时就发现了关于分类学方面的许多问题。从纯净的碳酸盐岩内，使岩石碎解，也能相当可靠地取得钙藻的叶状体，但这些钙藻尚未硅化。

我们远远不能证实在将来只有研究钙藻和应当研究钙藻。当然，基本信息还是从薄片中获得。但是，详细的信息，尤其是形态方面的信息、分类单位的描述、解决那些积累起来的分类学问题，仍用古老的方法来解决已是不可能了。

1.4　古代钙藻化石的分类学特征

古生物学家一般遇到的古生物材料是不完整的，这些不完整性在藻类学方面更加明显，即是用最直接方式影响到分类学状况。根据化石碎片来描述经常会导致这样的结果，即新属和新种的建立并非是证据充足的。我们记得古别立兹藻 Palaeoberesellid 一科内的各个属的分类是非常复杂的，这类化石具有相当复杂的分枝状叶状体，但一般遇到的都是细小的碎片，完整的材料是非常稀少的，这样某些种甚至某些属代表同一生物的不同部分。Parchenko（1981）在研究从岩石中分离出来的这些化石的硅化残体时，就遇到了这种情况。

偶然找到保存完好的轮藻化石材料（Chuvashov，1973），由这些材料表明从偶然发现而建立的许多种或属可能属于同一个生物的不同生长发育阶段。这种情况对于其他的古植物来说也有这些情况，如高等植物的叶、根、茎、孢子、花粉及其他的植物残体，就是同一生物的不同部分，可是它们却有自己单独的分类系统。

因此，根据化石碎片来建立的属和种是有条件的，这是向前进步的唯一道路。当然，我们不能期待着发现非常完整的叶状体，它们可能永远不会出现。因此，充分利用已取得的材料，用一切可能使用的方法来研究，这样所积累的实际材料需要定期修正。

在20世纪50年代到60年代，建立新的属和种是相当有限的，但在最近的20~25年来，这种情况发生了迅速的变化，即新属和新种的描述很普遍，但科一级的单位较少。至于涉及科以上的分类单位，在这些研究中就存在着相当的复杂性和假定性，这是因为在高等级的分类单位方面，如门、纲、目，现代藻类的分类原则是不能应用于古代藻类的。这种意见在某种程度上适合于藻类植物的各个门。在鉴定各种藻类时，最复杂的是蓝绿藻。此门已经积累了许多形态上不同的生物，但是把它们归属于藻类是值得怀疑的。

绿藻、红藻和轮藻分类单位的归宿是很容易的，但也存在着属的范围有或多或少的问题。我们举表附菌 Epiphytaceae 科为例来说明，此科的属和种相当多；对于此科，有学者认为是红藻，但也有学者认为是蓝绿藻。对于裸松藻 Gymnocodiaceae 科，在近期内，没有足够的根据归属于红藻。对于石炭纪—二叠纪的施塔契藻属 *Stacheia*，表施塔契藻属 *Epistacheoides*，类施塔契藻属 *Stacheoides* 等成为一个很宽广的化石组合。对此组合，有一部分研究者已经将这些化石从藻类内排除出去，而另一部分研究者坚信它们仍是红藻。这样的例子是非常多的。随着资料的不断积累，这样的问题还会持续增加。

可能在不远的将来，我们应当脱离无条件地利用现代高等级分类体系来对古代钙藻化石进行分类，而应建立与现代藻类分类方案平行的分类方案。

2 蓝绿藻（蓝细菌）

大量的钙质或钙化蓝绿藻首次发现在西伯利亚地台由文德纪—寒武纪的过渡岩层内，即托木托阶（Luchinina，1985）。但是，也发现在这些过渡层之下（Kolosov，1975；Grotzinger and Hofmann，1983）。截止到现在，在里菲纪和文德纪的沉积物内，广泛地分布着未钙化的藻类，它们属于不同的门类，其中有蓝绿藻。由于这些发现，可见在前寒武纪的藻类植物群与早寒武世的藻类植物群有很明显的原则区别。从寒武纪开始，我们遇到了独一无二的现象，即藻类获得了钙质外壳。

钙质外壳的出现并不与这些生物的产出时间吻合一致。在寒武纪开始时，已有各种各样的分类单位，这说明在前寒武纪就有它们未钙化的祖先生物，可以从西伯利亚和其相邻地区的上里菲系沉积物内发现未钙化的奥布鲁契夫菌属 *Obruchevella*，前管孔菌属 *Proaulopora*，葛万菌属 *Girvanella* 获得证实（Pyatiletov 等，1981）。但是，与此同时，在早托木托期的钙藻，出现许多不同类型的属，这可以间接地说明，从这些属产生的时候与它们获得钙质外壳之间并未存在着明显的间断。

Rozanov（1980）也提到同样的规律，即在寒武纪各种类型的骨骼生物比钙藻出现的时间稍晚一些。

在此我们暂时归入蓝藻门（蓝细菌）的钙藻，其一般习性是能构建起钙质外壳；这些外壳的轮廓与现代蓝绿藻的某些属种具有相似的形态（Luchinina，1975）。最近已查明，这些钙质外壳具有微粒的超微结构（Drozdova and Sayutina，1984）。

我们当前所研究的古代钙藻很可能属于蓝绿藻，这在很大程度上是假想的，因为同样的方式所形成的钙质外壳决定了它们的保存形态。由于我们所见到的标志很少，所以无法来解决分类的问题。

目前，我们把研究的藻类归入蓝绿藻门是有不确定性的。随着新的研究方法的出现，这些藻类中的某一部分可能要归入到其他分类单位，其中包括新的分类单位。

2.1 现代蓝绿藻的钙化方式

钙质蓝绿藻属于生态上的一大类生物，它们归属于水生生物，并具有钙质的外壳。各个属之间并无生理上的联系。在这些属内，有许多种具有钙质外壳；在现代蓝绿藻内，分泌钙质的机制并未得到研究，很大程度上取决于水体中所含的碳酸钙数量。某些细胞可以分泌出少量碳酸钙，它们呈细小的方解石晶体，分布在各个细胞之间，或围绕它们形成外壳；另外有一些细胞能分泌出丰富的钙质，沉淀在细胞内。当它们死亡后，真正实际保存下来的是最外表的一层（Gollerbaks and Polyansky，1951）。下列这些现代藻类呈包壳状出现：黏球藻属 *Gloeocapsa*（Kütz.）Hollerb.，伪枝藻属 *Scytonema* Ag.，单岐藻属 *Tolypotrix*（Kütz.），胶须藻属 *Rivularia*（Roth.）Thur. 修改，鞘丝藻属 *Lyngbya* Ag.，水鞘藻属 *Hydrocoleus* Kützing，组线藻属 *Plectonema* Thur.，裂须藻属 *Schizothrix*（Kütz.）。Gollerbaks 等（1953）认为在一个属的某些种可以出现钙质包壳，但是在同一个种内，例如裂须藻属 *Schizothrix vaginata*（Nag.）Gom.，它们既可以出现钙质包壳，也可以缺失钙质包壳，这完全取决于它们的居住条件。在胶须藻属 *Rivularia haematites* Ag. 内，实际上到处都能钙化，形成钙质包壳，只有少数情况下不能钙化。

Flajs（1977）对现代藻类形成钙质包壳的现象进行了研究，认为在蓝绿藻内存在着最简单的钙化模式。在光合作用之下，钙质可沉淀在细胞之外，但不清楚的问题是引起钙质初始沉淀的因素是什么？矿化作用开始时是沉淀最细小的自形晶的晶体，它们迅速地联合成外壳。在叶状体表面或丝体之间的黏液层内也有钙质沉淀，对于这种类型的钙化作用可发生在绿藻和轮藻的某些属种内，甚至红藻内也可见到。

对于钙质外壳，在它们形成之后不久，如果遭受到快速的成岩变化，就不可能将原始组分与那些遭受到成岩变化的组分加以区分。围绕着丝体所形成的方解石小粒迅速地黏结成厚实的小管，而这些小管则有较粗的方解石晶体。原生骨骼受到强烈的成岩变化后，可影响到活着的细胞的表面之下数厘米，故无法见到生物成因方面的信息。

Flajs还说明生态因素的影响，如温度、盐度、光线的穿透性、水流等对生活于水池内钙藻的影响。如水体被光线强烈地穿过时，那么藻类的钙化作用就较明显。裂须藻的钙化速度有时在24小时内厚度可达1mm。根据Goreau（1963）的资料，钙化速度在一个种群内是十分相似的。

无论钙藻在形成钙质外壳时或受到成岩作用时，一定的微环境具有重大意义。Krumbein and Cohen（1977）提出，钙质包壳是在叶状体不太起作用的部分或死亡部分发生包壳；这些部分从细胞角度来看，已失去了直接作用，但具有有机质分解物。与这些作用相伴的还有细菌的积极参与，这些细菌能起到催化作用，它们可使水体的化学成分发生变化（Krumbein and Cohen, 1977；Krumbein, 1978）。

Golubic（1973）认为蓝细菌的生命活动是与外套（包壳）内碳酸钙沉淀的方式有关，显然，这些活动方式有利于碳酸钙沉淀。Zavarzin（1984）曾持这种意见，他认为钙化作用与细菌的活动紧密相关。

许多情况下，现代蓝绿藻的丝体外面包覆着氧化铁、硫酸盐、二氧化硅、磷酸盐等。更好的情况是在受到现代蓝细菌组合的影响下出现碳酸盐的沉淀。这些蓝细菌类似于叠层石。Nekrasova等（1984）开展了模拟实验研究，她们模拟蓝细菌组合在热泉中的形成条件，在这些热泉中有叠层石形成，因此得出下列结论：（1）当蓝细菌存在时，在强烈的光合作用之下，碱性水体有利于碳酸钙的沉淀；（2）与此相反，在黑暗的条件下，如水体呈酸性，碳酸钙的沉淀就减少；（3）当蓝细菌存在时，使碳酸钙沉淀加强的原因就是靠近细胞处，在光合作用下产生了生理上的碱性环境。

Krylov and Orleansky（1986）曾经用实验方法来证明，在蓝细菌群落的参与下，当水体的pH值在8~9之间时，钙就能沉淀下来。在此情况下，他们指出方解石晶体沉淀在丝体之间，形成星散分布的颗粒。根据他们的意见，黏液鞘不会被钙化。但是，钙化部分的成岩变化十分迅速，即在首个半昼夜就发生了成岩变化。

2.2 现代蓝绿藻特征的简短叙述

归入蓝绿藻的微体生物或称蓝细菌，其全部的种数可超过1600个；它们具有各种各样的单细胞状的、群体的、丝状体的形状，而且具有下列这些基本特征：（1）它们能进行光合作用，并能分泌出氧气，但它们与那些营光合作用的细菌不同之处在于后者是在缺氧的条件下进行的，而且不分泌氧气。（2）蓝细菌具有色素器官的特性，它们除了有叶绿素和类胡罗卜素以外，还有能溶于水的红色和浅蓝色的色素；这些色素具有极强的、吸收光线的性能，故确定其具有某些罕见的性能。（3）它们缺失具有定形的细胞核，但有细胞的结构特征；这些特征反映出蓝细菌的生理特性。因此，我们有足够的根据把它们归属于原核生物（Procaryote），即无核生物或原核生物界（Monera）（Whittaker, 1969；Margelis, 1983）。（4）缺乏有性生殖作用，即缺失生殖器官，并缺失鞭毛阶段。（5）一切蓝绿藻均有能力形成微体（Elenkin, 1936；Gollerbaks等，1953；Gusev and Kirikova, 1982）。

根据形态特征，现代的蓝绿藻或蓝细菌可以分为下列 3 个纲。现将 Goryunova 等（1969）的研究成果简要地叙述如下：

（1）色球藻纲 Chroococcophyceae：此纲的生物属于单细胞和群体。所谓群体是指数个彼此分离的细胞在黏液的帮助下成为一个整体（图 2.1）。在群体内，细胞的排列没有一定的顺序，很少呈丝体状；它们既没有假薄壁组织的叶状体，也没有形成现代的丝体。故既不营内孢状生殖，也不营外孢状生殖和异孢生殖。

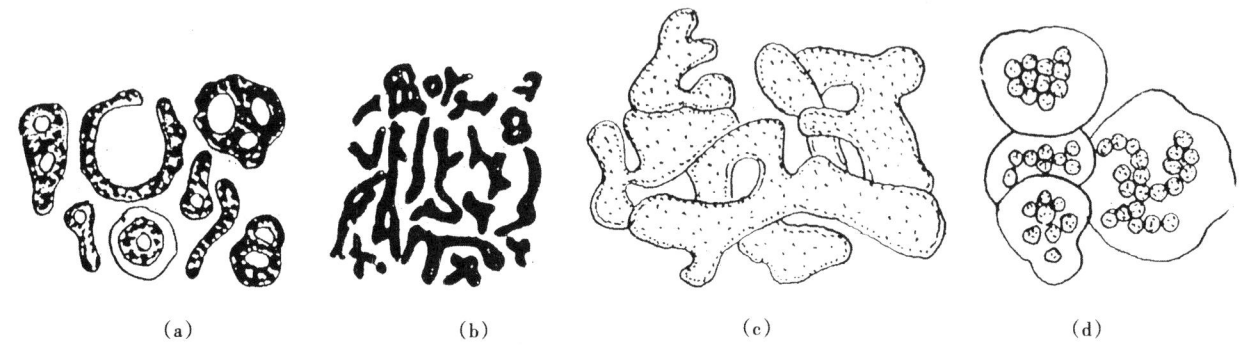

图 2.1 以微球藻属 *Microcystis aeruginosa* (Kutz.) Elenkin 为例来说明色球藻群体（据 Gollerbaks 等，1953 年）
(a)、(c) 群体内的细胞呈典型的球形，它们经常变形为椭圆形，但成为圆柱状的较少；(b) 群体内概略的图形，它们具有离奇的外貌，呈球形到丝体状和分枝状，因此此黏液内有时可见小孔，这样在群体内出现了许多穿孔或构成网状；(d) 分布在黏液内的细胞的状况，代表一般的类型

（2）管孢藻纲 Chamaesiphonophyceae：呈单细胞和群体状，经常附着在底质上繁殖；它们的生殖方式，既有内孢生殖方式，又有外孢生殖方式。无孢间连丝、异孢囊、黏液鞘等。细胞的外壳绝大多数很厚、有弹性，且有黏性。在叶状体内，丝体经常侧向伸展，形成假薄壁组织；在这些假薄壁组织内，丝体的原始结构很难见到。在单细胞生物内，向着基底和顶部出现分异现象，即出现不同的形状。

（3）段殖体纲 Hormogonophyceae：这是分布最广泛的藻类，其细胞用孢间连丝连接，只能横向分裂。在丝体内，细胞的联结体称为毛状体或细胞列（Trichome）。生殖是靠细胞列的分裂。在许多藻类内，可以见到孢子。丝体在其整个区间内具有同一结构，只有顶部细胞和基底细胞结构不同（图 2.2）。在不同种属的丝体内，这些顶部细胞和基底细胞呈圆柱状或筒形，它们只能横向分裂。细胞列呈单列，很少呈多列，它们均由黏液包裹着；这些黏液称为黏液鞘。管形的藻类具有不同的密度，其两端绝大部分都是开放

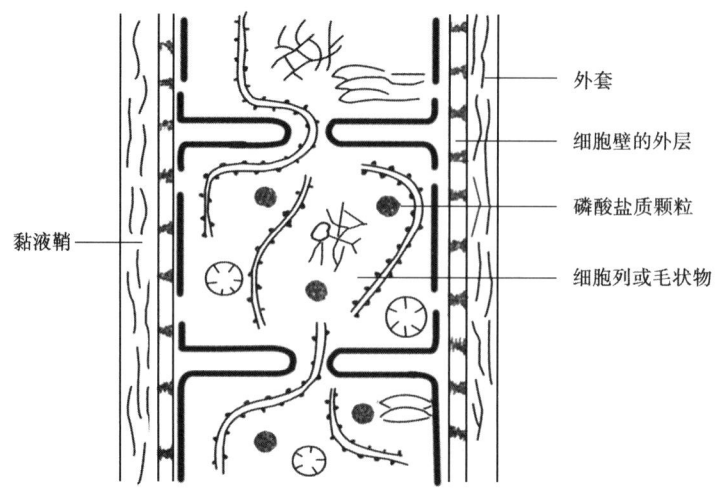

图 2.2 现代蓝绿藻的丝体结构图（据《低等植物学教程》，1981 年）

的。它们有时很致密或显黏性，由一种成分组成，而有时呈层状（图 2.3）。层状的黏液鞘可能平行于细胞列的纵向轴分布或与纵向轴呈一定的交角，这时往往就出现漏斗状或领子状。细胞列和黏液鞘两者总称为丝体。在微鞘藻，水鞘藻和裂须藻内，其丝体是由几个细胞列组成，细胞列彼此平行排列，被黏液鞘所包覆。如在黏液鞘之内，有数个细胞列，那么这些丝体就不能作为单个生物看待，应当视为群体生物。当描述某些群体时，如在段殖体纲 Hormogonophyceae 的某些科内，例如假荫链藻科 Pseudocapsosiraceae Elenkin，就可应用叶状体这一术语；叶状体（Thallus）与群体（Colony）是同义词。在某些具有丝体的藻类内，遇到一些特殊的细胞，这些细胞称为异孢囊或称为边界细胞。这些异孢囊的外壳具有两层，但内层逐渐地死亡。至今，对于异孢囊（Heterocyst）的作用尚未查明。

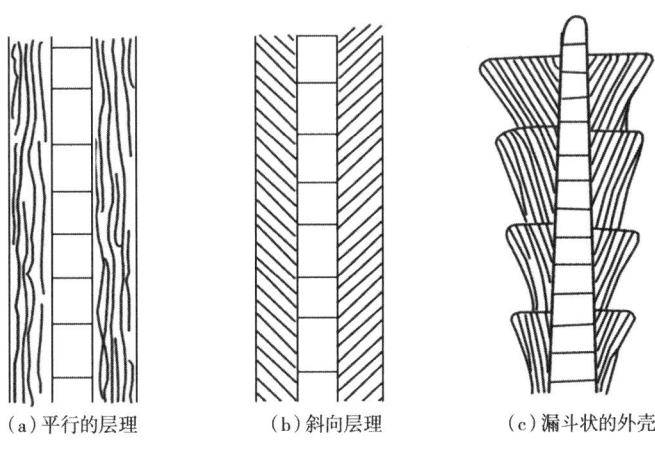

(a) 平行的层理　　(b) 斜向层理　　(c) 漏斗状的外壳

图 2.3　层状黏液鞘的结构示意图

蓝细菌的丝体可分叉，也可不分叉。分叉的丝体只出现于真枝藻 Stigonemataceae 科的分子内，如细胞列的节间细胞呈纵向分裂，而分离出来的子细胞向着侧向生长，好像侧枝的萌芽。假的分叉也广泛分布。在这种假分叉的情况下，完全附着于黏液鞘的异孢囊之间的细胞列不可能沿着纵向生长。它们以一端穿过黏液鞘的侧面，这样就形成了假分枝。

丝状体的蓝绿藻可以呈单独的、孤立分布的丝体或呈群体，即叶状体。它们的堆积物称为草土块，并具有不同的面貌。

2.3　蓝绿藻的生活环境

蓝绿藻出现于各种不同的地区，它们生长在不流动和缓慢流动的淡水内，表现为浮游的藻类；或在近岸的海底，呈底栖的藻类；或在不同的硬底上，以表附状态和皮壳状的生长；或在雪地的表面；或在潮湿的悬崖上和土壤层之内。蓝绿藻最丰富的产地是在热泉内，最佳水温为 65~70℃。

绝大多数的蓝绿藻是固着生长或表附生长，有时分布于近岸的悬崖之上、石头上、各种水下环境或分布在海洋生物和其他的藻类之上。海洋的蓝绿藻具有世界性的分布特征。但是，对那些热带海洋的蓝绿藻属种，它们大多属于地区性分布的特征。大量的蓝绿藻都生活于淡水内。

根据蓝绿藻生态方面的叙述，它们生存的温度状况是由许多因素而凸显出来，而这些因素决定了各个种的变换顺序和优势种的出现。绝大多数的蓝绿藻出现于较高的温度，即 25~35℃。由于它们对温度十分敏感，故它们都出现于生长的早期。一个种最繁盛的时期是在适合于该种生存的某一温度范围内，但却不适合另一个种（Sirenko，1969）。藻类能周期性发育的重要因素之一是雨水，并从雨水中获得养料；蓝绿藻对养料的添加最为敏感，这样就能排除那些居住在同一盆地的其他生物，使其自己能更好地继续发育（Kukk，1965）。蓝绿藻绝大多数的种生活于 pH 值为 7.9~9.5 的水体内，这样就能保存那些特殊的属种（Sirenko，1969）。蓝绿藻是光养生物和化学养生物，但营异养方式较少。它们获得养料的方式或是通过光合作用，或直接氧化周围的无机物而取得养料，因此这些作用都是通过细胞的表面来进行的（Gusev and Nikitina，1979）。蓝绿藻的黏液鞘厚度往往超过细胞列的宽度好几倍，因此可以推测，对细胞来说，黏液鞘能积聚重要的化学元素，这样就能改善藻类的生长条件。还可以推测，黏液鞘能防止细胞的干枯。蓝绿藻可以适应于温度起伏变化、盐度的变化、湿度的变化、光线强度的变化及周围气体状况的变化。

在与周围的植物和动物共生的生态关系中，蓝绿藻作为经常出现的生物，它们的作用是很大的。黏液鞘能为其他的许多细菌、真菌、藻类提供良好的环境（Elenkin，1936；Goryunova 等，1969；Shtina and Pankratova，1974；Gromov，1976）。近年来，蓝绿藻的研究者对其细胞学、生理学和生物化学给予了极大的关注。蓝绿藻已成为细菌学的研究对象（Goryunova 等，1969；Gromov，1976；Gusev and Nikitina，1979）。对于地质学来说，蓝绿藻是地球上最古老的生物，并能保存为化石，因而也得到了高度关注。

2.4 钙质蓝绿藻化石在形态学上的基本特征

2.4.1 钙质外壳的结构

钙质外壳是钙质蓝绿藻化石外面的包壳，这些包壳是在某个时候活着的藻类外面形成的钙质外壳，这样就能建立叶状体或群体的丝体形状。其外壳具有单一的、均匀的成分，未见层纹的特征。

肾形菌属的外壳特征：在恰巴科夫菌科 Chabakoviaceae 一科内，钙质外壳包围着整个群体，或其边缘部分，但是，其中央部分仍处于未钙化状态（图 2.4）。在极少数的情况下，外壳的表面布满了放射线，如颗粒状肾形菌属 *Renalcis granosus* Vologdin ［图 2.4（b）］。钙质外壳的厚度无法量度，因为它们可以在

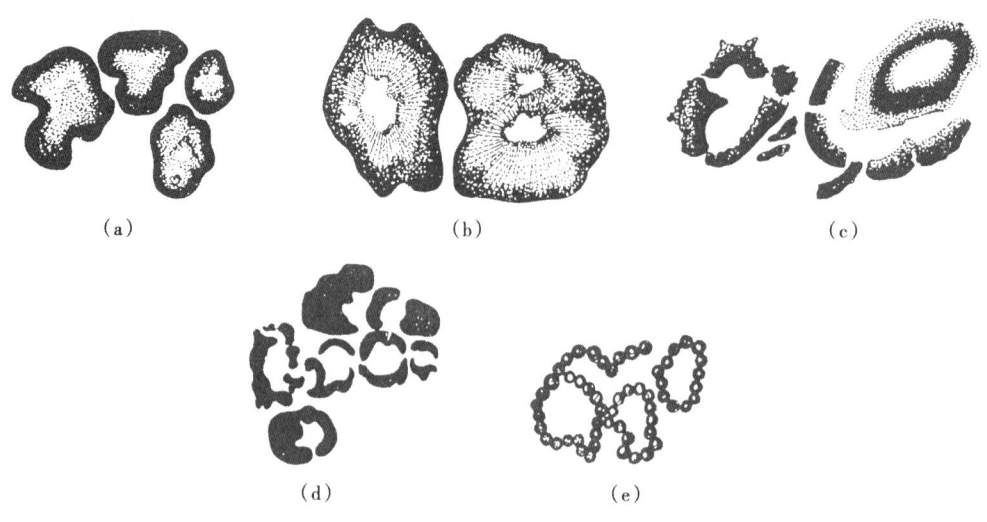

图 2.4 肾形菌属 *Renalcis* 各个种的示意图

(a) 凝胶状肾形菌属 *Renalcis gelatinosus* Korde；(b) 颗粒状肾形菌属 *Renalcis granosus* Vologdin；(c) 多形肾形菌属 *Renalcis polymorphus* Maslov；(d) 扇贝状肾形菌属 *Renalcis pectunculus* Korde；(e) 光亮肾形菌属 *Renalcis levis* Vologdin

一定的范围内变化。依此推测，比较暗色的碳酸盐代表较致密的外壳，如扇贝形肾形菌属 *Renalcis pectunculus* Korde［图2.4（d）］，比较明亮的外壳则形成于颗粒状肾形菌属 *Renalcis granosus* Vologdin 一种内。

表附菌属的特征：表附菌属 *Epiphyton* Born. 的钙质外壳则有特别的性质。在大多数情况下，它们很致密，呈黑色，其厚度超过丝体的宽度许多倍。关于这些特征，可从其分枝的横切面内看到；在横切面内，很少能见到以往活着的生物所居住的空间。

表附菌属 *Epiphyton* 的某些种内，钙质壳不是很致密和结实；在它的纵切面内，可见其丝体是由暗色、较细的水平线和亮的、未钙化部分交替组成，而那些未钙化部分看起来像明亮的扁豆体，分布在暗色钙质壳之内，如坚硬表附菌属 *Epiphyton durum* Korde［图2.5（a）］。这种现象也可以在许多现代钙化胶须藻属 *Rivularia* 内见到。胶须藻有时完全钙化或由未钙化部分和钙化部分交替组成，这样就形成了带状构造。

在大多数前管孔菌目 Proauloporales Luchinina 内，钙质外壳十分清楚，形成鲜明的对照。此目内，在所有情况下，中央空腔代表某个时候被菌类生物所占据的空间，这些中央空腔在横切面和纵切面内，都能清晰地反映出来。根据钙质蓝绿藻演化过程，可以看出丝体的规模有增加的趋势，这些丝体就是在外壳之内居住着；而有的时候，钙质外壳的宽度缩小，这样中央空腔就增大。

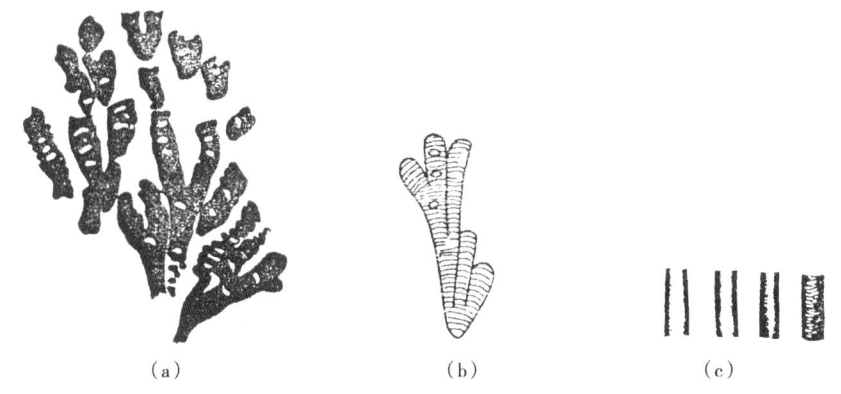

图2.5 坚硬表附菌属 *Epiphyton durum* Korde 的图解示意图

(a) 厚的钙质外套，具有明亮的透镜体，这些透镜体代表分枝内未钙化的部分；(b) 钙质的沉淀，它们呈水平的条带状；
(c) 在钙质外套内，碳酸钙受到不同的成岩作用，因而使外套的钙化程度不等

2.4.2 群体和叶状体的结构

群体（Colony）这一术语，与现代蓝绿藻的描述相似，在大多数情况下，是在描述色球藻目 Chroococcales 时才使用，而叶状体（Thallus）这一术语则在描述段殖体目 Hormogonales 时才使用。

古代的钙质蓝绿藻化石的群体和叶状体的形状与现代蓝绿藻的群体和叶状体十分相似。根据这一原因，试图将古代的钙质蓝绿藻化石与现代的蓝绿藻从形态上进行对比（图2.6）。此处采用了 Gollerbaks and Polyansky, 1951；《低等植物学教程》（Course of lower plants, 1981），对现代蓝绿藻的研究成果。

在古代钙质蓝绿藻化石内，其外形的多样性并不很多，它们可以归纳为以下数个基本形状；它反映出藻体在形态上的分化程度：

（1）球形，圆形或不是经常呈为规则的形状：这些形状在现代藻类内称为棕榈状或辣椒状。推测在古代的藻类化石内，钙质外壳包覆着群体，而群体内则分布着细胞。在这种情况下，群体经常彼此联合，形成了很大的堆积体，如肾形菌属 *Renalcis* Vologdin，凯马菌属 *Gemma* Luchinina。有时，小的球状体的群

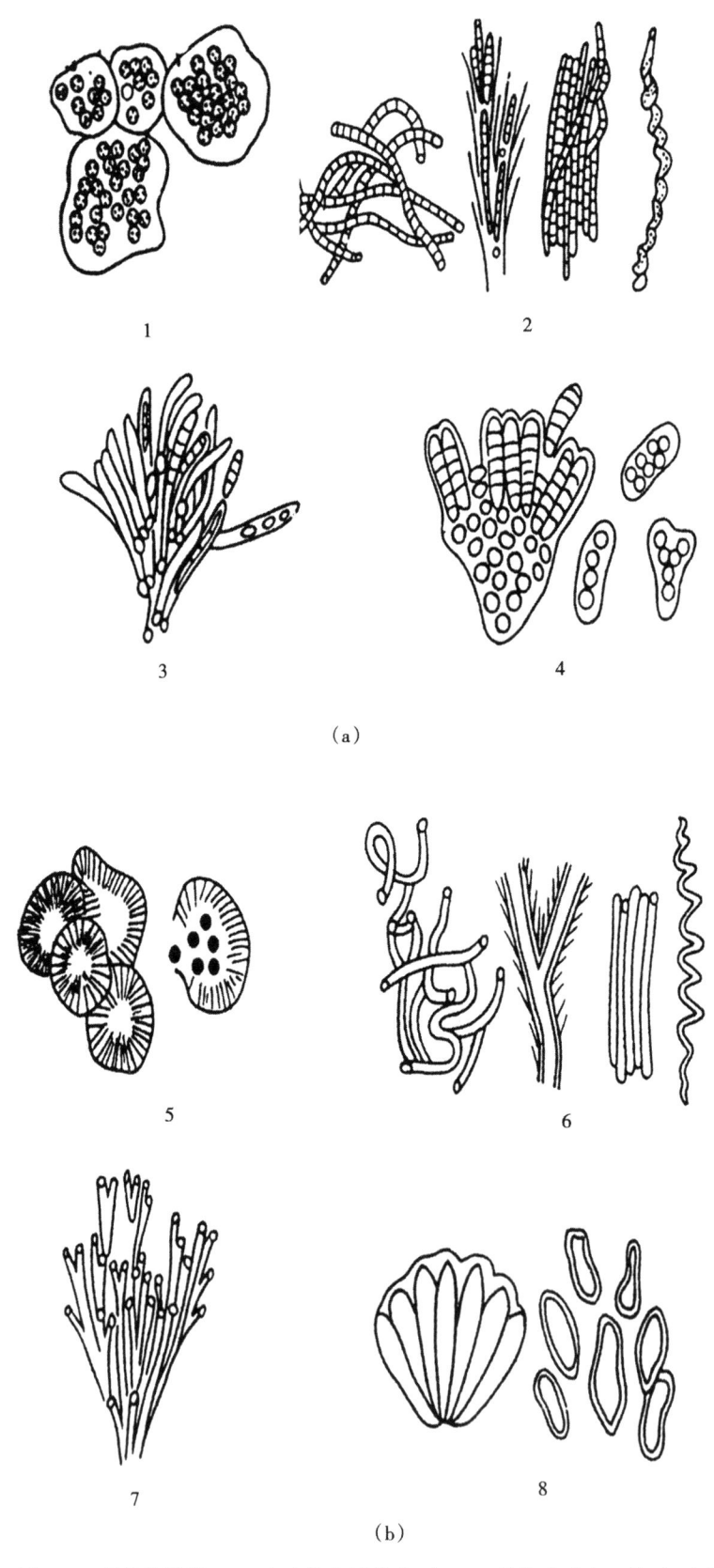

图 2.6 现代蓝绿藻（a）和古代蓝绿藻化石（b）结构或形态上的对比图
1—棕榈树状；2~4—丝状体；5—球状；6—管状；7—丛状；8—狼牙棒状或大头针状

体（光亮肾形菌属 *Renalcis levis* Vologdin）可以成为链条状［图 2.4（e）］；而在恰巴科夫菌属 *Chabakovia* Vologdin 内，叶状体也是用这种方法联结，从而形成明显的分枝状。

（2）丛状或分枝状：对于这些形状，在现代藻类内，属于丝体状。呈丛状的叶状体是表附菌属 *Epiphyton* Born. 所特有的形态，也是巴托木菌属 *Botomaella* Korde，奥登菌属 *Ortonella* Garwood 以及其他藻类内所特有的形态。看来，丛状体是用黏液固定的，而其生长带位于这些丛状体的上部，因为只有分布在叶状体外表的细胞才能接触阳光，进行光合作用，形成矿物质。在古代的蓝绿藻化石内，经常遇到丛状体。

（3）丝状体或圆柱体：这是大多数古代蓝绿藻化石所特有的形状，其典型代表有前管孔菌属 *Proaulopora* Vologdin，葛万菌属 *Girvanella* Nich. et Ether.，奥布鲁切夫菌属 *Obruchevella* Reitlinger，罗思普莱兹菌属 *Rothpletzella* Wood 等。它们也称为圆柱体，因在其横切面内经常可以见到内腔。与钙质外壁相比这些内腔的宽度，是很宽的。在此内腔内曾居住着丝体。对于这种类型的结构，也可称为管形（Luchinina，1975；Voronova and Radionova，1976；Drozdova，1980 等）。

（4）狼牙棒状：在现代的藻类内，类似的形状认为是丝状体，其典型的代表为比加菌属 *Bija* Vologdin，海德菌属 *Hedstroemia* Rothpletz 等。如丝体处于生长状态时，它们彼此分离，且具有清晰的大头针状；如丝体联结成丛状体，这时也能保存大头针状，但大头针状最发育于丝体处于分离的状态（图 2.7）。

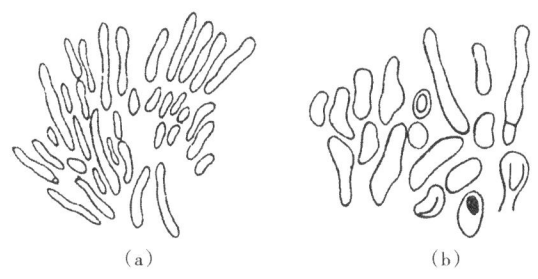

图 2.7　海德菌属 *Hedstroemia halimedoidea* Rothpletz

(a) 组成丛体的各个丝体；(b) 已分离的各个丝体

在古代钙质蓝绿藻化石内见到丝体分叉的现象，它们呈丛状、丝体状或大头针状。在各种状况下，丝体的分叉无次序，也无一定的方向。但是，其中央枝或主枝并未表现出来。

最初处于萌芽阶段的分叉可以在科里尔菌属 *Korilophyton* Voronova 内见到（图 2.8），在这里只能见到粗而短的分枝，它们微微地从底质上升起，然后开始少些分叉。表附菌属 *Epiphyton* 的分枝，各种分枝的形态，首先取决于沉积相的条件，也取决于沉积物形成时的作用过程是在怎样速度下进行。如果丛体的表面经常有沉积物，那么丛体的分枝就很短矮，这时叶状体的结构出现带状；如果丛体能自由发育，且其表面没有那么多的沉积物，这样所形成的分枝就较长（图 2.9）。

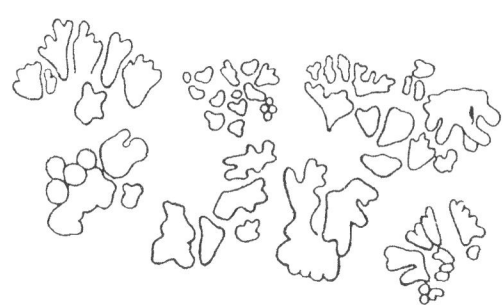

图 2.8　在科里尔菌属 *Korilophyton inopinatum* Voronova 内分枝的萌芽阶段

15

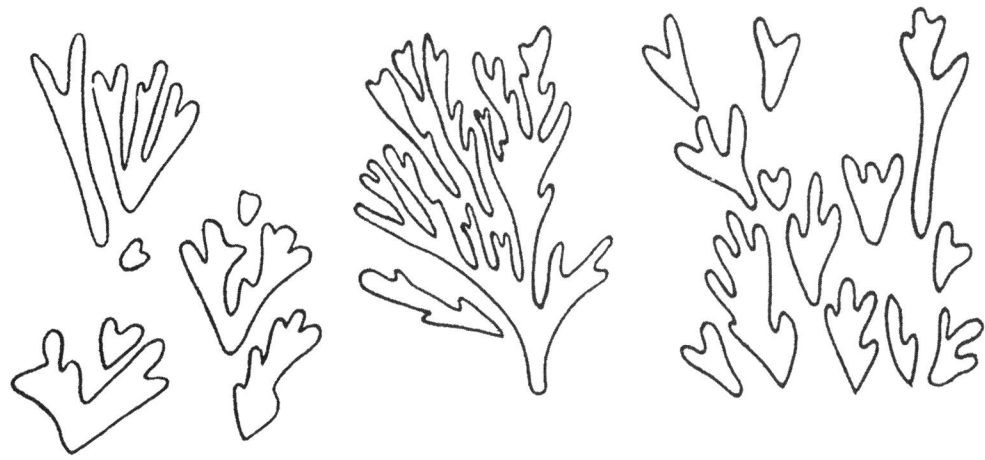

图 2.9　表附菌属 *Epiphyton* Born. 的分枝状况

分析了这些低等植物的成长过程，我们可以归纳出下列的形态顺序，即肾形菌属 *Renalcis*→凯马菌属 *Gemma*→科里尔菌属 *Korilophyton*→表附菌属 *Epiphyton*（图 2.10）。这就是像表附菌那样的丛状菌藻类发育顺序最好的模式。表附菌属 *Epiphyton* 的出现是很有规律的，是这些菌藻类为取得更多的光线而进行斗争的结果，因为丛体具有能力使生物增加更多的表面积，这样就可以获得更多的光线。

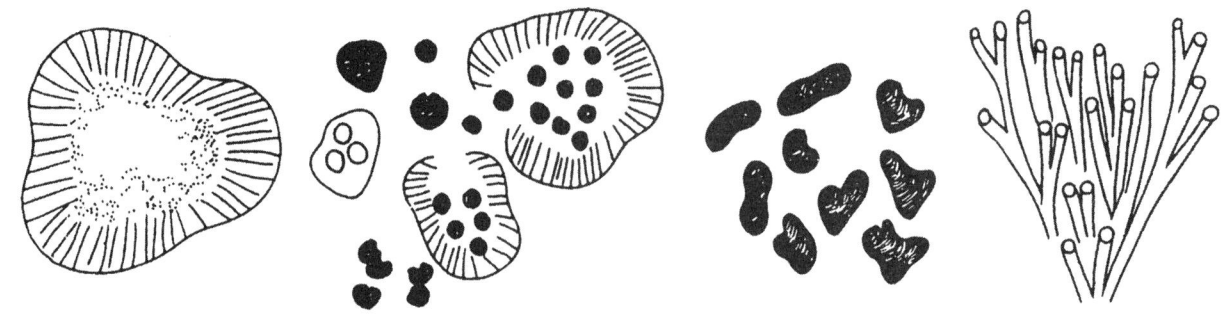

图 2.10　*Renalcis*→*Gemma*→*Korilophyton*→*Epiphyton* 蓝细菌所表现的形态变化

有一个种：含果表附菌属 *Epiphyton fruticosum* Vologdin，其分枝很短矮，因此丛体就形成了特殊的叶状体；好像沿着一个球体分布。在那些广泛分布的属种中，如前管孔菌属 *Proaulopora* Vologdin，管叶菌属 *Tubophyllum* Krasnop. 的分枝非常稀少，故丝体就可以达到很长的长度。巴托木菌科 Botomaellaceae 的代表也是呈分枝状，并能形成丛状体。但是，其各个分枝稀少，丛体从基底就开始形成，只有到上部才往外扩展。

2.5　古代钙质蓝绿藻化石的分类原则和分类方案

古代钙质蓝绿藻化石是属于原核生物内最为人们熟知的一类藻类，它们早期的代表化石是葛万菌属 *Girvanella* Nich. and Ether.，表附菌属 *Epiphyton* Born.。这些化石首先描述于 19 世纪的晚期（Nicholson and

Etheridge，1880；Bornemann，1885）。随后，有许多研究者（Gordon，1921；Pia，1927；Maslov，1956；Vologdin，1940，1962；Korde，1961，1973）进行研究，他们试图对这些复杂的组合进行分类。

除此之外，下列这些学者都讨论了关于古代钙质蓝绿藻化石的分类方案：Johnson，1961；Titorenko，1970；Shuysky，1973；Chuvashov，1974；Luchinina，1975；Kolosov，1975，1977；Voronova and Radionova，1976；Riding and Voronova，1982；Chuvashov and Riding，1984；Saltovsky，1984；Ishenko，1985 等。

尽管经历了漫长的时间来研究蓝绿藻的分类，但这些蓝绿藻的起源和亲缘关系至今仍不清楚，尤其是关于表附菌属 *Epiphyton* 的分类位置存在着许多不同的意见。这个属早已被人们所熟知，且它拥有大量的种。至于小花菌属 *Subtifloria*，巴托木菌属 *Botomaella*，海德菌属 *Hedstroemia* 等分类位置也没有统一的意见。由于我们尚未对所有的古藻类学者所持有的观点进行审查，这些古代的钙质蓝绿藻化石缺乏许多形态标志，所以无法建立这类化石的分类体系。因为，建立分类体系要有足够的时间详细地研究所有的化石，而且要获得普遍的认可。

关于现代蓝绿藻的分类系统是根据原苏联古藻类学家 Elenkin（1936）研究制定的。这个分类系统在原苏联境内已被藻类学家所采用。

在此基础之上，采用了比较形态学的方法来研究，此方法在演化研究中占据了重要的地位。对于古代的藻类，就按照现代蓝绿藻的分类方案来进行分类。对于各个分类单位的特征，在过去数年内已刊出（Luchinina，1971，1972，1975，1985a 和 1985b）。假如在过去只研究寒武纪的藻类，现在就要对古生代和中生代的钙质蓝绿藻化石进行分类研究。

在蓝绿藻门内，可分为三个纲：色球藻纲（Chroococcophyceae）、管孢藻纲（Chamaesiphonophyceae）和段殖体纲（Hormogonophyceae），它们已经描述过。当前我们所研究的古代钙藻化石可分为两个纲：色球藻纲和段殖体纲。在色球藻纲内，采用了现代的色球藻目（Chroococcales）。在此范围内，应用了现代分类法，而所有的更低级的分类都是依据形态标志。在这种情况下，依据可能的程度与那些现代蓝绿藻进行比较。现将古代蓝绿藻化石的分类方案列于以下：

门　蓝藻门　Cyanophyta Sachs，1874
　纲　色球藻纲　Chroococcophyceae Geitler，1925
　　目　色球藻目　Chroococcales Geitler，1925
　　　科　恰巴科夫菌科　Chabakoviaceae Korde，1969

属　肾形菌属　*Renalcis* Vologdin，1932

特征：叶状体呈肾状、扇贝状，群体产出，有些群体呈链条状；肾状体的里面均为空心，其外壁较厚，由泥晶组成，或为纤状和凝块状。

属　恰巴科夫菌属　*Chabakovia* Vologdin，1939

特征：叶状体呈直立的丛状体，由周期性强烈发育的细胞丝体组成。在叶状体内有囊状突起物，叶状体的边缘区与中央区相比具有不同的结构。叶状体的基底有假根状的丝体固着于其他物体。生殖器官分布在叶状体的里面，呈周期性的发育，其外面具有不同的结构。

属　依申科菌属　*Izhella* Antrop.，1955

特征：叶状体呈圆形、线团状的钙质小瘤体，它是由一束一束、呈锥形丝体束组成；丝体的宽度约 $2 \sim 4 \mu m$，由暗色的碳酸盐组成，它们之间或呈暗色，或较明亮；丝体束以其底部的尖头聚集在小瘤的中央，而它的顶端则彼此融合在一起，成为小瘤的表面。在各个丝体束之间可出现许多明亮的小区。

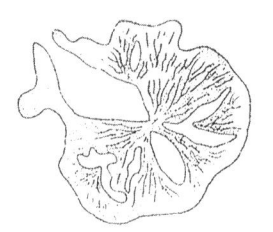

图 2.11 依申科菌属

属 古微囊菌属 *Palaeomicrocystis* Korde，1961

特征：群体呈球形、椭圆形或圆盘状，其组成细胞呈圆形，它们在群体内不规则分布或都聚集在其中央。

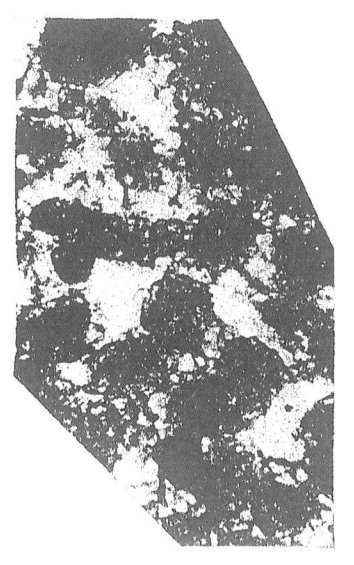

图 2.12 古微囊菌属

属 小球菌属 *Globuloella* Korde，1961

特征：群体呈球形或不规则形状，它是由许多从中心向外发散的丝体组成，像黏合在一起；丝体呈分叉状，它们在生活期间被黏液包围，有时可突出到边缘之外。

图 2.13 小球菌属

属 角形蜂窝状菌属 *Angulocellularia* Vologdin，1962

特征：叶状体呈灌木丛状，直立生长或悬挂状生长。

属 凯马菌属 *Gemma* Luchinina，1982

特征：叶状体呈圆形，一般呈群体产出；其外缘有均匀分布的致密外壳，中央腔内有许多小的球状物。

属 *Cherdyncevella* Antrop., 1955

属 *Shuguria* Antrop., 1959

  纲 段殖体纲 Hormogonophyceae(Geitler)Elenkin, 1936
   目 表附菌目 Epiphytales Korde, 1973
    科 表附菌科 Epiphytaceae Korde, 1959

属 表附菌属 *Epiphyton* Bornemann, 1886

特征：叶状体呈丛状或细长的树枝状；有许多列，分叉都以二分叉的方式进行；每一列由不同形状的细胞组成，未分成轴部和边缘部。

属 萨拉马菌属 *Tharama* Wray, 1967

特征：叶状体由许多圆柱状、分叉的枝体组成，每一枝体约2mm长；枝体的横切面呈圆形，未见分节现象，通常向侧缘分叉二次或三次；枝体的直径为85~160μm；这些枝体由许多细胞层组成，它们呈拱形的隆起；每一个细胞呈矩形，形状相同，高约10~12μm；细胞壁厚约3~4μm，但往往不清楚，而水平细胞层却十分清楚；生殖器官不明。

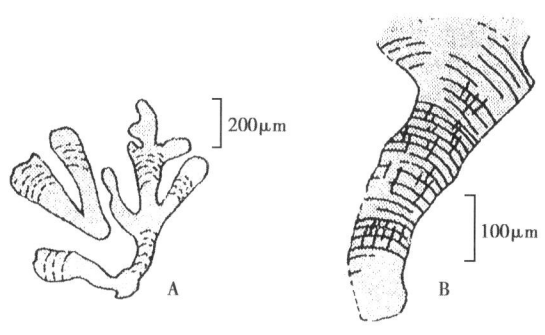

图2.14 萨拉马菌属

属 科里尔菌属 *Korilophyton* Voronova, 1969

特征：叶状体呈短而粗的分枝。每一分枝都很低矮，且顶面仅见微弱的的分叉，此属都呈群体产出。

  目 前管孔菌目 Proauloporales Luchinina, 1975
   科 前管孔菌科 Proauloporaceae Korde, 1969

属 前管孔菌属 *Proaulopora* Vologdin, 1937

特征：叶状体由圆柱形或管状的丝体组成。其外面包覆着较薄的钙质壳，而其内可见内腔；外壳上有许多小领，小领的大小十分相近；丝体的宽度为15~30μm。

属 管叶菌属 *Tubophyllum* Krasnop., 1955

属 航空风向囊菌属 *Aeolissaccus* Elliott, 1958

特征：叶状体呈薄壁的小空管，略显弯曲，两头变尖；最大长度为1.7mm，最大直径为130μm，外壁厚约10μm。

属 科伊瓦菌属 *Koivaella* Tchuv., 1974

特征：叶状体呈细长的小管、可分叉，具有不明显周期性的加粗；小管最大的长度为1.3mm，宽度为56μm；在加粗处以30°~90°的分叉角分出第二级的侧枝，但这些侧枝直径较小；侧枝显示多次分叉，最多可达四级；小管的钙质外壁较薄，它是由暗色的球粒状碳酸盐沉积物组成。当前的菌类与中东地区的

航空风向囊菌 *Aeolissaccus* Elliott 有某些相似之处；后者表现为笔直的小管，未见分叉，因而易于区别。科伊瓦是乌拉尔山脉地区丘索瓦亚河右岸的一条支流名称。

图 2.15　科伊瓦菌属

科　巴捷内夫菌科　Bateneviaceae Korde，1969

属　巴捷内夫菌属　*Batenevia* Korde，1966

特征：叶状体呈不规则的分叉状，由紧密排列在一起的圆柱形丝体组成。其边缘部分为一系列紧密相贴的丝体，而轴部由毡毛状的细丝体组成。它们以假根状的基底附着在其他物体上生长。巴捷内夫来自于俄罗斯阿尔泰—萨彦岭地区的巴捷内夫丘岭。

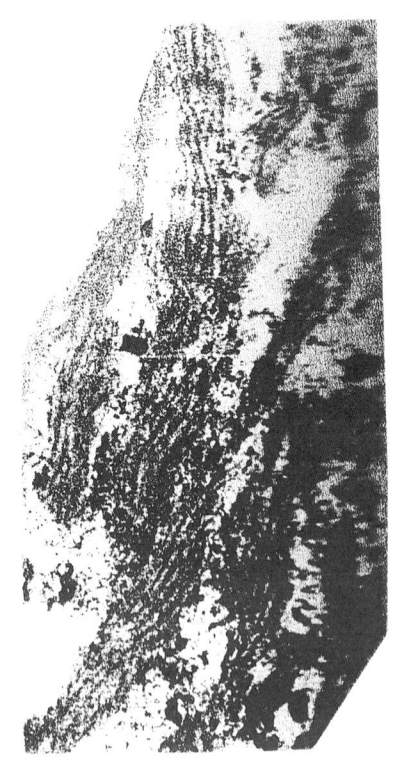

图 2.16　巴捷内夫菌属

属　小花菌属　*Subtifloria* Maslov，1956

特征：叶状体呈微弱弯曲、有孔的圆柱体，它的外壁具有纤细、致密的组织，由暗色的球粒碳酸盐组成。圆柱体的直径为 60~150μm 或 200μm，其外壁的厚度不等，外壁都是由细的丝体组成，丝体的直径约5~7μm；圆柱体内有许多纵向的小管（丝体），其横切面呈圆形，直径约10μm，外壁可紧密地连结在一起；在小管（丝体）内有许多横隔壁，间距约5~15μm，但易于消失不见。

属 马拉霍娃菌属 *Malakhovella* Mamet and Roux，1977

特征：叶状体由呈一束相互缠绕、弯曲的细丝体组成，丝体可分叉。丝体束的长度可达2.5mm；丝体的直径为12~20μm，分叉角为20°~30°；叶状体的外表由于丝体向内弯曲，故呈假像的分节状。

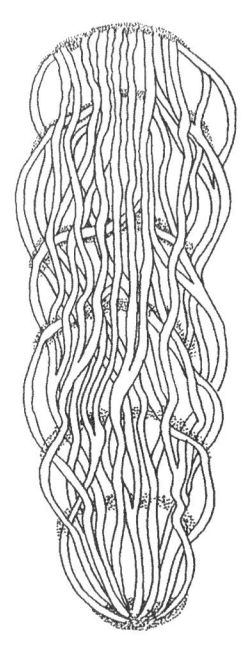

图2.17 马拉霍娃菌属的复原图

科 葛万菌科 Girvanellaceae Luchinina，1975

属 葛万菌属 *Girvanella* Nicholson and Etheridge，1878

特征：它是由相互平行、纤细的丝体组成。这些丝体或彼此平行排列，或相互绞合在一起；丝体的外壁由暗色的泥晶方解石组成，呈黑色；丝体的内径约15~22μm。

属 链状菌属 *Halysis* Hoeg，1932

特征：叶状体由许多大小均匀、形状相似的小球体组成，呈链条状，长约3mm；每一小球体的直径约100μm。小球体内均充填了亮晶方解石，其外面有黑色的外壁；而外壁的外面还有一条洁净的方解石，它与相邻的球体之间均有一条黑色的细线，以示区分。

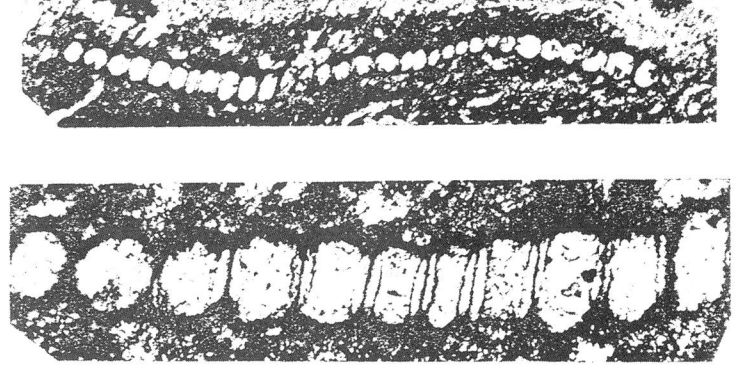

图2.18 链状菌属

属　拉祖莫夫斯基菌属　*Razumovskia* Vologdin，1939

特征：叶状体呈茸土块状，由许多丝体组成，它们都以薄膜的方式铺盖在底质上成长发育；其底部是由一条或几条基底丝体组成，从基底丝体之上分出垂直丝体，它们均垂直于基底丝体之上；垂直丝体很多，故整个叶状体都被它覆盖着，像茸毛一样。

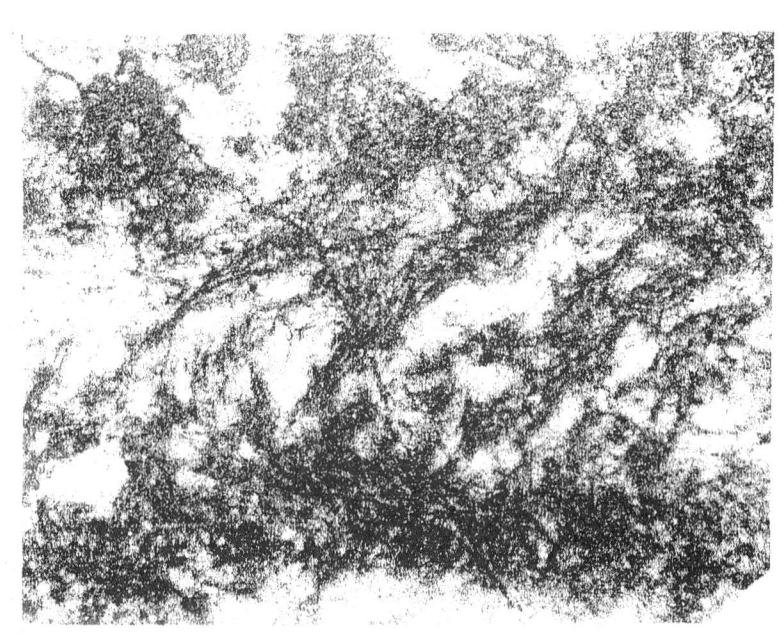

图 2.19　拉祖莫夫斯基菌属

属　罗斯普莱兹菌属　*Rothpletzella* Wood，1948

特征：叶状体由一簇平行排列的丝体组成，它们从始端多次分叉、相互靠近，成为束状，并迅速地增加它的宽度；在叶状体远端的横切面呈串珠状。叶状体呈平坦或弯曲的薄片，它们相互叠覆在一起，包覆在其他物体上生长。

属　奥布鲁切夫菌属　*Obruchevella* Reitlinger，1948

特征：叶状体呈各种形状的螺旋体，很像现代的螺旋藻属 *Spirulina*。

属　管壳石属　*Tubiphytes* Maslov，1956

属　别拉亚菌属　*Belaya* Shuysky，1973

属　扇形菌属　*Flabellia* Shuysky，1973

科　加伍德菌科　Garwoodiaceae（Johnson）Shuysky，1973 修改

属　米切尔丁菌属　*Mitcheldeania* Wethered，1886

特征：叶状体呈结核状，它们由一簇高度分叉的丝体组成。这些丝体呈弯曲状，在分叉点显示明显的收缩变窄，通常与 *Ortonella* 和 *Garwoodia* 伴生。

属　比加菌属　*Bija* Vologdin，1932

特征：叶状体由许多多角形或圆形的细管或丝体组成，每一个细管的边缘由许多毡毛状、缠绕在一起的丝体组成了外壁；而在细管的中央，毡毛状的丝体较稀疏。此属与 *Solenopora* 和 *Parachaetetes* 十分相似，其不同之处，是缺失横隔板。同时当前的属，它的细管外壁是由杂乱的丝体组成毡毛壁，其生殖器官均在细管之内。

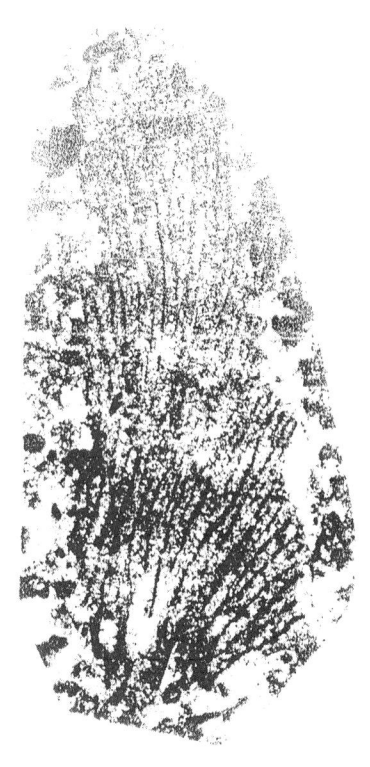

图 2.20　比加菌属

属　察冈诺洛姆菌属　*Zaganolomia* Drosdova，1980

特征：叶状体的形状呈小瘤状，高约 5mm，宽约 5~6mm，它是由许多紧密排列在一起的、窄小的、锥形细管组成。这些细管组成许多不同宽度的扇形体；在横切面观察时，这些小管彼此分离，呈圆形或多角形；小管的外面有很薄的外壁，而其中央区则较宽大；小管显示二分叉的特征，可见分叉一次到三次。此属很像比加菌属 *Bija*，但与其不同之处在于它都是由锥形细管组成。

图 2.21　察冈诺洛姆菌属

属　巴托木菌属　*Botomaella* Korde，1958

特征：群体呈丛状，由一簇丝体组成。这些丝体都从其共同的中心出发生长；丛体的高度为 2.5～3.0mm。每一个丝体的宽度较稳定，少见分叉，宽度为 20～35μm。

属　奥登菌属　*Ortonella* Garwood，1914

特征：由主丝体分叉出来的次级丝体一般呈 40°的交角，向外生长。

属　加伍德菌属　*Garwoodia* Wood，1941

特征：从叶状体的主丝体分出来的丝体呈直角延伸，由此再分出的次级丝体也与其呈直角相交，并平行伸展，其丝体要比海德菌属 *Hedstroemia* 及其他相似属的丝体更粗一些。

属　海德菌属　*Hedstroemia* Rothpletz，1913

特征：叶状体都是由许多分叉的丝体组成。这些分叉的丝体呈成对出现，并构成锐角；分叉的丝体组成串状，串状的纵切面呈扇形，均呈放射状直立生长。

属　卡优菌属　*Cayeuxia* Frollo，1938

特征：叶状体由分叉的丝体组成，它们组成束状，分叉的丝体首先垂直于分叉点呈直角分叉；不久，它就变换成平行于主丝体往上生长。

属　比沃卡斯特里亚菌属　*Bevocastria* Garwood，1931

特征：叶状体由许多丝体组成，但这些丝体都是由小球体组成，呈串珠状。

属　乌赖姆菌属　*Uraimella* Chuvashov，1973

特征：叶状体较大，呈长圆形，并向顶端逐渐增大；它们均固着生长；叶状体是由许多细胞丝体组成，这些丝体的横切面呈多角形、梯形或圆形，而细胞的纵切面呈矩形，但在它们二分叉时，则可呈楔形；横向的细胞壁分布于不同的位置，并未连成直线，因而不具有同心状的结构；相邻细胞丝体之间靠一些小孔，使它们相互沟通。

属　*Visheraia* Korde，1958

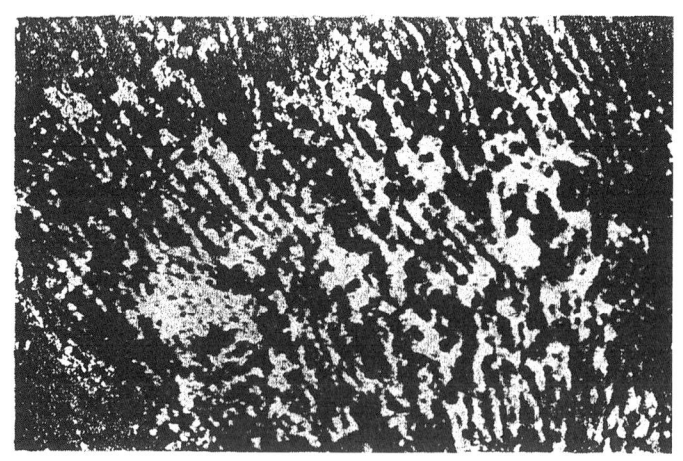

图 2.22　乌赖姆菌属

科　尚未确定

属　直角菌属　*Rectangulina* Antrop.，1950

特征：叶状体由一群细管组成，呈分叉状，未见分节的现象；细管呈直线状，或稍微弯曲，它们排列成近乎平行的一排，或稍微向上散开；细管的外壁由黑色的微晶方解石组成。

属　小茎菌属　*Stipulella* Maslov，1956

特征：细胞丝体呈圆柱状，较窄，却长而直，在少数情况下，呈微弱的弯曲，细胞丝体的末端呈圆头状；它们都聚集成束状，这代表数个细胞丝体聚集在一起；细胞丝体束分布不规则，它们之间形成不同的交角；有时可见分散孤立状分布的细胞丝体；在细胞丝体之间一般均已钙化，呈球粒碳酸盐沉积物；群体呈圆形或微弱的多角形。在该属的正模标本内，细胞丝体的宽度为 5~7μm，其长度为 50μm，而其钙质外皮只有 3~5μm 厚，但细胞丝体的末端未见外皮。

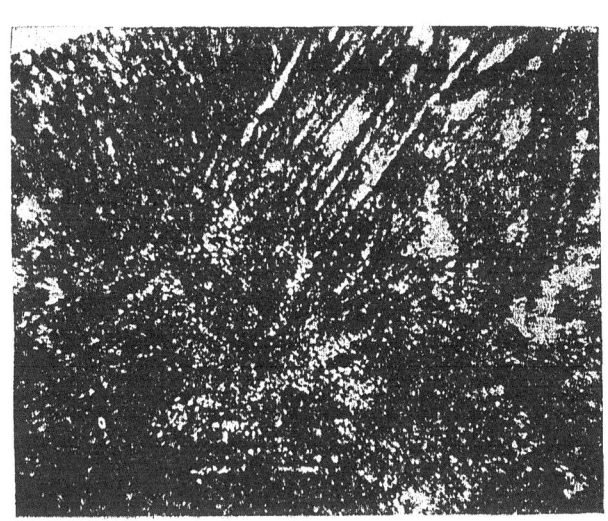

图 2.23　小茎菌属

2.6　各类蓝绿藻化石的详细讨论

纲　色球藻纲　（Chroococcophyceae）Geitler，1925

目　色球藻目　（Chroococcales）Geitler，1925

在此目的现代代表内，有钙质包壳的仅见于下列两个属：静水隐杆藻属 *Aphanothece stagnina* Peters and Geitler 和沉钙黏球藻属 *Gloeocapsa calcarea* Tilden。而在 *Paracapsa siderophila* Naum. 内，其包壳由氧化铁组成（Gollerbaks 等，1953）。

色球藻目的化石是以下列的形态标志进行划分：（1）各个科是以其钙化群体的形状来划分；（2）各个属是根据钙质包壳的形状、是否存在中央腔，并根据黏结群体的外貌；（3）各个种是根据群体和堆积体的大小，并根据中央腔和钙质外壳的量度数据。

科 恰巴科夫菌科 Chabakoviaceae Korde，1969

在恰巴科夫菌科 Chabakoviaceae Korde，1969 内，其群体或叶状体呈球状、椭圆形、圆形，彼此分离或彼此黏连在一起，这样就可以形成各种形状，如云彩状到链条状。有时叶状体似乎连接起来，呈分叉状的错觉。这种形状主要出现于恰巴科夫菌属 *Chabakovia* Vologdin 内。叶状体的外面覆盖着钙质的外壳，其外壳呈暗色或很明亮，它们有时覆盖所有的叶状体，有时仅仅在其边缘。少数的情况下，外壳的表面出现放射状的细线。在中央部分，即中央腔的形状，如外面的钙质外壳缺失时，都不能见到任何规律性；但是它与外面的钙质壳相比，比较明亮。

我们将恰巴科夫菌科 Chabakoviaceae 与现代的蓝绿藻微囊藻科 Microcystidaceae Elenkin 进行比较，我们推测这些钙质外壳是在生命活动过程中逐渐地封闭了叶状体，而这个叶状体内曾经存在分散状的细胞。当这些外壳十分致密时，此藻类就无法生存而死亡。

属 肾形菌属 *Renalcis* Vologdin，1932

在恰巴科夫菌科 Chabakoviaceae 内，分布最广且十分著名的代表是肾形菌属 *Renalcis*，它出现于全球各地古生代地层内，而其最大的多样性出现于其开始演化的初期，即早寒武世；在此时，该属拥有许多的种。肾形菌属 *Renalcis* 化石的形态标志很少，这些标志包括钙质外壳、外壳的形状、未被外壳覆盖的内腔、外壳受到剥蚀的状况及此化石最终形成的群体面貌。如果钙质外壳将整个叶状体都覆盖了，就形成了钙质球体，如投射肾形菌属 *Renalcis jacuticus*；或钙质包覆了叶状体相当多的部分，如凝胶状肾形菌属 *Renalcis gelatinosus*［图 2.4（a）］。有时钙质外壳仅仅包覆其边缘部分，如多形肾形菌属 *Renalcis polymorphus*［图 2.4（c）］。对于内腔的某些规律性，如内腔未被钙质外壳覆盖时都是缺失的，它们的形状有时呈星状，如凝胶状肾形菌属 *Renalcis gelatinosus*［图 2.4（a）］。在极少数的情况下，外壳的外表面可见放射状细线。肾形菌属 *Renalcis* 的群体有下列几种类型：（1）无次序的，如凝胶状肾形菌属 *Renalcis gelatinosus*；（2）链条状，如光亮肾形菌属 *Renalcis levis*［图 2.4（e）］；（3）在不规则叶状体之间出现链条状，如扇贝状肾形菌属 *Renalcis pectunculus*［图 2.4（d）］。肾形菌属 *Renalcis* 的许多化石使我们想起那些现代的微囊藻属 *Microcystis* 的代表（图 2.1），我们再次强调，这些可作相互比较标志是非常少的（Luchinina，1975）。一般来说，这些标志是叶状体的外形是否相似和其大小量度。在微囊藻属 *Microcystis* 内，其叶状体达到 30~300μm，而肾形菌属 *Renalcis* 的叶状体可达到 30~1000μm。如叶状体彼此相连时可达到 2mm。

关于肾形菌属 *Renalcis* 在形态学和分类学上的讨论，已经出版了许多文章，而最全面的讨论可阅读 Saltovskaya（1984）的文章。她认为此属具有独特性，然而，她又认为此属与下列这些属有关联：表附菌属 *Epiphyton* Born.，云纹藻属 *Nubecularites* Maslov，恰巴科夫菌属 *Chabakovia* Vologdin，依申科菌属 *Izhella* Antropov，*Shuguria* Antropov，管状藻属 *Tubomorphyton* Korde，塔宁菌属 *Taninia* Korde，*Chomustachia* Korde。

属 凯马菌属 *Gemma* Luchinina，1982

不久以前才描述的、在结构上极其特殊的属——凯马菌属 *Gemma* Luchinina，此化石发现在前寒武纪到寒武纪的过渡层内。此属的叶状体呈圆形，其外面包覆着较致密的、均匀分布的钙质外壳。当这些化石经过很长时间后，外壳就破裂，其内就出现许多小的球状物（图 2.24）。有时这些小的球状物表现为一系列较老的个体。

在恰巴科夫菌科 Chabakoviaceae 内，包括下列各属：肾形菌属 *Renalcis* Vologdin，1932；恰巴科夫菌属 *Chabakovia* Vologdin，1939；古微囊菌属 *Palaeomicrocystis* Korde，1961；小球菌属 *Globuloella* Korde，1961；角形蜂窝状菌属 *Angulocellularia* Vologdin，1962；凯马菌属 *Gemma* Luchinina，1982；依申科菌属 *Izhella* Antropov，1955；*Shuguria* Antropov，1959；*Cherdyncevella* Antropov，1955。

时代分布：寒武纪—石炭纪。

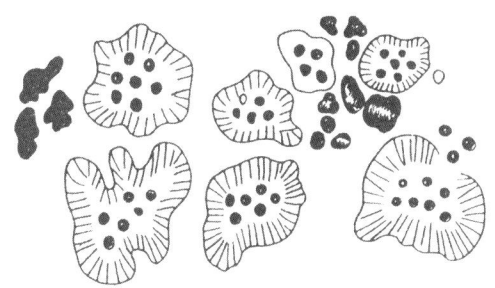

图 2.24 凯马菌属 *Gemma inclusa* Luchinina 示意图

纲 段殖体纲 Hormogonophyceae (Geitler) Elenkin, 1934

目 表附菌目 Epiphytales Korde, 1973

在现代的段殖体纲内，有大量的钙化藻类。但是，它与未钙化的藻类相比，所占的百分比还是较少。经常钙化的种，只有 1~2 个，很少达到 4 个。此目包括以下各属：伪枝藻属 *Scytonema* Ag.，眉藻属 *Calothrix* (Ag.) V. Poljansk.，胶须藻属 *Rivularia* (Roth.) Ag.，席藻属 *Phormidium* Kütz.，鞘丝藻属 *Lyngbya* Ag.，水鞘藻属 *Hydrocoleus* Kütz.，织线藻属 *Plectonema* Thur.，须藻属 *Homoeothrix* (Thur.) Kirchn.。古代的藻类化石经常与这些现代的属进行比较。

表附菌目 Epiphytales 根据下述的标志来进行分类：(1) 科的划分是根据叶状体的形状、是否存在分枝、分枝的方式及钙质外壳的特征；(2) 属的划分是根据丛状体和分枝的结构；(3) 种的划分是根据丛状体的大小、分枝的规模及各个分枝点之间的距离。此目只有一个科，即表附菌科 Epiphytaceae。

科 表附菌科 Epiphytaceae Korde, 1959

叶状体呈微弱的、明显的分枝状的丛状体；分枝不规则，它们从叶状体的基部往顶端不断地增加分叉。钙质包壳较厚，显然超过丝体的宽度或直径；这些丝体过去曾分布在钙质壳之内。内部的空腔只微弱地表现出来，有时完全不能见到。

此科最古老的代表是科里尔菌属 *Korilophyton* Voronova。这个科里尔菌属 *Korilophyton* 的叶状体是由许多不明显的分枝组成，在短而粗的丝体之间出现不发育的、萌芽状态的短枝，它们只是稍稍地高出于底质之上（图 2.8）。

属 表附菌属 *Epiphyton* Born., 1886

在表附菌属 *Epiphyton* Born. 内，可见典型的丛状的叶状体，它们呈多次的分叉，尤其在顶部，分枝特别稠密。钙质壳很厚，且致密。在多数情况下，丝体所占据的内腔，一般不能见到，但在丝体的横切面内，有时能表现出来。内腔的出现与否取决于表附菌属 *Epiphyton* 骨骼所受到成岩作用的强度，如果成岩作用十分强烈，那么内腔就保存较差。内腔不能作为分类的标志，正如 Korde 在建立管状藻属 *Tubomorphophyton* 时没有依据内腔为此属的特征（Korde，1979）。

在寒武纪的动植物化石内，出现了许多典型的属，它们在形态上具有明显的间断。对于极大多数的分类单位均缺失过渡类型（Rozanov 等，1982）。根据这一情况，认为在寒武纪时存在着表附菌属 *Epiphyton*,

而管状藻属 *Tubomorphophyton* Korde，戈顿藻属 *Gordonophyton* Korde，科西瓦藻属 *Kosvophyton* Korde，罗德洛藻属 *Ludlovia* Korde，巴彦藻 *Bajanophyton* Drosdova 都是它的同义名，所有这些所谓的属均不具备建立属的标志，因为表附菌属 *Epiphyton* 具有很大的生态幅度，而且其成岩变化很大。它可成为分布最广泛的一个属。

对于古代的钙质蓝绿藻化石的特征来说，有许多变化类型，这种状况与现代低等植物界的状况一样。首先，出现了生态和地理分区上的变化，这样就使得叶状体的形态发生变化，因此对于表附菌属 *Epiphyton* 的分类单位问题，争论最多，特别是鉴定各个种时更为明显。对于此属的各种是根据那些稳定的标志，即分枝的宽度；同时要考虑那些有变化的标志，如丛体的高度和叶状体分叉的特征。对于种的特征来说，这些标志甚至还不足以成为确切的准则。在那些分枝的密度最稠密处，丛体的高度和分枝的宽度变化很大。在一个薄片内，建立几个种是不合适的。表附菌属 *Epiphyton* 的各个种都拥有很大的各自的变异情况，它们与种群标志没有共同之处。此外，表附菌属 *Epihpyton* 丛体的高度与该属生长处的海水深度有紧密的关系。如果，丛体较高，说明海水的深度较深，这是因为藻类的生长渴望不断地获得光照，就使得丛体的高度不断地增加。近岸带的藻类群落，即是蓝绿藻，它们遭受到比其他生物更多变化。为了整顿种的标准，应当进行古生态特征的调查研究。这种方法应当适合于一切古代的藻类化石。在现代水池内，现代藻类的各个属都拥有许多种，但同一个种却有相当大的变化。主要取决于它们的居住条件，如温度、光线强度及底质的状况等因素（Khan，1969）。在段殖体纲内，其变化范围特别大。

根据上述的原则，我们在描述和区分古代钙藻的各个种时，应当尽可能地采用那些现代种的标志。

在与那些现代蓝绿藻的比较研究中，与表附菌属 *Epiphyton* 相似的现代属是很难找到的。它十分相似于下列各属的某些分子：胶须藻属 *Rivularia* Thur.，纽带管菌属 *Desmosiphon maculans* Borsi，胶刺藻属 *Gloeothrichia pisum* (Ag.) Thur. （图2.25）。但是，这种对比是极其模糊的。Riding and Voronova（1982）认为表附菌属 *Epiphyton* 能与单列藻 *Lorella osteophyla* Borsi 比较。

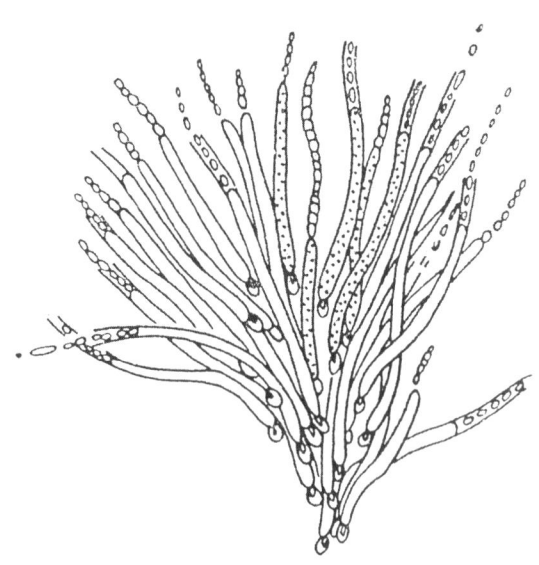

图 2.25　现代蓝绿藻——碗豆形胶刺藻属 *Gloeothrichia pisum* (Ag.) Thur. 的示意图

关于表附菌属 *Epiphyton* 的分类归属问题存在着极大的分歧，它比其他的属更加明显。完全有可能，此属既不是蓝绿藻，也不是红藻。正如 Pratt（1984）就提出，表附菌属 *Epiphyton* 和肾形菌属 *Renalcis* 的钙化作用都是在这些生物死后才发生，其死亡之后，外面才长满了球状蓝绿藻，而这些球状蓝绿藻并没有保存下来。

在表附菌科 Epiphytaceae 内，包括以下三个属：科里尔菌属 *Korilophyton* Voronova，1969；表附菌属 *Epiphyton* Born.，1886；萨拉马菌属 *Tharama* Wray，1967。

时代分布：寒武纪最早期—泥盆纪。

目　前管孔菌目　Proauloporales Luchinina，1975

组成此目包括以下 5 个科：前管孔菌科 Proauloporaceae Korde，1969；巴捷内夫菌科 Bateneviaceae Korde，1969；葛万菌科 Girvanellaceae Luchinina，1975；加伍德菌科 Garwoodiaceae（Johnson）Shuysky，1973 修改；同时还有其他的杂类，即分类位置未定。

时代分布：古生代开始时—中生代。

该目的各个分类单位是依据下列标志来进行划分的：（1）科是根据叶状体的形状；（2）属是根据丝体分布的状况和其特征；（3）种是根据丝体的大小。

科　前管孔菌科　Proauloporaceae　Korde，1969

此科的叶状体是由圆柱形和管形的丝体组成，外面包覆着薄的钙质壳；在外壳之内经常清楚地出现内腔，这是藻类过去居住的地方。丝体微微地弯曲，有时分叉。分枝的状况并无规律。

属　前管孔菌属　*Proaulopora* Vologdin，1937

此科内的一个属，即前管孔菌属 *Proaulopora* Vologdin，当前科和目的名称均根据此属的名称。钙质外壳包围和保存了丝体最细小的结构单元——小领，这些特征就能使前管孔菌属 *Proaulopora* 与眉藻属 *Calothrix*（Ag.）V. Poljansk（图 2.26）进行对比。无论是在现代的属内，还是在古代的属内，丝体分叉的情况出现较少；外壳有许多领子，它们的大小十分相近。在眉藻属的一个种 *Calothrix gypsophila* 内，丝体的宽度波动在 15~30μm；其长度约 2mm。在前管孔菌属 *Proaulopora* 内，还能见到光滑的丝体，出现这种类型的原因是，当其死亡后，就沉到海底，然后受到水流的冲刷，丝体周围的领子就被磨蚀。

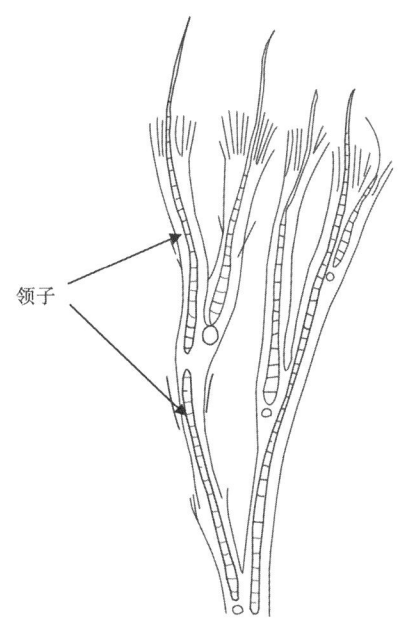

图 2.26　眉藻属 *Calothrix gypsophyla*（Kütz.）Thur.，V. Poljansk. 修改的丝体结构图（据 Elenkin，1936 年）

它们具有层状的黏液质外壳，而黏液壳内的平行层形成了领子

组成：前管孔菌属 *Proaulopora* Vologdin，1937；管叶菌属 *Tubophyllum* Krasnopeeva，1955；科伊瓦菌属 *Koivaella* Chuvashov，1974；航空风向囊菌属 *Aeolissaccus* Elliott，1958。

时代分布：古生代。

科　巴捷内夫菌科　Bateneviaceae　Korde，1969

此科的叶状体是由圆柱状或管状的丝体组成，它们彼此相互黏连成丛体。丝体有时略微绞合在一起，有时则彼此平行排列。叶状体分叉的情况较稀少。其外面的钙质包壳很显著，尤其在横切面内更易见到。钙质包壳包围着明亮的内腔，此内腔就是活着的藻类所居住的地方。

此科的某些属，如巴捷内夫菌属 *Batenevia* Korde 和小花菌属 *Subtifloria* Maslov 与现代的颤藻属 *Oscillatoria* Vauch. 和微鞘藻属 *Microcoleus* Desmaz（图 2.27、图 2.28）十分相似。

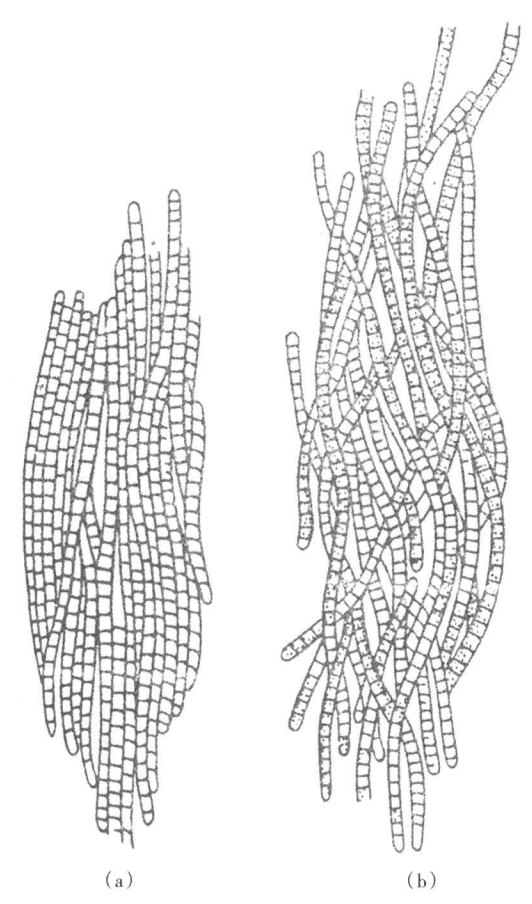

图 2.27　颤藻属 *Oscillatoria erythrea*（Ehrenb.）Geitler 结构图

(a) 其组成的丝体几乎平行地黏合在一起；(b) 在颤藻属 *Oscillatoria hildebrandtii*（Gomont）Geitler 内，其组成的丝体相互绞合在一起

属　巴捷内夫菌属　*Batenevia* Korde，1966

钙化丝体的宽度约 10μm，整个叶状体的宽度达 20μm，高度为 160μm；而在颤藻属 *Oscillatoria erytrea*（Ehrenb）Geitler 内，其丝体的宽度为 7～11μm，丛体的高度达到 1000μm。至于颤藻属 *Oscillatoria hildebrandtii*（Gomont）Geitler 内，细胞列或丝体的宽度为 13～22μm，其丛体的高度达 5mm（5000μm）。

属　小花菌属　*Subtifloria* Maslov，1956

其钙化丝体的宽度达 30μm，叶状体的高度约 2.7mm（2700μm），宽度达 0.2mm（200μm）。对于现代的微鞘藻属 *Microcoleus chthonoplastes* Thuret，细胞列的宽度为 3～6μm，叶状体的高度或长度为 500μm。

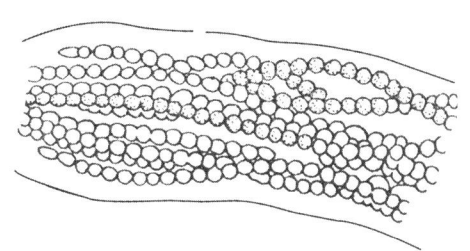

图 2.28　微鞘藻属 *Microcoleus chthonoplastes* Thuret 的丝体图

可见在黏液鞘内呈平行排列的细胞列

组成：巴捷内夫菌属 *Batenevia* Korde，1965；小花菌属 *Subtifloria* Maslov，1956；马拉霍娃菌属 *Malachovella* Mamet and Roux，1977。

时代分布：前两个属出现于寒武纪和奥陶纪；最后一个属分布于二叠纪。

科　葛万菌科　Girvanellaceae　Luchinina，1975

叶状体由圆柱状丝体组成，这些丝体或缠绕成线团；或成为螺旋体。钙质外壳有时能清楚地见到，它们与那些藻类生物曾居住过的空腔（内腔）形成明显的对照；有时，钙质外壳非常发育，这时空腔就不能见到。叶状体内丝体并无分叉的现象。

属　葛万菌属　*Girvanella* Nicholson and Ether.，1878

此科的典型代表是葛万菌属 *Girvanella* Nicholson and Ether.，其叶状体的外貌很像现代的裂须藻属 *Schizothrix* (Kütz.) Gom.。这两个属都是由紧密绞合在一起的丝体组成，它们匍匐在底质之上。在葛万菌属 *Girvanella problematica* Nich. and Ether. 内，其丝体的宽度为 10μm，但在裂须藻属 *Schizothrix perforans* (Erceg.) Geitler 内，其丝体的宽度只有 3μm（图 2.29）。

图 2.29　裂须藻属 *Schizothrix perforans* (Erceg.) 的丝体图

属　罗斯普莱兹菌属　*Rothpletzella* Wood，1948

此科内有一个分布广泛的属——罗斯普莱兹菌属 *Rothpletzella* Wood，它与葛万菌属 *Girvanella* 不同之处在于它的丝体很弱，但这些丝体捻在一起。其最主要的特征是这些丝体在其延展方向经常发生收缩，呈许多小球体。此属之前称为球松藻属 *Sphareocodium*。

属　奥布鲁切夫菌属　*Obruchevella* Reitl.，1948

奥布鲁切夫菌属 *Obruchevella* 的特征是它的叶状体成为各种形状的螺旋体（图 2.30），很像现代的螺旋藻属 *Spirulina* Turp.（图 2.30）。在奥布鲁切夫菌属 *Obruchevella delicata* Reitl. 内，其钙化丝体的宽度为

50μm，而在螺旋藻属 *Spirulina fusiliformis* Voronich 内，丝体的宽度为 10μm。

组成：葛万菌属 *Girvanella* Nicholson et Etheridge，1878；拉祖莫夫斯基菌属 *Razumovskia* Vologdin，1939；罗斯普莱兹菌属 *Rothpletzella* Wood，1948；链状菌属 *Halysis* Hoeg，1932；扇形菌属 *Flabella* Shuysky，1973；管壳石属 *Tubiphytes* Maslov，1956；别拉亚菌属 *Belaya* Shuysky，1973；奥布鲁切夫菌属 *Obruchevella* Reitlinger，1948。

时代分布：寒武纪—白垩纪。

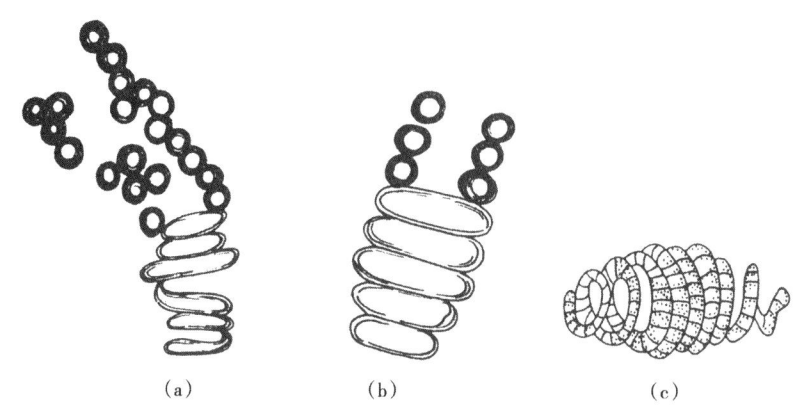

图 2.30 奥布鲁切夫菌的形态和它与现代螺旋藻的比较图

(a)、(b) 古代的奥布鲁切夫菌属 *Obruchevella delicata* Reitl. 化石的丝体；(c) 现代的螺旋藻属 *Spirulina fusiliformis* Voronich

科　加伍德菌科　Garwoodiaceae（Johnson）Shuysky，1973 修改

叶状体呈丛状，其组成的丝体在基部聚集在一起，往上呈放射状展开的圆柱体或大头针状。丝体的横切面呈多角形或圆形，丝体的内腔不能清楚地见到。显然，在丝体发育的晚期阶段，可能彼此分离，故丛体破碎后就成为各个碎片。这些现象在现代的蓝绿藻内广为熟知，即在年轻的时期，丝体呈放射状紧密地排列在一起，而到晚期则几乎平行排列。丝体分叉的情况很不规则，在丛体的下部基本上很少能见到。

属　巴托木菌属　*Botomaella* Korde，1958

在巴托木菌属 *Botomaella* Korde 内，其丛状的叶状体是由很细的丝体组成，它们在基部即分叉。在整个丛体内，经常可以观察到横向条带，这些条带代表生长期间有周期性的停止生长现象。

属　比加菌属　*Bija* Vologdin，1932

在比加菌属 *Bija* Vologdin 和卡优菌属 *Cayeuxia* Frollo 两个属的丛状体内，它们有一个共同的特征，即分枝较稀少，而且各个分枝紧密靠近在一起。钙质包壳较薄，如丝体能见到，这些丝体的宽度要比包壳厚度大一倍。丛体力求它的形状成为半球形。也许，围绕丝体的钙质包壳不一定成为圆形，有时成为多角形；这些情况可以从比加菌属 *Bija* Vologdin 横切面内见到。

属　海德菌属　*Hedstroemia* Rothpletz，1913

海德菌属 *Hedstroemia* Rothpletz 是具有特殊变化的一个属，叶状体呈球形，它所组成的丝体较直。这些丝体绝大部分呈拉长的圆柱体，通常不分叉。有序的叶状体往往破碎后成为碎片，而各个丝体通常呈大头针状，且较大（图 2.7）。

组成：米切尔丁菌 *Mitcheldeania* Wethered，1886；比加菌属 *Bija* Vologdin，1932；比沃卡斯特里亚菌属 *Bevocastria* Garwood，1931；卡优菌属 *Cayeuxia* Frollo，1938；加伍德菌属 *Garwoodia* Wood，1941；海德菌属 *Hedstroemia* Rothpletz，1913；奥登菌属 *Ortonella* Garwood，1914；巴托木菌属 *Botomaella* Korde，1958；乌赖姆菌属 *Uraimella* Chuvashov，1973；察冈诺洛姆菌属 *Zaganolomia* Drosdova，1980；*Visheraia* Korde，1958。

时代分布：寒武纪—白垩纪。

科　韦瑟雷德菌科　Wetheredellaceae Vachard，1976

特征：此菌类的叶状体由许多简单的、分叉的小管或呈半球形的空心的节片组成，它们铺盖在底质之上，呈一片一片的分布。其体壁具有一层或两层，有穿孔或没有穿孔；这些小孔均较直。

组成：韦瑟雷德菌族 Wetheredelleae Berchenko，1987。

时代分布：奥陶纪—早石炭世—白垩纪。

此科是 Vachard，1976 建立的，但此科的系统分类位置并没有确定。早在 1931 年，Derville 认为这些生物与钙扇藻 Codiaceae 科的藻类很相似。Heroux 等（1977）在描述这些生物时看作为藻类。Ishenko 和 Radionova（1981）对韦瑟雷德菌属 Wetheredella 有如下的讨论：从形态的标志来看，此化石有足够的特征说明它是古代藻类化石，而且完全确信它应归属于绿藻。Shuysky 同意上述这些研究者的意见，将这一类化石看作为绿藻的分子。但是，在当前存在的各科中，Shuysky 没有找到相似的形状，故他也像 Vachard 一样，将它作为单独的一科。现在人们普遍将其归入蓝细菌，因此我们放在此处讨论。

族　韦瑟雷德菌族　Wetheredelleae Berchenko，1987

特征：叶状体呈一束一束状，它是由许多半球形或接近于圆柱形的空心分节组成；这些分节铺盖或遮蔽在底质之上，呈简单的弯曲或分叉状。从横切面来看，此叶状体具有不规则的圆形、圆盘形或镰刀状。体壁有一层或两层，都有小孔。

组成：韦瑟雷德菌属 *Wetheredella* Wood，1948；泡沫状菌属 *Aphralysia* Garwood，1948；沥青菌属 *Asphaltina* Mamet，1972；小链状菌属 *Cateniphycus*（*Catena*）Maslov，1956；多形松菌属 *Polymorphocodium* Derville，1931；球孔菌属 *Sphaeroporella* Antropov，1967；柱松菌属 *Stylocodium* Derville，1931；*Koscinobullina* Cherchi and Schroeder，1979。

时代分布：晚奥陶世—白垩纪。

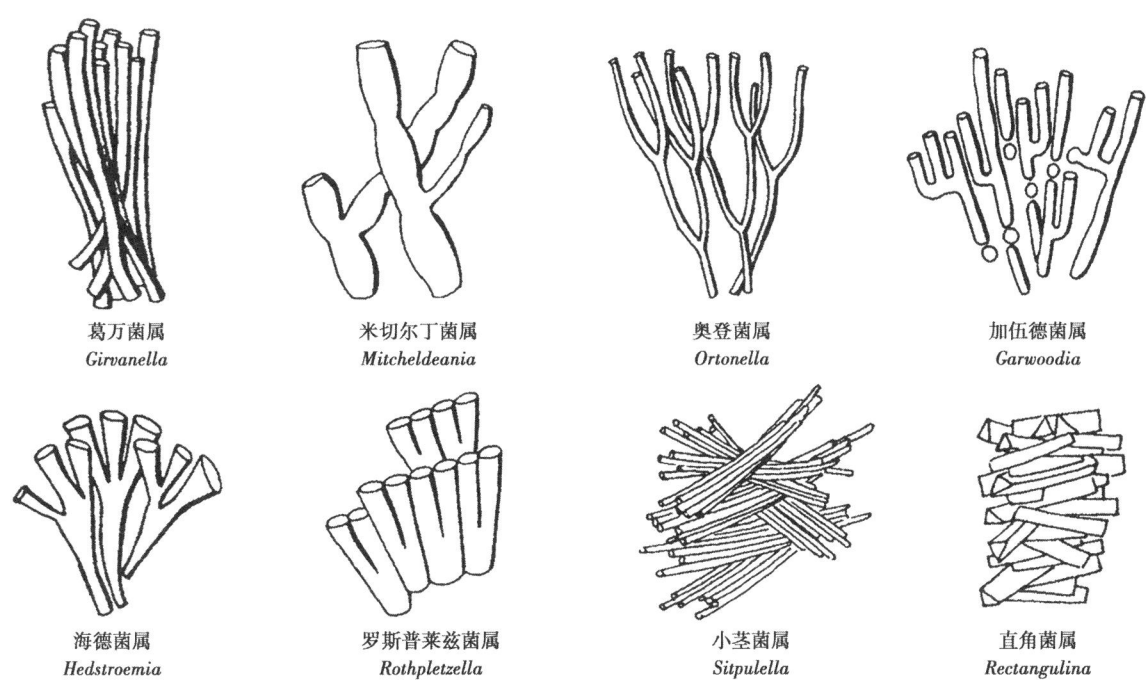

图 2.31　一些蓝绿藻（蓝细菌）的图解示意图（据 Mamet and Roux，1975 年）

2.7 钙质蓝绿藻化石古生态的基本特征

由于以下这些原因使得恢复古代钙质蓝绿藻的生存条件比较困难，这些现代低等植物只存在于陆地，而且数量不多，它们生存于富含碳酸钙的小溪的岸边。因此，古代陆表海要与现代环境相似，即在小溪的岸边，居住着我们正在研究的藻类，这种情况是没有的。大家都知道，古代的陆表海都分布于大陆的内部，即台地地区；在这些台地内，海水的深度较浅，在各种港湾内较为稳定。此外，陆表海地区的一个重要的特征是其所形成的各种沉积物，在很大的面积内没有大的变化或根本没有变化（Zhuravleva 等，1982；Khellem，1983）。而在地槽区内，海洋的深度变化很大，且所有状况均取决于构造运动的强度。

古代钙质蓝绿藻组合到处拥有大量相同的分类单位。在古生代和中生代期间，实际上是没有属于地区性分布特征的钙质蓝绿藻，如在寒武纪时，钙质藻类化石在陆表海的盆地内都是一样的，如西伯利亚台地（Luchinina，1975；关于下寒武统的阶的划分，1984）、北美地区（Ahr，1971）、澳大利亚（Hill，1964）、南极（Chapman，1914）。而在地槽地区的海洋内也是如此，如欧洲的西部（法国和意大利）（Linan and Schmitt，1981；Linan and Perejon，1981），摩洛哥（Dresnay，1957），俄罗斯的阿尔泰—萨彦岭地区、图瓦地区及滨海地区（Luchinina，1975，1985；Stepanova，1979），蒙古（Drozdova，1980）。

在奥陶纪时，随着钙质红藻和绿藻的出现和迅速演化，表明这些低等的植物在居住地区上有分化现象。可是，钙质蓝绿藻，无论在地台区或在地槽区仍然是相同的（Wilson，1980；Johnson，1961；Toomey and Nitecki，1979 及其他），这种状况可以持续到整个古生代和中生代时期。可以看出，随着红藻和绿藻的出现，大大地减少了钙质蓝绿藻的分类种类（或等级）的多样性（Luchinina，1981）。当前，在现代的海洋盆地内，占优势的是红藻，其次是绿藻，而钙质蓝绿藻都生活在陆地上。由于它们生活在古代的海洋盆地内，要恢复古代钙质蓝绿藻的生存条件，就产生了复杂的问题。现将讨论下面几个生态因素。

2.7.1 生长方式

差不多所有的古代钙质蓝绿藻都是营底栖生活的，它们的生活方式与海洋底质有关系。这些蓝绿藻固着于基底生活或自由地躺伏着生活。属于自由躺在底部生活的蓝绿藻有肾形菌属 *Renalcis*，恰巴科夫菌属 *Chabakovia*，凯马菌属 *Gemma*，葛万菌属 *Girvanella* 等。为了能稳定地躺在基底上生活，这些藻类的叶状体或群体要有宽大的基底，其高度可能较矮。除此之外，叶状体或群体已被压扁和成为扁平的形状。

表附菌属 *Epiphyton*，巴托木菌属 *Botomaella*，比加菌属 *Bija*，海德菌属 *Hedstroemia*，奥登菌属 *Ortonella* 是营固着生长的方式生长的，尽管我们尚未发现固着器官。由此看来，这些藻类是用黏液附着在基底上，它们垂直往上生长。而那些能自由躺在基底上的藻类则是平躺在基底上向水平方向生长。前管孔菌属 *Proaulopora*，巴捷内夫菌属 *Batenevia*，小花菌属 *Subtifloria* 的生活方式是从固着生长方式，转变为自由躺伏在基底上生活。这种现象是与藻类企求获得光线有关，因为藻类在晚期阶段，往往营漂浮生活方式。这种现象在现代的淡水蓝绿藻内常能见到（Gromov，1976）。应当注意到，藻类生物在黏液套之内，对于绝大多数的现代蓝绿藻来说，它们在黏液套之内是能活动的，这能促使它们的底部获得光照（Gusiv and Nikitina，1979）。显然，这种现象也可出现于古代的藻类化石内。

螺旋状的奥布鲁切夫菌 *Obruchevella* 可能类似于现代的螺旋藻属 *Spirulina*，它们能上下浮动；其丝体既能围绕着自己的轴转动，同时又能向前推进，就像浮游动物的生活方式。

2.7.2 深度

古代和现代的蓝绿藻一般特点是其个体很小，主要优点是其细胞具有很大的漂浮于水面的能力，尤其是多孔的钙质外壳。这种不很重要的特征影响着这些古代钙质蓝绿藻的分布。

光线与深度的大小密切有关，吸收可见光线，对于进行光合作用的蓝绿藻是首要的因素。一般来说，光合作用通常是在水深100m的范围内进行，当水深接近200m时，就不可能产生光合作用。光线能透入的深度取决于水体中所含物质的多少（Shopf，1982），例如，近岸地带的光合作用仅限于水体上层的5m范围内。对于钙质蓝绿藻来说，这样的深度是太大了，因为它们需要极其强的光照，这就意味着其水深更加浅。直接的光合作用只是由细胞来进行，这些细胞指那些未被钙质包壳包覆着的细胞，如肾形菌属 *Renalcis* 的中央腔；在表附菌属 *Epiphyton* 内指那些分布于分枝末端的细胞。被钙质外套包覆着的细胞，并不是马上就死亡。某些时候，它们保留着生命的能力，因为蓝绿藻具有非常强的能力，来储备必要的生存物质。它们是慢慢地死亡，因为细胞从环境中进行新陈代谢作用是单方面的，在此期间浪费了许多能量，却没有从外面获得任何东西（Gusev and Nikitina，1979）。

由于得不到足够的光线，比其他一切作用更为迅速的死亡因素影响到固着藻类，如表附菌属 *Epiphyton*，比加菌属 *Bija*，巴托木菌属 *Botomaella*，奥登菌属 *Ortonella* 等，它们居住在深度很浅的地区，如位于浅水陆棚的最上部，包括沿岸地区。与这些生物伴生的生物，还有葛万菌属 *Girvanella*，肾形菌属 *Renalcis* 等。这些藻类都是居住在极其浅的浅水区域，而浅水的特征还可以从许多岩石结构和构造特征来获得证实，包括冲刷面、干裂裂缝等。

对于前管孔菌属 *Proaulopora*，巴捷内夫菌属 *Batenevia*，小花菌属 *Subtifloria* 及与这些属相似的属种，其生存的深度范围较大，这是因为这些属具有较长的丝体。即便如此，它们生存的深度仍然是很浅的，在发育的晚期，它们可漂浮于水体的表面。现列出一幅示意图，该图表示古代的各类蓝绿藻的深度分布状况。正确地确定藻类深度变化，有助于包含这些钙质蓝绿藻的岩石的相分析（图2.32）。

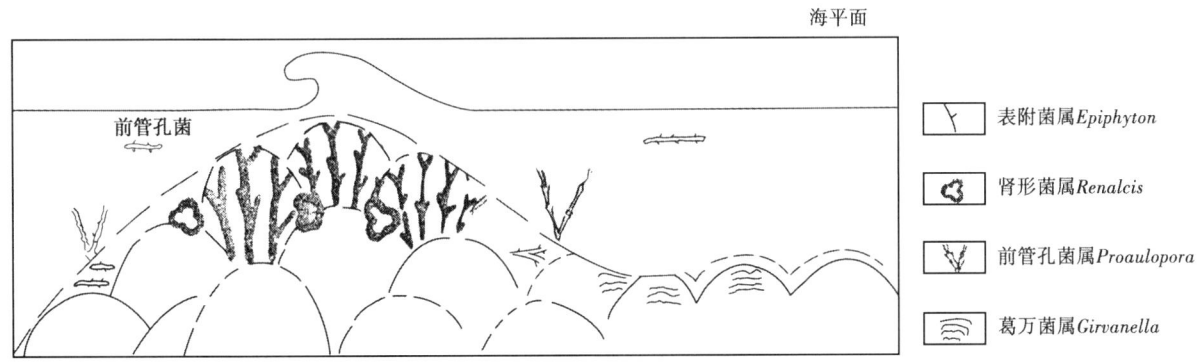

图 2.32　古代钙质蓝绿藻的深度分布图

2.7.3 温度

现代蓝绿藻的适应温度在 60~85℃（Gusev and Nikitina，1979），这一温度范围显然要比生命生存的范围大得多。根据现代的材料得出的同样结论是不可能的。在现代的水体内，当温度大于15°时，蓝绿藻占优势。热能能够无条件地成为补充能量的资源，或能够加速形成能量。在这种状况下，体积上较大的属种能积极地增加自己的建设交换,即增加叶状体或群体的大小(Gusev and Gokhlerner,1980)。现代那些由红藻组成的生物建造广泛地分布于热带或赤道海洋地区,该处海水的温度不会低于18℃,也不会大于35℃。可以设想,在早古生代时,其平均气温基本上不超过30℃。由此看来,这是最适合钙质蓝绿藻生存的温度,因此它们经历了自己繁荣时期,确切的说,就是经历了寒武纪的繁荣时期。

Nikolaeva(1981)根据碳酸盐岩中海绿石的Mg/Ca的比值,得出了关于寒武纪时西伯利亚地台的古温度为25~56℃。这一温度区间正是现代蒸发岩形成地区的温度。

根据古地磁数据,Rozanov(1986)认为在寒武纪时,大陆正位于赤道带,此时气候并无分异现象,但开始形成各个分区。

2.7.4 对蓝绿藻必需的各种元素的讨论

在蓝绿藻化石的钙质外壳内,有碳酸钙、方解石、文石、磷酸钙等,它对于这些矿物,需求量是很大的,因为它们是钙质外套非常重要的必需组分。关于蓝绿藻矿物供给方面的报道很不够,但是在某些方面还是有一定的认识(Goryunova等,1969)。在现代蓝绿藻的细胞内,含有碳44%~48%;氮1.5%~1.4%;氢6.4%~6.8%;磷0.5%~2.0%;灰分5.0%~10.7%。由此可见,对于古代的蓝绿藻来说,最重要的矿物元素是碳、碳酸盐、氮和磷。在早古生代的海洋内,这些组分是足够的。实际上,钙藻和其他生物之间不存在生存竞争问题。现分别讨论如下:

钙(Ca):对于古代蓝绿藻,大多数情况下,为了建成钙质外壳,钙是必需的元素,如同光合作用中的基本要素一样,因为钙是碳酸钙的组成元素,它能调节盆地内的碳酸盐的平衡。除此以外,钙还能调节pH值;在镁和铁的不利作用下,如果镁和铁的含量超过了蓝绿藻必需的正常值时,钙就能够调节pH值(Gusiva,1965)。在水体内,钙的含量是非常丰富的,由于碳酸盐的沉淀,就出现了碱性反应。在此情况下,铁盐就完全沉淀下来。可以设想,磷酸钙在寒武纪开始时就大量地合成,这时碳酸钙就成为生物矿化作用的一般产物(Sokolov,1980;Margelis,1983;Rozanov等,1969)。在生物成因的碳酸盐和磷酸钙的基础之上,产生了巨厚的生物建造,如生物丘、生物丘块体和生物礁等,它们广泛地分布于古生代和中生代的海洋内。当前,如同过去一样,碳酸钙的沉积完全属于生物成因的沉积。由于光合作用或其他生物作用,使得海水内的二氧化碳减少,这样就能使碳酸钙沉淀下来,从而在过去的地质时期内有大量的石灰岩存在,这些沉积在相当大的程度上是取决于钙质蓝绿藻的生命活动。

氮(N):是蓝绿藻细胞生命活动所必须的元素,因为它进入了原生质的蛋白质。蛋白质主要是从矿物化合物(硝酸盐和氨盐)吸取氮,很少用异养的方式从有机物质内取得(Shtina and Gollerbakh,1976)。氮的含量向着开阔海的方向逐渐减少。水中富含氮是由于近底部的水垂直往上循环造成的;在这种情况下,就会增加藻类的产量。

磷(P):与氮一样,对于钙质蓝绿藻的发育也是必需的元素。现代的水池内,藻类是聚集磷元素的第一个生物,它对于生物量的增加是必不可少的。同时,它对生物与环境之间的能量交换也起积极的作用。在海水的表层,磷主要被硅藻和硅质鞭毛虫所吸收。一切其他的生物经过复杂的营养链使用这些浮游植物的原始产品。

现代的蓝绿藻所含的磷要大于绿藻和硅藻所含的磷。在海洋蓝绿藻内,磷的含量相当于干重的1%。蓝绿藻内的磷的化合物是由酸不溶组分(有机磷酸盐)和酸可溶组分(无机磷酸盐)组成。在此情况下,应当要指出,有机磷酸盐要比无机磷酸盐进入细胞更慢一些。活着的细胞是同时进行吸收磷和分解磷。在周围的环境中,当磷酸盐的含量很大时,蓝绿藻有能力来储备它所需的物质,并消耗在黑暗中,这样就能合成有机质。在蓝绿藻的细胞中央区，含有磷酸盐的颗粒（图 2.2）；出现这些丰富的磷酸盐的颗粒是在富含磷酸盐的环境内存在着不间断的光照。

当寒武纪时，形成了规模巨大的磷块岩矿藏；这些矿藏分布于小卡拉套、蒙古、斯堪的纳维亚半岛、格陵兰岛、澳大利亚和中国。这些矿藏的成因都是与生物建造有关，它们都是由钙质蓝绿藻组成，属于古代盆地内原生的磷酸盐沉积（Luchinina，1986）。当蓝绿藻的丝体死亡以后，钙质的外套就成为磷化合物的储集场所；此后，这些钙质外套又受到水流循环作用而将其带走，并堆积在生物丘或生物礁的斜坡之上。

除了氮和磷的化合物以外，对于现代钙质蓝绿藻或古代的钙质蓝绿藻，必需的元素还有：硫、钾、镁、钠、铁等。至于微量元素则有：锰、钼、钒、钴、锌、铜、硼等。

通过研究蓝绿藻化石的材料表明：在古代海洋生态系统内，随着盐度的变化，特别是当盐度提高时，藻类的数量将急剧地减少（Zuravleva 等，1982）。

2.7.5　气体的状况（通气的状况）

与现代蓝绿藻发育的同时都伴随着其他的生物作用。这些藻类需要使用溶解状态的氮，二氧化碳，氧气，并能分泌氧气（Shaposhnikova and Gusiv，1964）。蓝绿藻分泌氧气的速度要大于吸收速度，而且排出氧气时是从液体状态变成气体。除此之外，在现代蓝绿藻内，大多数是光养生物，故氧气是不利因素（Gusiv and Gokhlerner，1980）。

古代钙质蓝绿藻居住在有足够多氧气的环境内，这样它们就能进行光合作用。如没有光合作用，就防碍它们的发育生长。这些藻类既能分泌氧气，又能吸取氧气；当周围的水体和大气中，氧气的浓度提高时，藻类具有调节氧气浓度的系统；即在古生代的早期，藻类是氧气的主要生产者。

Vinogradov（1967）认为，在里菲纪时，大气中的自由氧气达到很高的浓度。自由氧气有利于钙质蓝绿藻的新陈代谢作用，因为碳化合物的分离就可储备能量。这说明为了保持同样的交换强度，生物应当需要相当少的原始养料（Gusiv and Gokhlerner，1980）。从寒武纪开始时，蓝绿藻就能产生许多钙质的外套。氧气处于非常丰富的情况下，才能出现钙质外套，这可能是原因之一。

2.7.6　水流的动荡程度

在盆地内，水流的流动状况对于藻类的生存是最必要的条件。水流湍流运动的变弱或消失可以通过生物成因元素含量的提高而获得补充。强烈的湍流运动能有助于藻类的生长，即便水体的渗透性很低时（Petrov，1974）。除此之外，从沿岸地带输入养料，可促使居住在水流动荡地带的藻类的生长。

这些规律可以扩展到古代的钙质蓝绿藻，如果存在大量的有机化合物和矿物化合物，对于藻类更为需要。

2.7.7　土壤

所有的底栖藻类都喜欢生活在坚硬的底质之上。自古以来，海洋植物群能够固着在疏松的基底上生活。这样有可能出现一些藻类；这些藻类为了自己的发育，是在不活动的基底上生长。从寒武纪开始，就存在着这一生物群落，即表附菌属 *Epiphyton*→肾形菌属 *Renalcis*→葛万菌属 *Girvanella*，最后面的两个属需要硬的底质，以便能繁盛其丛状体。这类生物群落出现于整个的古生代和中生代。在此情况下，可以见到藻类各个属的生长状况有变换，它们先从固着于基底垂直往上生长，而到另一个时期，这些藻类主要是胶黏在基底之上生长，这些属是指古生代的肾形菌属 *Renalcis* 和葛万菌属 *Girvanella* 及中生代的葛万菌属 *Girvanella*。

2.8 钙质蓝绿藻化石的地层分布

近20年，关于钙质蓝绿藻地层的分布已成为详细的研究对象。在文德纪与寒武纪的界限处，首先出现的钙质藻类化石已成为首要的问题。

首先出现的钙质蓝绿藻是肾形菌属 *Renalcis*，凯马菌属 *Gemma*，科里尔菌属 *Korilophyton* 等，这些化石多次出现于西伯利亚和蒙古。它们分布于内马开特—达尔亭恩（Nemakit Daldyn）层和其相当岩层。正确确定这些层位的年代意味着能确定这些蓝绿藻出现的时间。某些研究者将此岩层归入文德系（Sokolov，1984），而其他的研究者则将其归入寒武系的底部（Luchinina，1975；Luchinina 等，1978）。关于这些岩层的年代问题有待于最终确定寒武纪和前寒武纪的界限。无论如何，出现这些钙质蓝绿藻和它们广泛的分布显然与文德纪到寒武纪的过渡层沉积有密切的关系。

根据以下学者的叙述，对蓝绿藻的地层分布作了简要概述。原苏联学者：Antropov，1950，1955；Maslov，1956，1962；Reitlinger，1959；Korde，1961，1973；Volodgin，1962；Titorenko，1970；Luchinina，1969，1975，1983；Voronova and Radionova，1976；Stepanova，1979；Kolosov，1975，1982；Chuvashov，1973；Shuysky，1973；Drozdova，1980；Ishenko，1985 等；以及欧美的学者：Bornemann，1885；Rothpletz，1913；Pia，1927；Johnson，1961；Wray，1967；Mamet and Roux，1975；Riding，1984 等。

寒武纪：在寒武纪时，钙质蓝绿藻不仅是产出的时期，而且是它们繁盛发育的时期，其大多数在以后不会出现。早寒武世开始就出现了各科的代表，而且它们延续出现在许多地质年代（表2.1）。从寒武纪开始，出现了下列各属：肾形菌属 *Renalcis* Vologdin，凯马菌属 *Gemma* Luchinina，科里尔菌属 *Korilophyton* Voronova，葛万菌属 *Girvanella* Nich. and Ether.，表附菌属 *Epiphyton* Born.，恰巴科夫菌属 *Chabakovia* Vologdin，比加菌属 *Bija* Vologdin，前管孔菌属 *Proaulopora* Vologdin，巴捷内夫菌属 *Batenevia* Korde，小花菌属 *Subtifloria* Maslov，拉祖莫夫斯基菌属 *Razumovskia* Vologdin，角形蜂窝状菌属 *Angullocellularia* Vologdin 及其他等属。

钙质蓝绿藻的演化，如同大多数的原核生物一样，它们是在完整的生态系统内进行的；不仅在时间上，而且在空间上，都异常稳定。肾形菌属 *Renalcis* Vologdin，恰巴科夫菌属 *Chabakovia* Vologdin，表附菌属 *Epiphyton* Born.，奥布鲁切夫菌属 *Obruchevella* Reitlinger 及其他等属可以一直延续到泥盆纪，而葛万菌属 *Girvanella* 能出现于整个古生代和中生代。

到寒武纪的末期，钙质蓝绿藻新的分类单位明显地减少，这种现象与红藻的产生有密切的关系。这些红藻具有与蓝绿藻不同的钙化习性，它们将碳酸钙沉淀在细胞壁之内，在化石化之后，就可保存能见到的叶状体的结构（Maslov，1956）。

奥陶—志留纪：在奥陶纪时出现了下列各属：链状菌属 *Halysis* Hoeg，海德菌属 *Hedstroemia* Rothpletz；而在志留纪时，则出现了萨拉马菌属 *Tharama* Wray，扇形菌属 *Flabellia* Shuysky，罗斯普莱兹菌 *Rothpletzella* Wood。

泥盆纪：泥盆纪时藻类的组成，就其多样性来说，可与寒武纪的藻类对比。再次出现的属有 *Cherdyncevella* Antrop.，*Belaya* Shuysky，加伍德菌属 *Garwoodia* Wood。至于广泛分布的属则有表附菌属 *Epiphyton* Born.，肾形菌属 *Renalcis* Vologdin。

石炭纪：石炭纪时的钙质蓝绿藻：科伊瓦菌属 *Koivaella* Chuvashov，管壳石属 *Tubiphytes* Maslov，米切尔丁菌属 *Mitcheldeania* Weth.，比沃卡斯特里亚菌属 *Bevocastria* Garwood，小茎菌属 *Stipulella* Maslov。那些在整个古生代存在的钙质蓝绿藻则大量地消失，到石炭纪时已不能见到的蓝绿藻有恰巴科夫菌属 *Chabakovia* Vologdin，肾形菌属 *Renalcis* Vologdin，表附菌属 *Epiphyton* Born.，奥布鲁切夫菌属 *Obruchevella* Reitlinger 及其他等属。

表 2.1 各类蓝绿藻（蓝细菌）在各个时代的分布表

科和属	寒武纪	奥陶纪	至留纪	泥盆纪	石炭纪	二叠纪	三叠纪	侏罗纪	白垩纪
恰巴科夫菌科（Chabakoviaceae）									
恰巴科夫菌属（*Chabakovia* Vologd.）	—	—	—						
伊申科菌属（*Izhella* Antrop.）				—					
肾形菌属（*Renalcis* Vologd.）	—	—	—	—					
（*Shuguria* Antrop.）		—	—	—					
古微囊菌属（*Palaeomicrocystis* Korde）	—								
小球菌属（*Globuloella* Korde）	—								
角形蜂窝状菌（*Angulocellularia* Vologd.）	—	—							
凯马菌属（*Gemma* Luch.）	—								
（*Cherdyncevella* Antrop.）			—						
表附菌科（Epiphytonaceae）									
科里尔菌属（*Korilophyton* Voron.）	—								
表附菌属（*Epiphyton* Born.）	—	—	- -	- -	—				
萨拉马菌属（*Tharama* Wray）			—	—					
前管孔菌科（Proauloporaceae）									
前管孔菌属（*Proaulopora* Vologd.）	—	—							
管叶菌属（*Tubophyllum* Krasnop.）		—	—	—					
科伊瓦菌属（*Koivaella* Tchuv.）					—	—			
航空风向囊菌属（*Aeolissaccus* Elliott）						—			
巴捷内夫菌科（Bateneviaceae）									
巴捷内夫菌属（*Batenevia* Korde）	—	—							
小花菌属（*Subtifloria* Masl.）	—	—	—	—					
马拉霍娃菌属（*Malakhovella* Mamet et Roux）									
葛万菌科（Girvanellaceae）									
葛万菌属（*Girvanella* Nich. and Ether.）		—	—	—	—	—	- -	—	—
别拉亚菌属（*Belaya* Schuysky）				—	—				
奥布鲁切夫菌属（*Obruchevella* Reitl.）	—	- -	- -	- -					
拉祖莫夫斯基菌属（*Razumovskia* Vologd.）	—								
管壳石菌属（*Tubiphytes* Masl.）					—	—			
扇形菌属（*Flabellia* Shuysky）				—					
链状菌属（*Halysis* Hoeg）		—	—						
罗斯普莱兹菌属（*Rothpletzella* Wood）			—						
加伍德菌科（Garwoodiaceae）									
米切尔丁菌属（*Mitcheldeania* Weth.）					—				
加伍德菌属（*Garwoodia* Wood）					—	—	—	- -	—
奥登菌属（*Ortonella* Garw.）				—	—	—	- -		
海德菌属（*Hedstroemia* Rothpl.）				—	—				
卡优菌属（*Cayeuxia* Frollo）								—	—
比沃卡斯特里亚菌属（*Bevocastria* Garw.）				—	—				
（*Visheraia* Korde）				—	—				
比加菌属（*Bija* Vologd.）	—	—							
察冈诺洛姆菌属（*Zaganolomia* Drosd.）	—								
乌赖姆菌属（*Uraimella* Tchuv.）					—				
归属尚未确定（Insertae sedis）									
直角菌属（*Rectangulina* Antrop.）					—	—			
小茎菌属（*Stipulella* Masl.）					—	—			

二叠纪：在二叠纪时有新的蓝绿藻出现，如科伊瓦菌属 *Koivaella* Chuvashov，马拉霍夫菌属 *Malakhovella Mamet et Roux*，而不再出现的属则有：*Shuguria* Antrop.，海德菌属 *Hedstroemia* Rothpletz，直角菌属 *Rectangulina* Antrop.。越过古生界上限的蓝绿藻只有奥登菌属 *Ortonella* Garwood，葛万菌属 *Girvanella* Nich. and Ether.。

侏罗纪和白垩纪：在此阶段广泛分布并为人们熟知的是卡优菌属 *Cayeuxia* Frollo（Johnson，1961）。

在研究这些蓝绿藻的地层分布时，必须指出它们的特征，即在一定的时间范围内，以某一个属占优势。但是，它的种数却很有限，故这些属的生物可以构成巨大的生物建造，而且这些生物往往是造骨架的生物。在寒武纪时，表附菌属 *Epiphyton* Born. 就可以成为造架生物（Luchinina，1975，1985；Stepanova，1979）；在奥陶纪和志留纪时，海德菌属 *Hedstroemia* 可成为造架生物（Wilson，1980）；在泥盆纪时，罗斯普莱兹菌属 *Rothpletzella* 是造架生物（Chuvashov 等，1985）；在石炭纪和二叠纪时，管壳石属 *Tubiphytes* Maslov 是占优势的生物（Maslov，1956；Chuvashov，1974）；在侏罗纪和白垩纪时，卡优菌属 *Cayeuxia* Frollo 是主要的造架生物（Johnson，1961）。

出现于寒武纪的钙质蓝绿藻，其繁荣时期是在早古生代，它们只有少数的藻类能够越过中生界的上限。关于新生代海洋蓝绿藻的资料是缺失的，只有在陆地上的水池内找到少量的淡水蓝绿藻。

古代钙质蓝绿藻化石的资料还是很不够，随着新产地的发现及岩层年代的确定，这些化石的地层层位将获得进一步的精确（表2.1）。

3 绿 藻

3.1 绿藻的分类原则和研究方法

绿藻门，根据现在还活着的种来说，超过13000种，它在藻类内占第一位。但这个数字仅仅代表原来活着的藻类中残存下来的种。根据藻类学家的一致意见，绿藻繁盛的顶峰期是在晚古生代和中生代（《植物的生命》，1977；Vinogradova等，1980；《低等植物学教程》，1981）。

绿藻的名称来源于现代绿藻的细胞内有草绿色的叶绿体，其内所含的叶绿素超过胡萝卜素。这些藻类的颜色并不是到处呈绿色，它们往往叠加了补充的色素，尤其是红色的血色素。

绿藻的营养方式一般是光养，但也可混合养和异养。在绿藻内常有无脊椎动物和寄生虫共生。其内部储备了淀粉和油脂，作为储存的养料。根据叶绿素和淀粉的存在，绿藻很像高等植物，因此它成为藻类的鼻祖。绿藻的生殖系统特征对于外部的环境条件来说有很大的活动性和反应性，但它们广泛地存在着植物性的、无性的和有性的生殖。现分别讨论如下：

（1）植物性的生殖：在简单的情况下，植物性的生殖是叶状体断裂成许多断枝，然后各个断枝生长成为母体大小。而比较复杂的方式是藉助厚壁孢子，这种孢子是一种变形细胞，它拥有厚的外壳，并能储藏许多营养物质。另外一种方法称为所谓的肉芽的形成物，这是叶状体特别的突起物，它以隔膜的方式从基部分离出来。这些突起物脱落后，就发芽生长成新的植物。

（2）无性生殖：藉助动物孢子的、能活动的鞭毛或静孢子的、能活动的鞭毛来进行无性生殖。孢子在叶状体细胞内成熟起来，或在无性生殖专门器官，即在孢子囊内成熟起来。根据孢子形成的位置，可以分为内孢、枝孢和离孢生殖方式（Korde and Maksimova，1980；《古生物学基础》，1963；Elliott，1972）。在上述各种方式中，最后一种方式，即离孢方式，认为是最发育的方式。所有这些方式，无疑从古生代即已存在。

（3）有性生殖：最具有多样化的方式就是有性生殖方式，此方式可分为同形配子、不等配子和精卵结合。在同形配子状况下，交配成同样大小的、能活动的同形配子；这些同形配子与动物胞子十分相似。大小不同的配子相互汇合称为不等配子，或称为异配子结合。有时还可见到典型的精卵结合，即大型的卵细胞与雄性配子结合而成。

配子的形成，如同孢子一样，发生在叶状体的轴部，这就是内胞型；或在侧枝上，这就是枝孢型；也可在特别的器官，即配子囊内，相当于孢子囊，这就是离孢型（图3.1）。两个配子相互结合形成了合子（卵细胞），这些特殊细胞具有厚的外壳，并储藏了许多营养物质。经过一系列中间的转变，合子可以发芽成为成年植物。

在许多绿藻内可以见到有性生殖世代与无性生殖世代交替的现象。在第一种情况下（有性生殖世代），无性生殖的孢子生长成为配子体——植物，在此植物内形成配子囊，而合子则成为孢子体。当配子

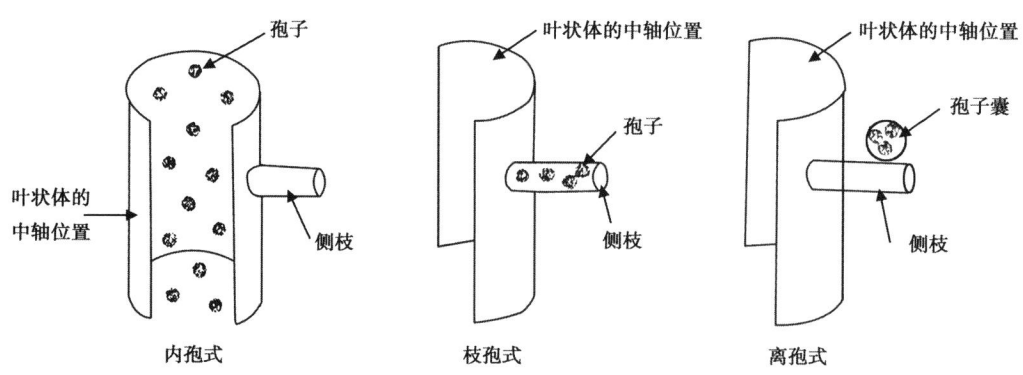

图 3.1 有性生殖和无性生殖的各种繁殖方式的图解示意图

体和孢子体在形态上无区别时，这样的世代交换称为同形交换。而在异形世代交换内，配子体和孢子体彼此间区别很大，它们往往被认为不同的植物，且用不同的属名来描述。例如，已经确定，现代绿点藻属 *Chlorochytrium* Cohn.，1872 代表尖管藻属 *Acrosiphonia* 中的孢子体阶段，而松藻属 *Codium* 代表尾孢藻属 *Urospora* 和绵形藻属 *Spongomorpha* 两个属的孢子体阶段（Zinova，1967）。

藻类能保存在沉积岩内最主要取决于细胞外壳的机械特征和化学特征。所谓光裸的营养细胞，也就是孢子和配子，它们只是被细胞质的膜所包覆，因此它们不太可能成为化石，从而能保存了原始的形态特征。通过电子显微镜的研究已经表明，细胞外壳具有复杂的层状结构，它们具有相当大的坚固性（《植物的生命》，1977；《低等植物学教程》，1981）。

在外壳的切面内，可见每一个分层都具有两层结构，由未结晶的基质 Stroma 组成，而它们是由半纤维素和果胶及规则、定向分布的纤针组成；这些纤针能起支撑作用。当纤针缺失或不发育时，外壳就呈均质状，它们主要由果胶组成。在此情况下，它们的机械坚固性大大地增加，例如在充满了钙质的管形藻。在藻类学内，这一作用称为包壳。

对于叶状体钙化的生物化学，实际上并没有开展研究。近年来，极大关注的是生物矿物学的研究，但也只研究一般的特点（Barskov，1984；Lowenstam，1984）。以后，出现了两种原则上不同的矿化机制：生物诱导矿化作用和生物基质矿化作用（Lowenstam，1984）。这些作用既是动物所固有的，也是植物所固有的。

所谓的生物诱导矿化作用就是新陈代谢最终产物与从周围水体取得的阳离子之间进行简单的化学反应。这些反应的结果是在细胞的外壳内出现碳酸盐矿物。它们呈各种大小和形状的晶体，在整体内无排序。从形态上来说，这些新生矿物与沉积物或胶结物没有什么区别。这种类型大多数发育于管形藻内；在管形藻的外壳内，出现均匀的或不均匀的粒状结构；它们在重结晶作用的过程中，不太稳定，易于变化。

所谓的生物基质矿化作用就是在有机基质的帮助下所发生的矿化作用，这时矿物的萌芽和随后的生长是在规则的顺序下受到生物的控制发生的，而矿物的萌芽和生长在一定的程度下，并不取决于周围的环境条件。有机基质的要素是在特殊的细胞器官内形成的，而这些要素早已确定了矿物的成分和晶体的形状。生物矿化作用的有机基质的习性特别广泛地发育在动物内，它们可在有机界各类生物中不同的组织内看到，尤其在原核生物——蓝细菌内见到。绝无例外地说，这些基质习性也可在绿藻内见到。

生物基质矿化作用可能是在简单的细胞内发生，也可能是在复杂的组织内发生（Barskov，1975，1984）。无论在哪种情况下，这些生物基质矿物最主要的特征是有特别的外形，其每一个晶体的大小变化有限。细胞内的矿化作用可以形成等轴晶体的集合体或纤针状矿物。很可能，对于这种类型的矿物属于某些钙化藻类的、特别细小的方解石晶体。这些藻类和生物包括 *Calcipholium*，小里坦藻属 *Litanaella*，肾形菌属 *Renalcis*，葛万菌属 *Girvanella*，互嵌状和萼杯状生物（如珊瑚）及古杯海绵等。它们的骨骼矿物在重结晶过程后其坚固性提高了，这可能与有机基质内残留物质的影响有关系。生物矿化作用的结构类型，对于绿藻来说，并不是特有的，因为它们只出现于少数情况，尤其是那些有疑问的属种，如束藻属 *Fasciella* Ivanova（*Shartymophycus* Kulik）。

除了细胞壁受到矿物的浸染以外，还有所谓增加壳质（adcrustaceous），即从原生质内将那些特殊物质（如角质）经过小孔分泌到细胞表面，以及把那些含各种果胶或纤维素的黏液分泌到细胞表面。这些特殊物质和黏液能起到保护功能。在绿藻内使叶状体成黏性是在逐渐过程中完成的，或间断地进行，或完全缺失。在叶状体黏性部分，可以发生生物诱导矿化作用，可是在化石材料内，要证实此事是十分困难的，因为用这种方式形成的方解石与成岩作用所成的方解石并无区别。钙并未沉积在外壳内，而是在叶状体的外面；这些情况已在现代的淡水绿藻——无隔藻属 *Vaucheria* 内见到（Vinogradova 等，1980）。

3.2 绿藻的一般分类状况

当前未存在业已被大家能接受的分类方案。不同学者，甚至同一学者在不同时期其分类方案也不一致。这种状况一直持续到现在。

在原苏联淡水藻类的鉴定一书（Gollerbaks and Polyansky，1951）内，把绿藻门分为几个纲，这是根据 Pascher（1931）的意见。在最近出版的一篇文献内，维诺格拉杜娃等人把绿藻分为管枝藻纲和管形藻纲（Vinogradova 等，1980），而 Papenfuss（1955）把绿藻所有的各个组合作为单一的一个纲来处理，即绿藻纲 Chlorophyceae。

在 Silva（1964）的分类内，现代的绿藻，在未划分成各个纲的情况下，可分为 14 个目。对于管形结构的绿藻分为 5 个目：松藻目 Codiales、德氏藻目 Derbesiales、厥藻目 Caulerpales、管枝藻目 Siphonocladales、粗枝藻目 Dasycladales。这一分类主要依据 Feldmann（1946，1954）的研究工作。

Zinova（1967）将绿藻分为 9 个目：四孢藻目 Tetrasporales、丝藻目 Ulotrichales、石莼藻目 Ulvales、裂角藻目 Schizogoniales、绿球藻目 Chloroccocales、刚毛藻目 Cladophorales、管枝藻目 Siphonocladales、管形藻目 Siphonales、无隔藻目 Vaucheriales。这些目统归于绿藻纲 Chlorophyceae。

Bourelly（1966）分为四个纲：真绿藻纲 Euchlorophyceae、丝藻纲 Ulotrichophyceae、漆藻纲 Zigophyceae、轮藻纲 Charophyceae；Fott（1971）对前两个纲重新归纳为一个纲，但仍保留后面的两个纲。

在《古生物学基础》中，绿藻门 Chlorophyta 分为两个纲：真绿藻纲和接合藻纲 Conjugatophyceae。在《古生物学》中，轮藻很久以来被视为独立的一种类型或一个单独的门。真绿藻纲可分为 4 个目：团藻目 Volvocales、原球藻目 Protococcales、丝藻目 Ulotrichales、管形藻目 Siphonales。

根据 Vinogradova（1979）的材料，她在绿藻门内分为两个成因上和历史上不同的群体：海洋藻类和淡水藻类。海洋的藻类包括三个目：管形藻目 Siphonales、粗枝藻目 Dasycladales、管枝藻目 Siphonocladales；而属于淡水的藻类则有：团藻目 Volvocales、四孢藻目 Tetrasporales、绿球藻目 Chloroccocales、石莼藻目 Ulvales、丝藻目 Ulotrichales、胶毛藻目 Chaetophorales、筒藻目 Cylindrocapsales、裂角藻目 Schizogoniales。把丝藻或绿球藻认为是管形藻的祖先是没有根据的。这两个组合—海洋藻类和淡水藻类代表两个彼此毫无关系的演化分支。根据 Vinogradova（1979）的意见，这两个组合应视为两个独立的纲：绿藻纲 Chlorophyceae 和管形藻纲 Siphonophyceae。在《植物的生命》一书内对绿藻分类提出了另一个分类方案。在此分类系统内，有 5 个纲：团藻纲、原球藻纲、丝藻纲、管形藻纲、接合藻纲。根据我们的观点，认为上述分类方案是最合理的。

下面将简要地叙述这些纲的主要特征，在古代化石内，它们是十分罕见的。

（1）团藻纲：此纲的藻类的基本形状是具有鞭毛的、能活动的细胞或类似性质的细胞的群体。此纲可分为两个亚纲和数个目。古代的化石代表已经知道，但不太可靠；尤其是那些未钙化的属，如胶囊藻属 *Gloecystis* Naegel（Pia，1927）。

Kazmierczak（1975，1976）曾描述过团藻纲的一个钙藻——古团藻属 *Eovolvox silesiensis*，这一化石采自波兰晚泥盆世法拉斯阶的含沥青质的钙球——双孔层孔虫（*Amphipora*）石灰岩。此藻类的叶状体呈球形，直径不到 1mm。它是由许多梨形细胞组成，细胞的尖端往外，尖端代表鞭毛的出口。根据其形状特征，此化石极其相似于现代的团藻目 Volvocales 的一个属——团藻属 *Volvox*，但不同之处是其个体较小（《植物的生命》，1977）。

Kazmierczak 曾设想，钙球和某些 *Paraturammina* 广泛分布于全世界晚泥盆世和早石炭世沉积物内，它们是用各种方式使团藻目的藻类叶状体矿化。这些藻类包括以下这些属，如近球藻属 *Vicinisphaera*、古球藻属 *Archaeosphaera*、厚球藻属 *Pachysphaera*、古格子藻属 *Palaeocancellus*、多皮藻属 *Polyderma*。作者设想这些藻类以下列的方式进行矿化作用：古团藻属 *Eovolvox* 具有能浮游的叶状体，它们居住在淡水或淡化水水池的水体内，一旦它们死后，就沉淀到水底；由于水底的 pH 值升高和钙离子含量的增加，就开始钙化。这些矿化作用一直到成岩作用开始时才结束。

上面叙述的这些作用过程就某种原因来说是很不完备的，因为无法解释为什么在沉积物重荷之下钙球不发生变形或压扁。如果钙球实际上就是团藻的话，那么叶状体的矿化在生活期间就已发生。现代的团藻没有钙化，就没有决定性意义，因为这种习性在退化演化过程中丧失了。可以认为团藻的演化也大致相同。现代的代表，即淡水居住者，并未认为在过去就是这种情况。在那些钙球丰富的沉积物内，含有某些局限的海洋生物，如棘皮动物、腕足类、单体珊瑚等，因此这些团藻既可以在淡水，也可以在海洋内。

在现代团藻内，其钙化的属种广泛分布于衣藻目 Chlamydomonades（《植物的生命》，1977）。而 Coccomonadinaceae 科的代表中（例如拱勒藻属 *Pedinopora*，冠突藻属 *Pedinoperopsis*），这是球形属种活动的微小细胞，它有致密的外壳。这些外壳充满了钙质，但在鞭毛伸出的地方有小孔。其他的科，如 Phacotaceae 的代表特征是由双层组成的细胞外壳，它们充满了碳酸盐、硅质或铁的盐类。这些例子从一个方面表明在古代化石内可以完全保存现代类型的团藻，但是从另一方面，保存了本质上不太可靠的气孔，这些气孔就作为鉴定的标志，将这些小型的球状生物认为是有孔虫。

对晚泥盆世的钙球进行了比较系统的分类研究以后出现了另外一种观点，认为这是生殖器官，并认为是伞藻科内藻类的不动孢子或孢囊（Rupp，1966；Marszalek，1975）。这种设想是缺乏证据的，首先我们非常惊奇地发现这些钙球非常丰富，它们往往充满了石灰岩，因而可以设想大量的生殖器官未能起到直接的功能；其次，尽管有大量的钙球，但在岩石内没有看到任何植物的残骸及生殖伞，因为这些生殖伞对伞藻科来说是很独特的，而且能很好地保存在化石状态。看来，各种时代的钙球需要进一步的研究。在当前的认识水平，把它们归属于团藻是最有根据的。

（2）原球藻纲：代表不活动的细胞，它有致密的外壳或相似类型细胞的群体。此纲可分为 3 个目和若干个科。在水网藻科 Hydrodictyaceae 内，有两个未钙化的属，它们出现于上古生界石化的煤层内和上侏罗统的油页岩内；前者是水网藻属 *Hydrodictyolites* Elovski；而后者就是盘星藻属 *Pediastrites* Zalessky。归属于此纲的还有其他有疑问的化石，如澳大利亚前寒武纪晚期出现的微小的绿藻：类核球藻属 *Caryosphaeroides*，眼球藻属 *Glenobotrydion* 和球形藻属 *Globophycus* Schopf，1968，这些化石可能归属于原球藻纲。

（3）丝藻纲：它属于绿藻，叶状体呈不分叉的丝体，由单核细胞组成。少数的叶状体呈片状或管状。此纲包括 7 个目和若干个科，但尚未发现古代的化石。

(4) 接合藻纲 Conjugatophyceae：这些藻类呈单细胞和丝体形状，它们具有不寻常的有性生殖的类型。而有性生殖是由营养细胞的原生质黏合而成。在这些情况下，这些细胞能起特殊配子作用，配子的交配能形成一般的合子，此合子以后就发育成新的植物。接合藻纲分为 4 个目，它们居住在淡水内的现代种超过 4000 个种。这些藻类基本上属于鼓藻目（Desimidiales），而在古代的化石内，推测那些分布于志留纪到新生代的 *Chistrichospher* 是属于该目的分子（《古生物学基础》，1963）。但是，Maslov（1956）却持不同的观点，他认为 *Chistrichospher* 是一个混合的集体，在此混合体内，包括了那些现代分类位置不同的生物，如孢子、苔藓虫的孢囊和生殖孢及鼓藻目的接合孢子。

3.3 管形藻纲（Siphonophyceae）的分类和详细介绍

对于古藻类学家来说，在绿藻内，最主要的纲是把现代和古代的具有管形结构的藻类归入到管形藻纲。目前已知的种数并不很多，约 400~500 个种，其中绝大多数或 90% 的种是居住在温暖的水体内。非常有意义的是古代的管形藻均生活于海洋的碳酸盐沉积内，它们的化石群不仅丰富，而且多样化，一般分布于近赤道地带的浅水陆棚的沉积物内。

3.3.1 现代管形藻的解剖学和生理学上的简要特征

3.3.1.1 一般特征

所谓"管形"，这是一种结构类型（《植物的生命》，1977；《低等植物学教程》，1981），其特征在于叶状体无论大小如何及形态变化到何种程度，它们都是一个多核细胞或一个单核细胞。只是在管枝藻内，呈丝体状的叶状体可被横隔板分隔成许多分节（Segment）。且分节具有细胞的外貌。这是管形藻结构上独特的变化，对这些特征将在下面详细地讨论。

管形细胞的中央区分布着连续的液泡，这些液泡内充满了细胞液，液泡外面是由细胞质组成的薄膜，在细胞质内有叶绿体、淀粉和细胞核。细胞核有时在液胞腔内的原生质条带之上。细胞的外壳较厚，呈均质状或层状，它们由核质和果胶物质组成，有时具有微纤针（《低等植物学教程》，1981）。这些具有特征的果胶和核质曾在晚奥陶世的蠕孔藻属 *Vermiporella* 的外壳内找到（Kozlowski and Kazmierczak，1968）。管形藻的特征之一就是它们的外壳能矿化，因此，管形藻能完好地保存为化石。

在管形藻内有不同的生殖方式。在有性生殖内，以同形配子的生殖方式占优势；现代的管形藻内，藉助动物孢子和静孢子的帮助下，无性生殖的方式较为稀少，而古代的管形藻内，无性生殖方式则可能分布较广。

3.3.1.2 管形藻纲的分类

根据形态标志，现在还活着的管形藻纲可分三个目：管形藻目（现在一般已易名为钙扇藻）Siphonales、粗枝藻目 Dasycladales、管枝藻目 Siphonocladales。

钙扇藻目叶状体的特征是中央区有多个管状丝体，呈松散分布。如仙掌藻属 *Halimeda*；或管状丝体紧密地缠绕在一起，如松藻属 *Codium*。由此中央区的丝体分离出边缘侧枝，它们呈简单的细丝体，或为分叉的丝体，或为气泡状孢囊（Utricle）。所谓孢囊就是在边缘处侧枝的末端明显地膨大。当藻体获得高度发育时，这些孢囊能形成特殊的外壳，此外壳能包覆整个的叶状体。这些基本的外壳还可以长出气泡状的二级侧枝，然后又形成次生包壳，这就是所谓的套膜。在管状叶状体的细胞内，其原生质含有许多细胞核。在细胞核分裂过程中，并未伴随着产生细胞，也未伴随着产生细胞之间的横隔壁。细胞质仍然是不可分的。

粗枝藻目的叶状体具有单管结构，中央有一个较大的圆柱形的管子，由此向外伸出一级侧枝，甚至有几级侧枝，且这些侧枝具有不同的形状。有时如同钙扇藻一样，侧枝的末端呈气泡状膨大，从而形成皮层或外壳。粗枝藻有一个细胞核，此细胞核时而会分布于叶状体的根部，如伞藻科 Acetabulariaceae。通过试验方法证明在粗枝藻内，除了有形态上定形的细胞核以外，还有细胞核的物质，它们能提供成因方面的信息，且稀疏地分布在细胞质内（《低等植物学教程》，1981）。

在钙扇藻和粗枝藻内，有性生殖和无性生殖可以以内孢、枝孢和离孢方式进行。根据能繁殖的侧枝、有性生殖和无性生殖的专门器官（配子囊和孢子囊）可能发育成特殊的隔膜。在钙化的藻类内，配子形成于球形的孢囊内。此孢囊的外面包覆着钙质外壳；而未钙化的藻类内，配子直接分布在配子囊内（《植物的生命》，1977）。古代的钙藻化石内，能保存下来的孢囊是经常可以观察到的，尤其是新生代的粗枝藻（Deloffre and Genot，1982）。

管枝藻的叶状体有特殊的类型，它具有假细胞状结构。管枝藻的叶状体呈单核的、简单的或分叉的丝体，并有横隔板将其分成许多方格或分节。从孢子或合子生长发育后就进入了开始时期，藻类发育成管形；此时，管枝藻实际上与钙扇藻和粗枝藻毫无区别，这就成为最重要的证据之一，从而有理由把管枝藻归入于管形藻纲 Siphonophyceae。在某些管枝藻内，叶状体的管形构造存在于整个个体发育的全过程中，如法囊藻属 *Valonia* 的叶状体就是巨大的气泡状，并用假根固着在基底上。在个体发育的晚期，气泡状叶状体的表面就开始生出细小的扁豆状细胞，而这些细胞能发育成次生、浆叶状的假根或二级、三级的气泡状侧枝。

管枝藻的个体发育阶段，或早或晚，所谓叶状体分离性的分裂，即管状细胞原生质分为各个多核部分，而每一部分又被单独的外壳所包覆。以分离性方式分成的节片的作用过程与一般的细胞分裂有本质的区别，这与细胞核的分裂没有关系，而细胞核的分裂是正常的、多细胞发育必要的条件。管枝藻的每个节片经常是多细胞核的。在现代的管枝藻内，缺失形态上独特的生殖器官。孢子和配子直接在各个节片之内形成，因此叶状体内的那些没有生殖能力的部位与那些能繁殖的部位从外表上来看没有任何的区别。配子和孢子在成熟以后就通过细胞壁上的特殊口孔进入到周围的环境。有性生殖过程是同形配子相互结合过程或异形配子相互结合的过程。在某些海洋属种内，如刚毛藻属 *Cladophora*，其生殖方式是有性和无性世代同形交换的过程，在环藻属 *Sphaeroplea* 内，缺乏无性生殖世代。

从总体来说，对于现代管枝藻叶状体的矿化作用，不具有任何特殊之处，但有局部的钙化，如刚毛藻属 *Cladophora*（Voronichin，1932）。对于管枝藻来说，将钙质沉淀到外壳的能力在演化过程中已经消失了，这是毫无例外的。如同那些管枝藻能形成孢子囊的能力也是在演化过程中消失一样。在古代的属中，如乌拉尔孔藻属 *Uraloporella* Korde 就是一个实例（Saltovskaya，1984）。

3.3.2 钙质管形藻纲（此纲包括钙扇藻目 Udoteales、粗枝藻目 Dasycladales、管枝藻目 Siphonocladales）的形态及其术语和研究方法

管形藻纲的叶状体，如同大多数其他藻类的叶状体一样，它们能在沉积物内保存下来，这是因为在生活期间已经钙化。叶状体钙化程度是很不同的，这取决于藻类活着时的各种形态特征在石化时能达到怎样的程度。钙化是永远不会完整和均匀地把藻类的形态表现出来，因此某些细节经常是无法知道的。一般来说，能够钙化的是中央管的外壳、分布在边缘带的侧枝、孢囊及孢子囊等。在这些结构单元之间的空间内也可以发

生钙化，一般来说，叶状体边缘带钙化较为强烈，而叶状体的内部则较弱，侧枝的末端也是钙化较弱。

研究管形藻的古藻类学家，他们所遇到的不是叶状体，就这方面来说，只不过是藻类的钙化部分，即矿化后所成的残骸。它们能提供一定数量的关于藻类结构方面的信息，但是永远不会提供全部的信息。在这方面，管形藻与蓝绿藻和红藻有原则的区别，因为在蓝绿藻和红藻内，钙化作用能完全提供叶状体结构的细节。

在薄片内见到的管形藻的残骸，这些研究的对象可能很敏感，可以从两个方面来分析。一方面，生物残骸有实在的和具体的结构特征，也就是我们能看到的。从另一方面，如果知道这些残骸的分类位置，我们可以在自己的脑海里想象这些藻类在活着时的形态，如果我们把它们和那些想象中的、活着的生物视为同一种生物的话，甚至可以进一步动手制作这些想象中的对象。

实际上有两种态度，即在理解古代管形藻的实际要素和再造要素，也就是图像和创作的特征，完全取决于每一个研究者的特点及他们对于生物和古生物（包括岩石学）的思维气质。对这些不同态度的完备性和不完备性的讨论是毫无意义的，因为它们都是合理的，应当相互协调地补充。但是，需要强调的是在古生物描述中，薄片中实际观察到的要素应当与推测的成分清楚地分开。

截至到现在，对古代管形藻的描述尚未提出一个统一的格式。Maslov 使用了自由、松散的方式来描述这些管形藻。他把叶状体的钙化部分，称为外套，或以圆柱体表示或以钙质体表示。在 Maslov 的描述中，最通用的名称，称为钙质外套。钙质外套就是包围叶状体的钙质包壳。实际上，这种表示方法是不正确的，因为外套仅仅是叶状体钙化的外壳，或沉淀在叶状体表面的钙质层。这样，外套所包围的并不是叶状体，而是细胞的内容，即原生质。更为明显的是用生物学的表示方法，如叶状体（Thallus）或钙化叶状体或钙质叶状体。在使用这些术语时，不会引起任何不同的意见，只是在重建这些植物时可能会引起不同的意见。

对于专门的概括性名称来说，感觉需要使用叶状体的钙化部分（残骸或残留物）。至于 Thallus 一词是由希腊字和拉丁字起源的两个字根组成。Tha 指叶状体，而 llus，即 lith（o）指石头。

管形藻纲的叶状体的形状：

管形藻纲的叶状体的形状以非常多的多样性为特征（图 3.2）。它包括以下几类：（1）圆柱形或亚圆

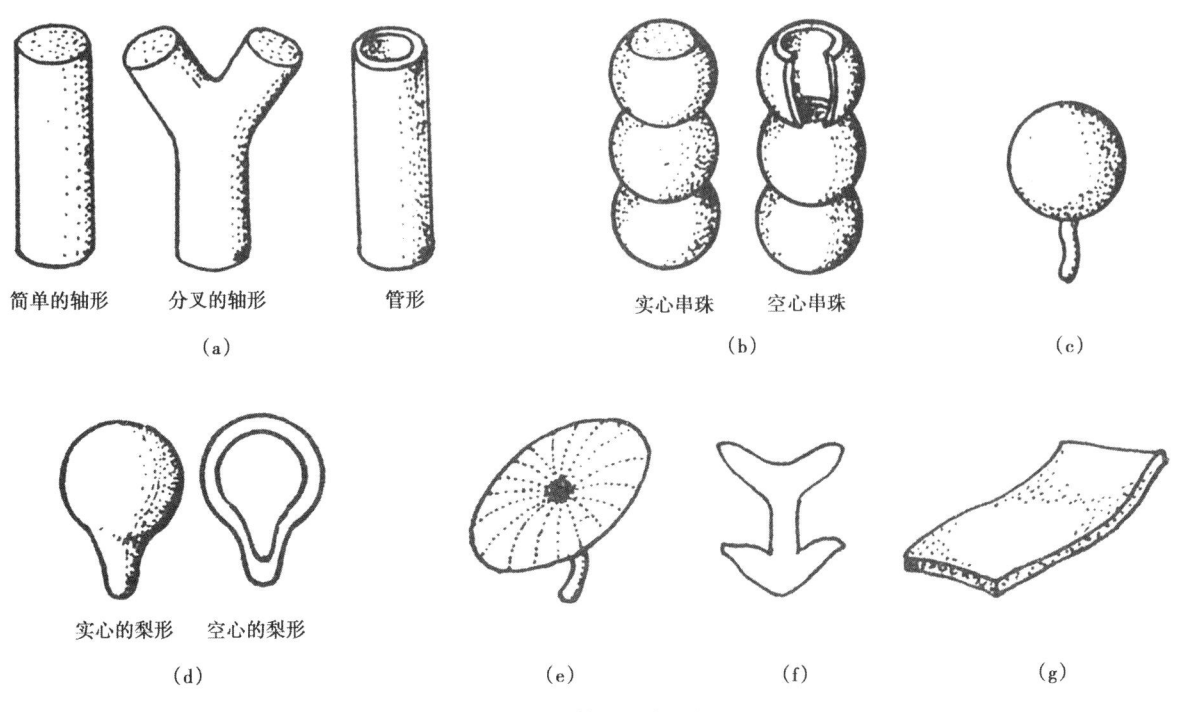

图 3.2　叶状体的基本形状图

（a）圆柱形；（b）串珠形；（c）球形；（d）梨形；（e）伞形；（f）剑形或锚状；（g）薄片状（层纹状、叶片状）

柱形，可能是简单的单管或分叉管，它们呈实心、管形或分节和不分节。至于亚圆柱状，则呈压扁或串珠状。（2）亚球形的叶状体，具有球形、梨形、卵形、实心和气泡状。还有一类数量有限的叶状体，其形状呈多层伞形或复杂的伞形，这是伞藻属 Acetabularia 的特征；这些藻类是由于它们的轮生侧枝特殊钙化而形成了伞状。此外，还有少量的叶状体呈板状、叶片状。

量杯藻类 Lanciculoid（如量杯藻属 Lancicula Maslov）叶状体的结构代表一类特殊的类型，它们是由中央轴和一系列规则分布的锥形侧枝组成。这一类型的叶状体也许是简单的，也可能具有近于二分叉的侧枝。

钙扇藻目的叶状体的特征：

在钙扇藻目的叶状体内，可分为基干部分和尖端部分。对于其内部构造，可分为轴部带和边缘带。这些分带的结构对于各个级别——由种到目的分类都具有重要的意义。

在钙扇藻目的各种藻类内，轴部是由一簇管状小管或丝体组成。石化的叶状体内，这些小管呈纵长的圆柱形沟道，其内充填了沉积物（图 3.3）；小管或稀疏地分布、或紧密地缠绕在一起，具有假薄壁组织的结构特征。这些小管既可以分叉，也可以聚合；它们的形状呈亚圆柱形，在纵向上有收缩变窄的情况。

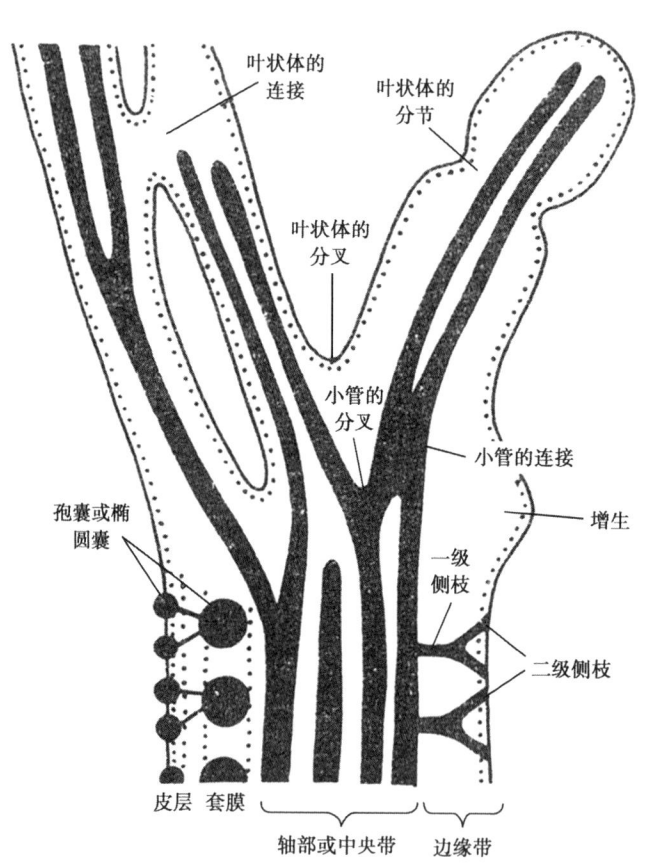

图 3.3　钙扇藻目的结构图

粗枝藻目和管枝藻目叶状体的特征：

粗枝藻目的特征是有一个单轴、单管的结构。在其轴部有一条或宽或窄的小管（图 3.4）；而在管枝藻目内，轴部的细管有许多横隔壁（图 3.5）。这些横隔壁是很完整的、规则或不规则分布，呈环带状；如果横隔壁的中央部位未钙化，那么就在它所在的位置成为大的孔洞。

管形藻纲叶状体的边缘带具有各种各样的复杂性，这完全取决于侧枝的形状及它们的钙化程度。其他使其复杂的结构单元就是孢囊和孢子囊。

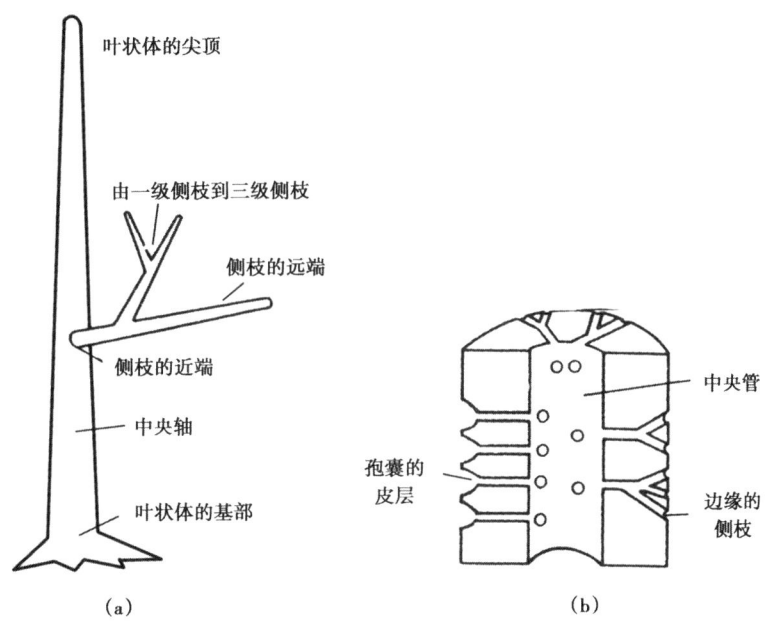

图 3.4 粗枝藻目的结构图

(a) 叶状体的构造；(b) 叶状体的内部结构

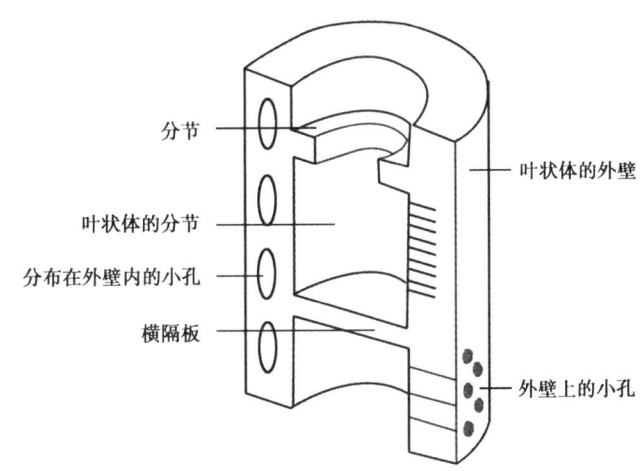

图 3.5 古代的管枝藻化石结构图

管形藻纲叶状体的侧枝特征：

侧枝的形状具有各种各样多样性的，它们可以呈圆柱形、哑铃状或水滴状等。侧枝可以不分叉或分叉，如侧枝分叉，可分为一级分叉、二级分叉和三级分叉等（有时可达到 5~7 级）。当分别研究和观察各个侧枝时，每一侧枝可以分出开始端，即近端；而结束端，则称为远端。大多数情况下，矿化作用（钙化作用）都产生在各个侧枝之间，这样侧枝就在外壁上成为简单的孔洞或分叉的孔洞（图 3.6、图 3.7）。这些孔洞是直通的，它在近端与轴部相连；而在远端则向外开启，因为在结束处未被钙化。每一个侧枝沿着其整个长度都被钙质包壳所包覆（图 3.6）或仅在远端处被钙质覆盖（图 3.8），这样侧枝就凸起在叶状体的外壁之上，呈小管状或奶头状的突起。

叶状体的边缘侧枝的分布状况：

在叶状体的外表，边缘侧枝的分布状况有几种类型（图 3.9）：最普遍的是这些侧枝的分布没有规律，称为不规则分布（aspondyl），这种情况可在许多钙扇藻和粗枝藻内见到。对于粗枝藻来说，侧枝

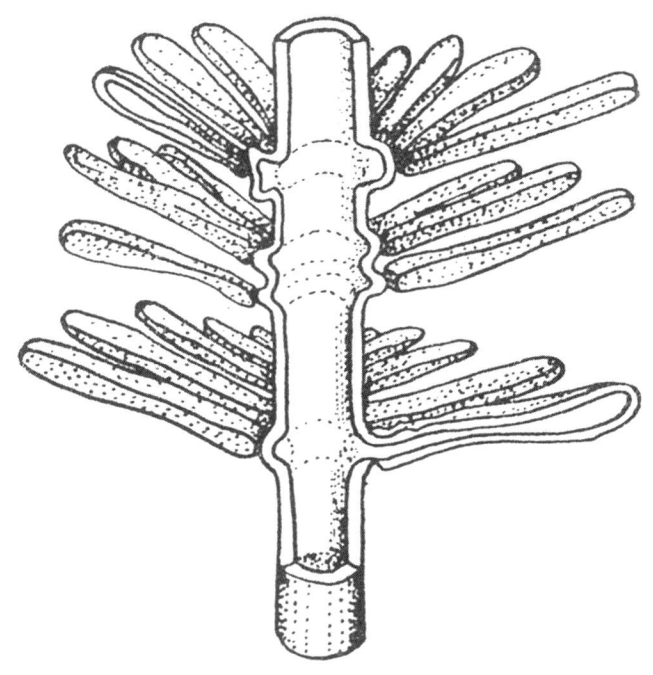

图 3.6 伞藻科 Acetabulariaceae 的马斯洛夫孔藻属 *Masloviporella* Kulik 的复原再造图
（据 Perret, M. F. and Vachard, D., 1977 年）

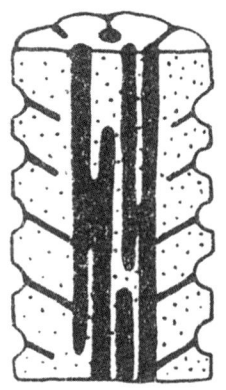

图 3.7 里坦藻属 *Litanaia mira* Maslov 的叶状体的基本结构图

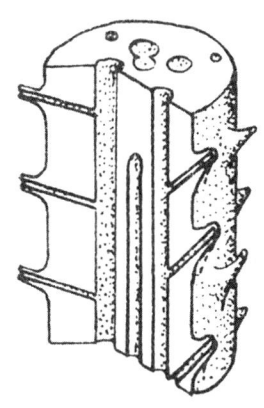

图 3.8 托盘藻属 *Abacella* Maslov 的复原再造图

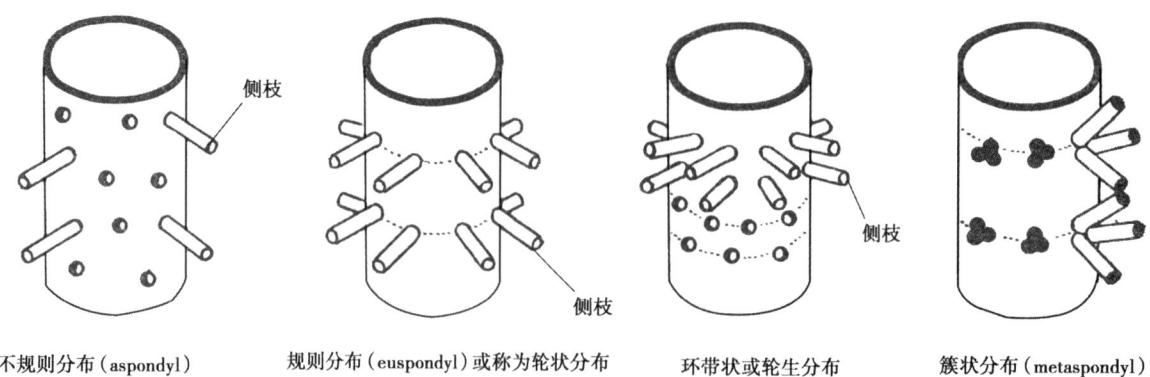

不规则分布（aspondyl）   规则分布（euspondyl）或称为轮状分布   环带状或轮生分布   簇状分布（metaspondyl）

图 3.9 钙扇藻或粗枝藻的各个侧枝的分布状况图

呈轮状分布，称为规则分布（euspondyl）或轮状分布；有时呈一簇一簇状的分布，称为簇状分布（metaspondyl）。对于管枝藻的管状叶状体，其小孔的分布状况也有相似的形态类型。侧枝孔呈轮状分布的是古别立兹藻属 Beresella、顿涅茨克藻属 Donezella 等所特有，而呈簇状分布则是德维纳藻属 Dvinella 所特有。但是，在这种情况下，侧枝孔并未向外开放，因此很难说明它们是否是侧枝的痕迹，还是细胞壁的特殊构造。

对于量杯藻类 Lanciculoid 的多管藻类，其特征是在轴部有许多细管；这种藻类的侧枝具有假薄壁结构特征。在这种情况下，各个侧枝沿着整个叶状体的长度出现周期性的收缩。由于侧枝的钙化，就形成了许多锥形的形式；在此锥形之下有类似孢子囊的房室，故认为这些藻类是具有孢子囊的藻类。

侧枝远端的形状在分类学上具有很大的的意义。如果侧枝呈简单的、像毛发状的，那么它的远端可保存为圆柱形的小孔或钙质小管。这些钙质小管均高凸于表面，如托盘藻属 Abacella。在钙扇藻或粗枝藻内，其侧枝的远端可形成球状凸起——孢囊。如果这些孢囊紧密分布，就可形成孢囊的皮壳。根据钙化程度的差异，在叶状体的表面出现球形或半球形的凹陷（图 3.10）。如从皮壳的弦切面来观察，则呈蜂窝状结构。这些孢囊上还可长出许多次一级的、毛发状的侧枝。若这些侧枝的远端再次形成孢囊，这样又可生成第二级的皮壳（图 3.11）。

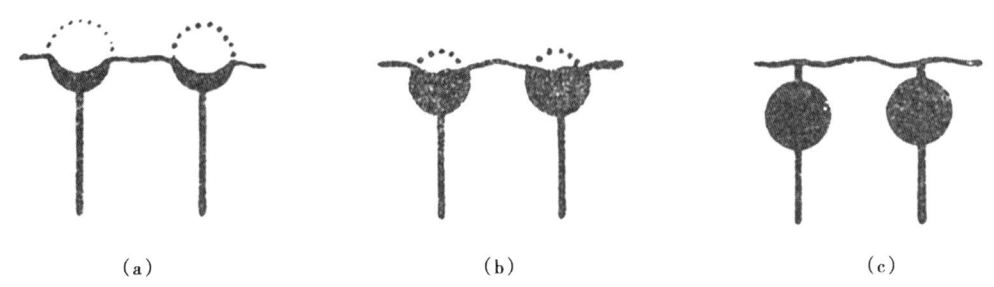

图 3.10 里坦藻属 Litanaia mira Maslov 侧枝的不同程度的钙化图

（a）一般的钙化情况，点线代表孢囊的外缘；（b）较少见到的钙化形状；（c）极少见到的钙化形状

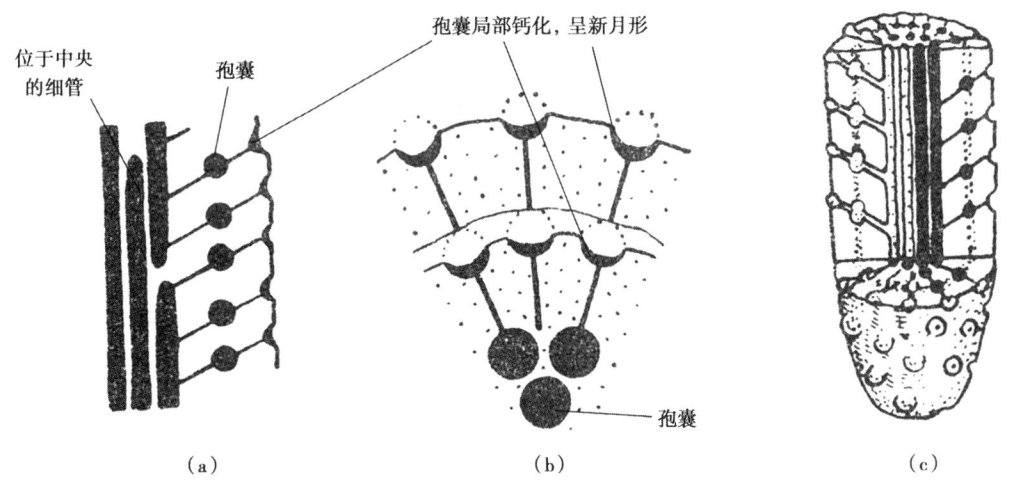

图 3.11 卷曲藻属 Circella duplicata Schirschova 的结构解剖图

（a）叶状体的纵切面，显示其内部结构；（b）叶状体的横切面，可见孢囊的钙化情况；
（c）叶状体的复原再造图，此藻类化石来自原苏联乌拉尔地区的早泥盆世和中泥盆世在典型的圆球藻 Cyclocrinoids 内，其侧枝的远端以布满小孔、多边形薄板作为结束，这些小薄板都是垂直于侧枝分布。如果藻体的边缘封闭起来，那么这些薄板就能形成球形或梨形的背甲。

除上面叙述的那些位于边缘的小孢囊以外，还有一些藻类具有大孢囊，它们位于靠近中央的轴部，即是在中央带（图 3.12）。这类结构是现代藻类——松藻属 Codium 所特有的特征（图 3.13）。

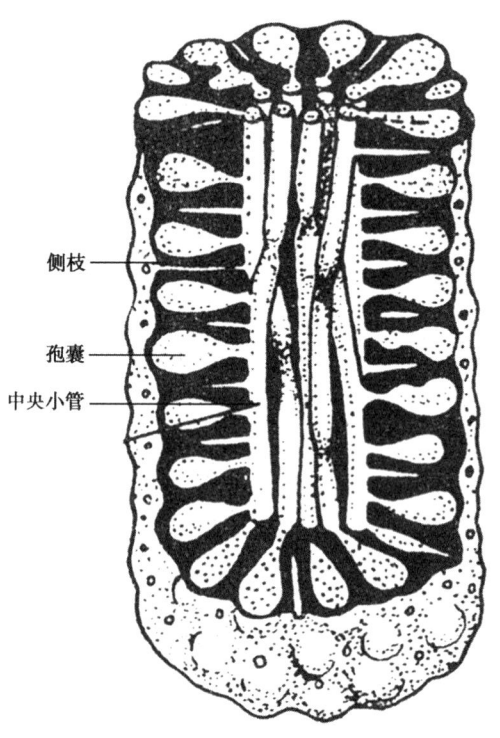

图 3.12　葡萄状藻属 Botrys compacta Schirschova 叶状体的复原再造图

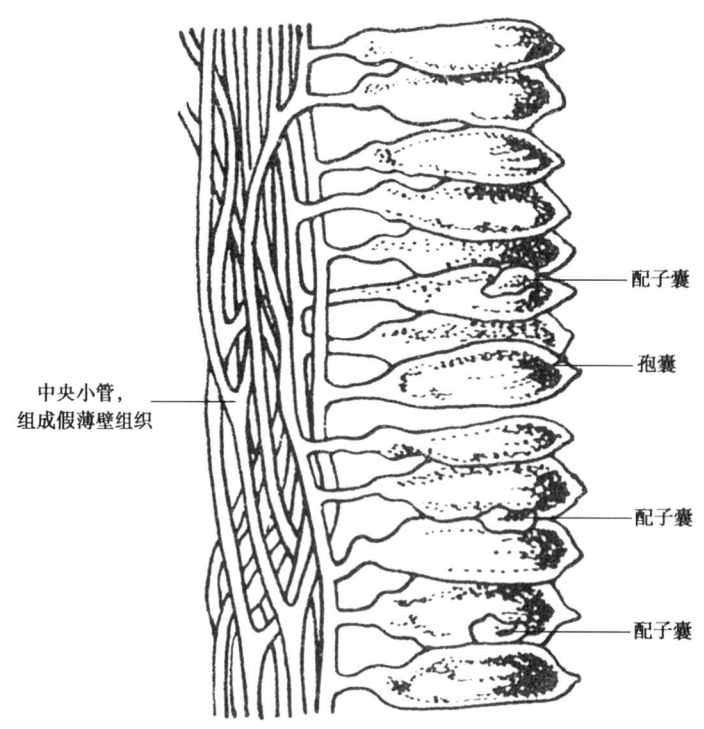

图 3.13　现代钙扇藻类——松藻属 Codium Stackhouse 的详细结构图（据 Vinogradova，1977 年）

在许多钙扇藻的叶状体内，还能见到球形的、梨形的或其他形状的气泡。这些气泡一般认为是孢子囊。看来比较合理的是把它们视为一般的形态结构单元，因为对它们进行成因的解释经常是主观的。

根据所有的各种形态标志就能恢复这些植物的外部面貌。最大的价值在于再造藻类的叶状体。从简单的原因来说，再造藻类的形态和结构经常是必需的、不可避免的，因为没有叶状体的形态，就无法进行描述。如果在薄片内获得足够数量的藻类的切面，就能够比较容易和客观地把叶状体的结构描画出来。

经常企图建立藻类的叶状体，这似乎是有用的。但是，利用这些再造出来的形态和结构来进行分类研究是不行的，因为这无法消除错误。在这方面，可举蠕孔藻属 *Vermiporella* Stolley 为例来说明。此属具有管形的叶状体、单管或分叉管，有时两支细管会合成三维构架，如蠕孔藻属 *Vermiporella fragilis* Stolley。在其小管的外壁上饰有许多排列无序的微孔。过去推测认为此属的叶状体是很简单的，它的中央轴十分宽大，而边缘的侧枝则比较短小（图 3.14 指白色的小管）。但是，经过 Kozlowski 和 Kazmierczak（1968）的研究，这样的解释是错误的。他们发现此属的叶状体是由较窄的中央轴组成，由此中央轴向外延伸出三级、呈轮状展布的侧枝。在最后一级的侧枝之间产生了钙化，就形成了钙质外壁，其上分布着许多微孔（图 3.15）。

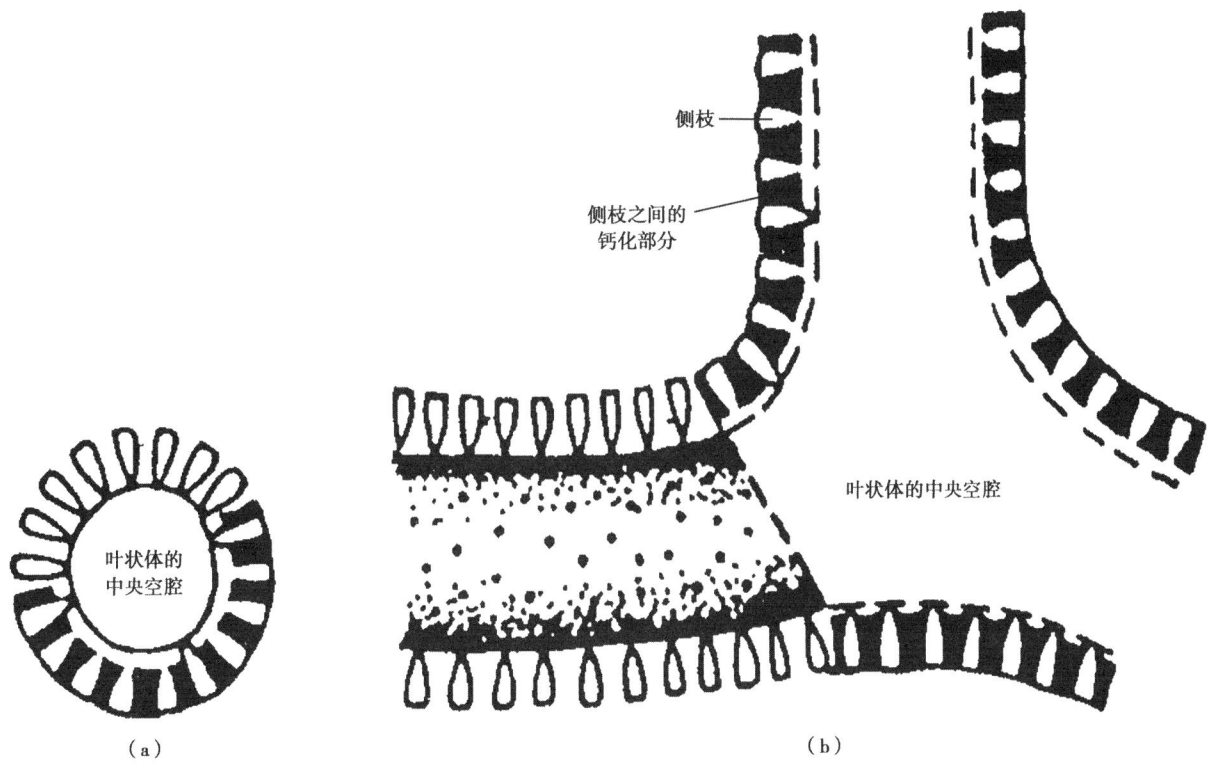

图 3.14 蠕孔藻属 *Vermiporella* 结构示意图（据 Pia，1920 年）
(a) 横切面；(b) 纵切面

由于这些独一无二的材料，故需要谨慎的解释。类似这些结构的其他的管形叶状体，如柱孔藻属 *Rhabdoporella*、粗孔藻属 *Dasyporella*、碳孔藻属 *Anthracoporella* 等都需要谨慎地对待，正如 Kozlowski 和 Kazmierczak 所指出的，叶状体的原始结构已经不能说明这些叶状体就是具有简单的结构。

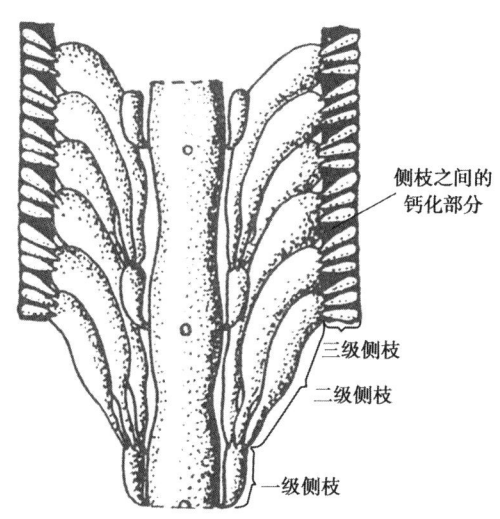

图 3.15　蠕孔藻属 *Vermiporella* 叶状体的结构设想图（据 Kozlowski and Kazmierczak，1968 年）

图中可见中央轴和一到三级的侧枝，它们呈轮状分布；黑色区代表第三级侧枝之间的钙化部分

3.3.3　管形藻纲的分类原则的讨论

对于古代管形藻纲的分类，我们不能使用那些应用于现代还活着的管形藻的分类方法。现代管形藻的分类方法是依据细胞的结构特征、细胞内的细胞器、生殖方式及发育旋回等。这些方法并不注意叶状体钙化状态。古藻类学家在自己的经历中所遇到的是不完整的植物，只是钙化的残骸——叶状体。这样，我们应当说古代管形藻的分类，实际上是叶状体的分类。

根据主要的形态标志，古代的管形藻纲可以很简单地将其划分为三类，大体上相当于现代的三个目：钙扇藻目 Udoteales、粗枝藻目 Dasycladales、管枝藻目 Siphonocladales。钙扇藻目的特征是这些藻类的中央带有许多小管；而粗枝藻目的特征是一个单管，其中央带只有一个中央管；管枝藻的特征是其管内有许多横隔板，从而把管子分成若干个分节。综上所述，不管它的自然面貌如何，实际上是表面的。在分类中，就"目"的等级来看，古代的藻类与现代的藻类进行比较完全是假定的。

在现在还活着的藻类内，归属于钙扇藻目（Udoteales）的藻类不仅是那些多中央细管的藻类，也有在中央带只有一个管的藻类，如羽藻属 *Bryopsis* 有羽状分布的侧枝。另外，所有的现代粗枝藻，它们不仅具有单管结构，而且侧枝呈轮状分布。我们把一切单管的藻类均归属于粗枝藻目，不管它的边缘带结构如何。

对于管形藻纲分类的统一原则，严格地来说并没有遵循，如在中央带只有单轴的藻类：卵石藻属 *Ovulites* Lamarck、古孔藻属 *Palaeoporella* Stolley、早管藻属 *Orthriosiphon* Johnson and Konishi、类早管藻属 *Orthriosiphonoides* Petryk。对这些藻类应归属于钙扇藻科 Udoteaceae（Bassoullet 等，1983）。与此同时，对于在中央带有多个管的藻类，如裸松藻属 *Gymnocodium* Pia 及管枝藻类，如顿涅茨克藻属 *Donezella* Maslov，与此有相似结构的，如别立兹藻属 *Beresella* 和古别立兹藻属 *Palaeoberesella*，从传统的归属方法，这些属均置于红藻内。看来，这方面反映出企图保留古代藻类的分类体系上的自然状态。实际上这没有过多的苛求，因为这些苛求没有自己现实的基础。

对于古代藻类的分类上的现代自然的标准是：（1）形态上的相似性；（2）分类单位组合的相似性和认知程度。应当有一系列的相似之处。根据正常的标志而建立起来的分类方案是最合理的。

根据叶状体的外部形态标志建立了各个科，而在确定属和种时，叶状体内部的结构的详细情况则具有重要意义。下面所叙述的是关于管形藻纲的分类体系，主要列出了在文献中描述过的关于属的分类单位，而对于这些属的独立与否并没有取决于作者的意见，这就涉及明显的同义名。众所周知，各个藻类组合研究的详细程度远非一样。在某些藻类内，如古别立兹藻 Palaeoberesellid，对此类藻类的定义太过于窄小，它们中的一部分肯定不是属，而是种。与此同时，对于另外一些属，它们的形态标志意义有意缩小，这样就不适当地扩大了属的定义，实际上包括了不同的属。在任何的情况下，属、种的建立和确定应当对所有的资料进行了深入分析之后，才能获得解决。

3.4 钙扇藻目 Udoteales Wille，1884（Blackm. and Tansl.，1902）[1]

3.4.1 钙扇藻目 Udoteales 的一般叙述

现代的钙扇藻目共计 16 个属，将近 125 个种。它们主要生活于温暖的热带和亚热带的海洋中。但是，某些种也可出现于高纬度。钙扇藻的叶状体的钙化程度变化很大，有些极其微弱，而有些则十分强烈，如仙掌藻 Halimeda。

尽管钙扇藻的总数并不很多，但其分类系统都存在着重要的问题。这些问题就是各个属是否确实存在及属以上的分类单位的划分标准（Vinogradova，1979）。出现这些问题既有客观的原因，也有长久的历史原因，因此已经远远不能用一种解释来说明。

钙扇藻目的各个属可归纳为两个组：(1) 第一组包括：羽藻属 Bryopsis、Halycistis、德氏藻属 Derbesia、假羽藻属 Pseudobryopsis、松藻属 Codium 等。在这一组藻类内，只有一类质体——叶绿体；在外壳内含有数量不多的纤维素，叶状体内有特殊的配子囊。(2) 第二组包括：绒扇藻属 Avrainvillea、仙掌藻属 Halimeda、钙扇藻属 Udotea、画笔藻属 Penicillus、蕨藻属 Caulerpa、扇头藻属 Rhipocephalus、绿毛藻属 Chlorodesmis。以上叙述的蕨藻属 Caulerpa，它具有以下特征：出现异质体，即除了有颜色的叶绿体以外，还有白色体；整体产果，即在藻管的任何一部分都有配子（从古藻类学来说，相当于内孢型生殖）；外壳内没有纤维素。

在此基础之上，Feldmann（1946，1954）把上述两个组归纳为以下两个目：真管形藻目 Eusiphonales，蕨藻目 Caulerpales。此外，他还建议建立下列两个目：松藻目 Codiales 和德氏藻目 Derbesiales。

至于说到质体器官上的区别，根据 Vinogradova（1979）的意见，这些区别是不存在的。她提到在一定的条件下，叶绿体与白浆粒之间可以相互转换。在外壳内，存在纤维素或缺失纤维素并不是一定的标志，如在 Halycistis 内，含有纤维素和木糖胶；而在德氏藻属 Derbesia 内则缺失纤维素，其外壳含有多缩甘露糖。与此同时，肯定能确定 Halycistis 属和德氏藻属 Derbesia 代表同一个藻类生活旋回的不同阶段。在羽藻属 Bryopsis 的外壳内，根据所有的标志，此属均属于真管形藻目（Eusiphonales），其内纤维素缺失不见。但是，内孢型生殖不仅在典型的蕨藻内见到，还能在羽藻和 Halycistis 的某些种内见到。非常有意思的是这两个属——羽藻属和 Halycistis 实际上是同一个植物配子体的变形产物，而且它们在孢子体阶段就是德氏藻属 Derbesia。

---

[1] 原为管形藻目，现均改为钙扇藻目 Udoteales。

因此，把钙扇藻划分为两个或更多的目是没有依据的，我们建议恢复原来较广的含义，即钙扇藻目 Udoteales Wille。此目又进一步划分为三个现代的科：蕨藻科 Caulerpaceae、羽藻科 Bryopsidaceae、松藻科 Codiaceae。

在藻类的分类内所经历的过程，只是一般地涉及古藻类学，因为古代藻类的分类是建筑在现代藻类材料之上。

在藻类叶状体中央带出现多管结构的钙藻，长期以来称为松藻（Pia，1927；Maslov，1956；《古生物学基础》，1963），这是因为古代的松藻类化石大体能与属于松藻科的仙掌藻属 Halimeda 进行比较。到目前为止，此松藻科内只有松藻属 Codium，而仙掌藻属 Halimeda 已经完全把它归入蕨藻科 Caulerpaceae。当前，古藻类学家有采用 Feldmann 的分类体系的趋势，正如上面已指出的，Feldmann 的分类体系已被藻类学家所接受。现在，过去归入松藻科的钙藻均归入钙扇藻科（Udoteaceae），它属于蕨藻目（Caulerpales）。因此，应当改名为钙扇藻科（Bassoullet 等，1978，1979）。

由于这样的解决并未结束，将来还要有进一步的变化，所以可能在古藻类化石方面处于放弃使用这些，如松藻、蕨藻和钙扇藻等。在大约有 50 个属的钙质管形藻内，其中有一些属与三个现代科的某些属很相似。但是，也有一些属，它们不能归入到上述三个科的任何一个科。

为了稳定古代钙扇藻目的分类体系和合理地给予它们与粗枝藻目的比较有一定的独立性，现依据形态标志将钙扇藻目分为若干个族。

下面首次提出了各个族的分类体系，应当承认这是初步的。每一个族由相似内部结构的属组成。根据外部的形态标志，钙扇藻目划分为三个本质上可以区分的群体：第一个群体为量杯藻类 Lanciculoid；第二个群体即双形管藻类，它们具有圆柱形和亚圆柱形的叶状体，其边缘的侧枝形状不同；第三个群体所包括的属很有限，即近松藻科的代表，其叶状体呈薄片状。对这些群体，我们认为其级别相当于科的级别。而裸松藻科 Gymnocodiaceae 的容量则有若干变化（Elliott，1955）。

3.4.2 钙扇藻目的分类叙述

科　量杯藻科　Lanciculaceae Shuysky，1987
　族　量杯藻族　Lanciculeae Shuysky，1985
科　双形管藻科　Dimorphosiphonaceae Shuysky，1987
　族　双形管藻族　Dimorphosiphonaeae Shuysky，1987
　　里坦藻族　Litanaiae Shuysky，1987
　　托盘藻族　Abacelleae Shuysky，1987
　　杆孔藻族　Bacilloporelleae Shuysky，1987
　　烧瓶孔藻族　Ampulliporeae Shuysky，1987
　　葡萄状藻族　Botryelleae Shuysky，1987
　　布恩藻族　Boueineae Shuysky，1987
　　洛维藻族　Lowvilliae Shuysky，1987
　　克里贝藻族　Clibeciae Shuysky，1987
科　裸松藻科　Gymnocodiaceae Elliott，1955
科　近松藻科　Anchicodiaceae Shuysky，1987
　族　伊万诺夫藻族　Ivanoviae Shuysky，1987

雨伞藻族　Paradellae Maslov, 1956

钙叶藻族　Calcifoliae Shuysky, 1987

科　量杯藻科　Lanciculaceae Shuysky, 1987

特征：叶状体呈量杯状（Lanciculoid）的结构。叶状体有中央轴，其内贯穿着纵向分布的分叉的细管，有时这些细管相互铰合在一起。在叶状体内分布着一个叠覆一个的侧向的扩大，即所谓的关节；这些关节呈量杯状、漏斗状及其他的形状。孢子囊分布在边缘侧枝的末端，它们均分布在关节之内。

组成：量杯藻族 Lanciculeae Shuysky, 1985。

时代分布：早泥盆世和中泥盆世。

根据该科代表属的叶状体的形状，在钙扇藻目的古代和现代的各个属来看，没有相似形状。就中央轴的结构来说，接近于里坦藻属 Litanaia、托盘藻 Abacella 及其他等属。因此，量杯藻类 Lanciculoid 可以从钙扇藻的双形管藻属 Dimorphosiphon——里坦藻属 Litanaia 的古代演化主干中分离出去。

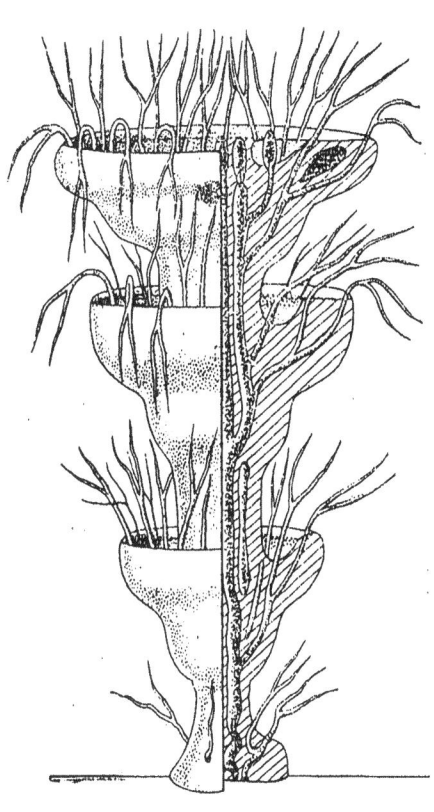

图 3.16　量杯藻 Lancicula Maslov 的复原再造图（据 Orlov, 1963 年）

族　量杯藻族　Lanciculeae Shuysky, 1985

特征：该族的特征与科的特征一致，也类似于量杯藻属 Lancicula 的详细描述（Shuysky, 1973a, 1973b）。

组成：量杯藻亚族 Lanciculinae Shuysky, 1987，沃伊卡尔藻亚族 Voycarellinae Shuysky, 1987。

时代分布：早泥盆世和中泥盆世。

科　双形管藻科　Dimorphosiphonaceae Shuysky，1987

特征：叶状体呈圆柱状、亚圆柱状，有时呈串珠状。叶状体是由中央带和边缘带组成。在中央带有一串细管，这些细管有时分叉，有时则相互绞合在一起。在边缘带则有各种形状的侧枝，既有简单的，也有分叉的，在其末端结束处有孢囊，如果这些孢囊紧密地融合在一起，就形成皮壳。侧枝的分布状况是无序的或呈环带状密集集中在一起。生殖方式主要是内孢式。钙质主要沉淀在中央细管之间与那些边缘侧枝之间。侧枝的远端常有单独的皮壳，侧枝的同化末端未被钙化。

组成：双形管藻族 Dimorphosiphoneae，里坦藻族 Litanaiae，托盘藻族 Abacelleae，杆孔藻族 Bacilloporelleae，烧瓶孔藻族 Ampulliporeae，葡萄状藻族 Botryelleae，布恩藻族 Boueineae，洛维藻族 Lowvilliae，克里贝藻族 Clibeciae。

时代分布：中奥陶世—现代。

族　双形管藻族　Dimorphosiphonaeae Shuysky，1987

特征：边缘带的侧枝呈圆柱形、漏斗形或哑铃状，这些侧枝较简单或分叉。中央带的细管较直或弯曲。

组成：双形管藻属 *Dimorphosiphon* Hoeg，1927；前里坦藻属 *Praelitanaia* Shuysky，1987；小里坦藻属 *Litanaella* Shuysky and Schirschova，1987；属 *Bijagodella* Chuvashov，1973；阿拉伯松藻属 *Arabicodium* Elliott，1957。

时代分布：中奥陶世—始新世—现代。

此族最典型的代表是众所周知的奥陶纪的双形管藻属 *Dimorphosiphon*，对此族 Gnilovskaya（1972）曾详细地描述过。此外，还有里坦藻属 *Litanaia anirica* Maslov，即为前里坦藻属 *Praelitanaia*，此化石采自原苏联萨莱尔的早泥盆世（Maslov，1956）。从当前广义来理解，双形管藻属 *Dimorphosiphon*，看来是一个集合群体。归属于这个属的藻类只是那些具有圆柱形侧枝的种，如双形管藻属 *Dimorphosiphon rectangular* Hoeg。而那些侧枝呈锥形的种，如双形管藻属 *Dimorphosiphon* cf. *diadromum* Gnilovskaya，应归入其他的属。

当前所描述的族是系统演化的主干，由此分离出其他的族。此族中，最晚的代表是属 *Arabicodium*，此属由晚侏罗世延至始新世，有可能现代的仙掌藻属 *Halimeda* 也属于该族。仙掌藻 *Halimeda* 具有灌木状的叶状体，它是由许多扁平的节片组成。

族　里坦藻族　Litanaiae Shuysky，1987

特征：边缘的侧枝以小的圆形或椭圆形的突起——孢囊为其终端，当这些孢囊紧密地聚合时就形成了皮壳，有时可发育成套膜。

组成：里坦藻属 *Litanaia* Maslov，1956；卷曲藻属 *Circella* Schirschova，1984；马斯洛夫藻属 *Maslovina* Obrhel，1968。

时代分布：晚志留世—中泥盆世。

来自原苏联的萨莱尔的里坦藻属 *Litanaia mira* Maslov 的一个种是该属的属型种。孢囊的钙化程度变化较大（图 3.10）。在卷曲藻属 *Circella* 内，可出现次生的皮壳或套膜，这些皮壳或套膜是由分散分布的球状孢囊形成的（图 3.11）。马斯洛夫藻属 *Maslovina* 的特征是其拥有皮壳，而这些皮壳是由那些紧密分布、呈拉长和椭圆形的孢囊铰合而成。

族　托盘藻族　Abacelleae Shuysky，1987

特征：叶状体具有里坦藻类（Litanoid）的结构，分布于边缘的侧枝的末端各自形成钙质包壳，而且它们高突于叶状体的表面，呈小管或乳头（图3.8）。

组成：托盘藻属 *Abacella* Maslov，1956。

时代分布：早泥盆世和中泥盆世。

族　杆孔藻族　Bacilloporelleae Shuysky，1987

特征：叶状体的中央带具有2~3个直径不一的小管，而边缘带的侧枝弯曲。

组成：杆孔藻属 *Bacilloporella* Maslov，1973（图3.17）。

时代分布：早泥盆世。

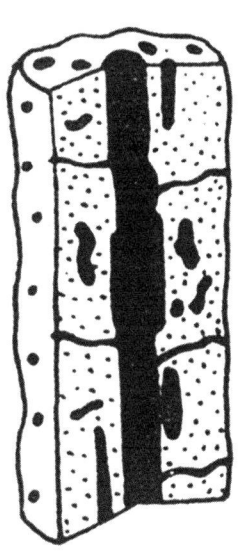

图3.17　杆孔藻属 *Bacilloporella uralica* Maslov 的叶状体的结构图
此藻类来自原苏联乌拉尔地区的早泥盆世

族　烧瓶孔藻族　Ampulliporeae Shuysky，1987

特征：叶状体边缘侧枝的末端显示灯泡状的膨大，它们各自形成单独的皮壳。

组成：烧瓶孔藻属 *Ampullipora* Shuysky，1987。

时代分布：早泥盆世。

族　葡萄状藻族　Botryelleae Shuysky，1987

特征：吐状体中央带的细管紧密地绞合在一起，有时表现为微弱地联合在一起，它们具有假薄壁组织。中央带的一束细管的外面，有圆形、灯泡形的或口袋形的孢囊，它们组成包壳，包围着这些细管。边缘侧枝就是从中央带的孢囊之间的部位或孢囊的顶端分离出来，在侧枝的末端形成单独分布的钙质包壳，它们往往突起在叶状体的表面，呈小管状。

组成：串藻属 *Uva* Maslov，1956（图3.18）；葡萄状藻属 *Botrys* Schirschova，1984（图3.12）；小葡萄状藻属 *Botryella* Shuysky and Schirschova，1987。

时代分布：早泥盆世。

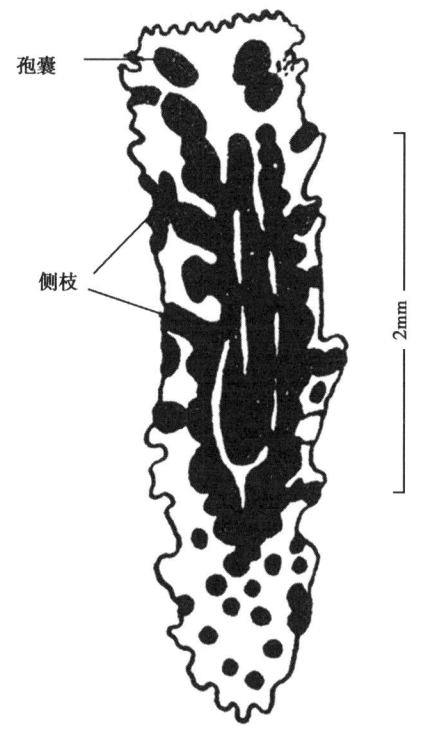

图 3.18　串藻属 *Uva suspecta* Maslov 叶状体的结构图

在靠近中央处有孢囊分布，并由此伸展出侧枝，此藻类来自于原苏联萨莱尔（Salair）的早泥盆世

族　布恩藻族　Boueineae Shuysky, 1987

特征：叶状体呈团块状、接近于圆柱状，其外表平坦或不平坦。中央带是由许多分叉的细管组成，边缘带则有较简单或两分叉的侧枝，它们的直径与中央细管的直径无多大的区别。中央区与边缘区难以划分（图 3.19）。

组成：布恩藻属 *Boueina* Toula, 1883；线状藻属 *Funiculus* Shuysky and Schirschova, 1987。

时代分布：早泥盆世和白垩纪。

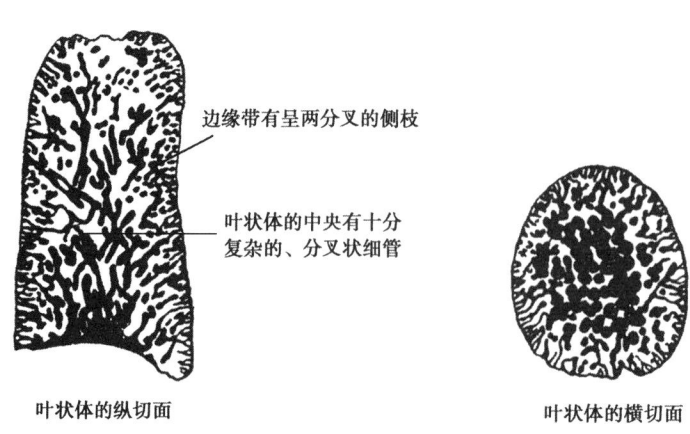

图 3.19　布恩藻属 *Boueina hochstetteri* Toula（据 Pia，1927 年）

此标本来自原南斯拉夫的早白垩世

族　洛维藻族　Lowvilliae Shuysky，1987

特征：叶状体呈圆柱状或串珠状。中央带有许多紧密排列的细管，而边缘带的侧枝呈圆柱状或大头针状，呈简单的短枝或分叉，紧密地排列在一起，但其直径要大于中央带的细管。这些侧枝一般是均匀地分布在叶状体内或周期性的集中分布在叶状体内，呈密集的环带。

组成：类双形管藻属 *Dimorphosiphonoides* Guilbault and Mamet，1976；洛维藻属 *Lowvillia* Guilbault and Mamet，1976。关于这两个属的特征可查阅 Guilbault and Mamet，1976；Bassoullet 等，1983。

时代分布：中奥陶世。

族　克里贝藻族 Clibeciae Shuysky，1987

特征：叶状体呈卵形、长圆形或接近于亚圆柱形。中央带较宽大，具有多孔结构，其内有不规则分叉的、直径不一的细管。边缘带则有短的、但密集分布的侧枝。一般说来，这些侧枝表现较差。

组成：克里贝藻属 *Clibeca* Poncet，1975；希科洛松藻属 *Hikorocodium* Endo，1951；泡沫双松藻属 *Aphroditicodium* Elliott，1970；托罗斯藻属 *Tauridium* Güvenc，1966；泰国孔藻属 *Thaiporella* Endo，1965。

时代分布：早泥盆世—晚侏罗世。

科　裸松藻科　Gymnocodiaceae Elliott，1955

特征：叶状体为丛生的分节状。每一个分节呈椭圆形或圆柱形，在中央带有松散分布的细管或丝体，而边缘带则有分叉的丝体或侧枝。侧枝的末端都为不大的、孢囊式的突起，这些突起的结构在不同的属内是不同的。中央带钙化较弱或完全没有钙化，因而成为空腔。边缘带的侧枝钙化较好，故具有皮壳的特征。推测的孢子囊位于叶状体内。

组成：裸松藻属 *Gymnocodium* Pia，1920；二叠钙藻属 *Permocalculus* Elliott，1955；短松藻属 *Succodium* Konishi，1954；尤尔法裸松藻属 *Dzhulfanella* Korde，1965；南京裸松藻属 *Nanjinophycus* Mu and Riding，1983。

时代分布：二叠纪—白垩纪。

裸松藻属 *Gymnocodium* 一属原产于南斯拉夫的二叠纪地层，原归属于钙扇藻目（Pia，1920），以后 Pia 改为红藻（Pia，1937）。从此以后，此属都认为是红藻。Elliott 将此属分为两个属：裸松藻属 *Gymnocodium* 和二叠钙藻属 *Permocalculus*（Elliott，1955）。后一个属的特征是其中央带完全没有钙化，因此从二叠钙藻属 *Permocalculus* 的叶状体来看，一般它与粗枝藻的一个族——粗孔藻族 Dasyporelleae 无法区别。

短松藻属 *Succodium* Konishi 曾被 Korde（1965）归入于裸松藻科 Gymnocodiaceae 科，她是根据在轴部的丝体内观察到细胞结构，这些细胞结构是依据作者的证据。

在短松藻属 *Succodium endoi* 的基础之上，不久以前 Mu and Riding 曾建立了一个新属——南京裸松藻属 *Nanjinophycus*，此化石来自于中国江苏省的早二叠世地层（Mu and Riding，1983）。作者将此化石与现代的红藻——海索面藻目 Nemalionales 的乳节藻属 *Galaxaura* Lamouroux 进行比较，但是他们对于叶状体的细胞结构并未提出令人信服的证据。

从二叠钙藻 *Permocalculus* 的组成分子内，Korde（1965）分出了一个新属——尤尔法裸松藻属 *Dzhul-*

fanella，并将其作为新科——尤尔法裸松藻科 Dzhulfanellaceae 的组成分子。但是，Vachard（1980）对此科的建立提出了异议。

在 Bassoulet 等的综合研究论文内，他们将短松藻属 *Succodium* 归于钙扇藻目内。而在《古生物学基础》一书内，原苏联作者同时改变了裸松藻属 *Gymnocodium* 和二叠钙藻属 *Permocalculus* 的归属，前者归入松藻内，后者则归入红藻内。

可见，裸松藻科 Gymnocodiaceae 的系统分类位置非常不确定。但是，非常有意思的是这些不确定性并不是它们的形态标志多和含义多造成的，相反，这些形态标志还远远不够。把裸松藻类归入红藻的主要和独特依据是叶状体丝体的细胞结构，但是，这一类的结构既没有在任何一项研究工作的图像中观察到，也没有在插图中表现出来。对于这些结构，看来，是看不到的，因为叶状体的轴部钙化很弱或完全没有钙化，这是该科的标志。在侧枝的近端发现唯一的横隔板，在绿藻内这是有可能的。

根据叶状体的结构，裸松藻类的叶状体与其他的钙扇藻的叶状体没有什么区别，因此应当视作钙扇藻的组成分子。中央带钙化很弱，这不仅仅是裸松藻的特点，其他的藻也具有。这一类的图像可以在许多属内见到。这就难以把这类化石归属于管形藻纲的任何一个目的原因。

像下面这些藻类，如日本钙藻属 *Nipponophycus* Yabe and Toyama, 1928；暹罗钙藻属 *Siamporidium* Endo, 1969；属 *Leckamptonella* Elliott, 1982；托罗斯藻属 *Tauridium* Güvenc, 1966（已暂时将此属归入克里贝藻 Clibeciae 一族内），至今，它们的分类位置还不能确定。根据某些结构方面的特点，这些藻类趋向归属于裸松藻类。同样，像细孔藻属 *Litopora* Johnson，长笛藻属 *Thibia* Shuysky 这些属，它们的最终的分类位置也不能确定。尽管在这些作者的研究工作中及在 Bassoullet 等，1983 的综合研究论文内，这些藻类均置于粗枝藻内。把裸松藻科的典型代表——二叠钙藻属 *Permocalculus* 归入粗枝藻内，同样有重要的依据。

科　近松藻科　Anchicodiaceae Shuysky, 1987

特征：叶状体呈叶片状，呈为弯曲的薄片。中央带是由一些细的、弯曲又杂乱的丝体组成，钙化很弱。叶状体的皮壳状的上表面和下表面是单层或双层，它们是由中央带的边缘侧枝组成。这些侧枝均垂直于外表面，有时其末端以孢囊的形式为结束。

组成：伊万诺夫藻族 Ivanoviae Shuysky, 1987；雨伞藻族 Paradellae Maslov, 1956；钙叶藻族 Calcifoliae Shuysky, 1987。

时代分布：泥盆纪—二叠纪。

族　伊万诺夫藻族　Ivanoviae Shuysky, 1987

特征：与科的特征相同。

组成：伊万诺夫藻属 *Ivanovia* Chvorova, 1946；近松藻属 *Anchicodium* Johnson, 1946；新近松藻属 *Neoanchicodium* Endo, 1954；真果叶藻属 *Eugonophyllum* Konishi and Wray, 1961。

讨论：该族的各个属在所有的钙扇藻内形成了紧凑的组合，它们之间的区别是靠叶状体边缘带的结构来区分（图 3.20）。中央带都是由成岩作用后形成的亮晶方解石组成。

时代分布：晚石炭世—二叠纪。

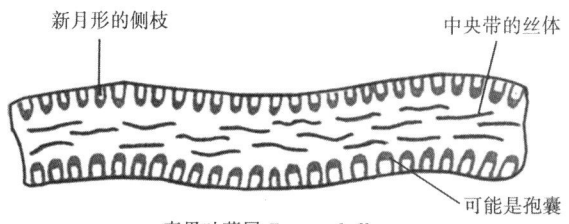
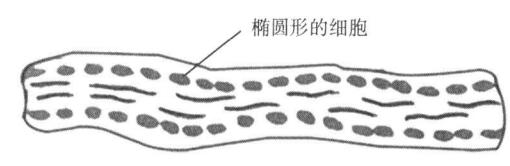
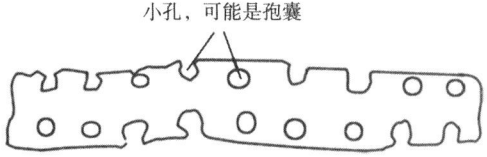

图 3.20 近松藻科 Anchicodiaceae 科的某些属的叶片状叶状体横断面的特征图（据 Chuvashov，1974 年）

族 雨伞藻族 Paradellae Maslov, 1956

特征：呈钙质的薄片，具有圆形的小孔，可能是孢子囊。这些小孔分布在上表面和下表面，且向外开口。中央带的结构不清楚。

组成：雨伞藻属 *Paradella* Maslov，1956。

时代分布：早泥盆世—晚石炭世。

Maslov 认为雨伞藻属 *Paradella* 的薄片是特殊的孢囊柄（Sporangiophore），它们位于中央管形的轴部。因此，Maslov 暂时将其归入于粗枝藻内，可查阅 Maslov《苏联的钙藻化石》和《古生物学基础》。但是，其他的作者仍将它归入钙扇藻目内（Shuysky，1973b；Bassoullet 等，1979）。

族 钙叶藻族 Calcifoliae Shuysky, 1987

特征：呈弯曲的、有时为开裂的钙质薄片，此薄片都是由泥晶方解石组成。在此薄片内，通常靠近一侧，即靠近上表面或下表面，有分叉的沟道，其内充填了亮晶方解石。

组成：钙叶藻属 *Calcifolium* Schvetzov and Birina，1935。

时代分布：早石炭世。

Maslov 曾经详细地研究过这个属，他认为该属的薄片是从管形的基底上分出来的，它的外壁也有许多细管。Maslov，1956；Perret and Vachard，1977；《古生物学基础》，1963 都提出了此属各个种的再造图。

根据 Gnilovskaya（1972）的意见，她认为该属是伊万诺夫藻属 *Ivanovia* Chvorova 类型的叶片状藻系列中最原始的藻类。此外，Termier 等（1977）认为钙叶藻属 *Calcifolium* 和前顿涅茨克藻属 *Praedonezella* Kulik 应归入海绵的一个目——钙叶海绵目 Calcifoliida。但是，Shuysky（1985）曾对 Termier 等的分类系统提出了评论性的意见。

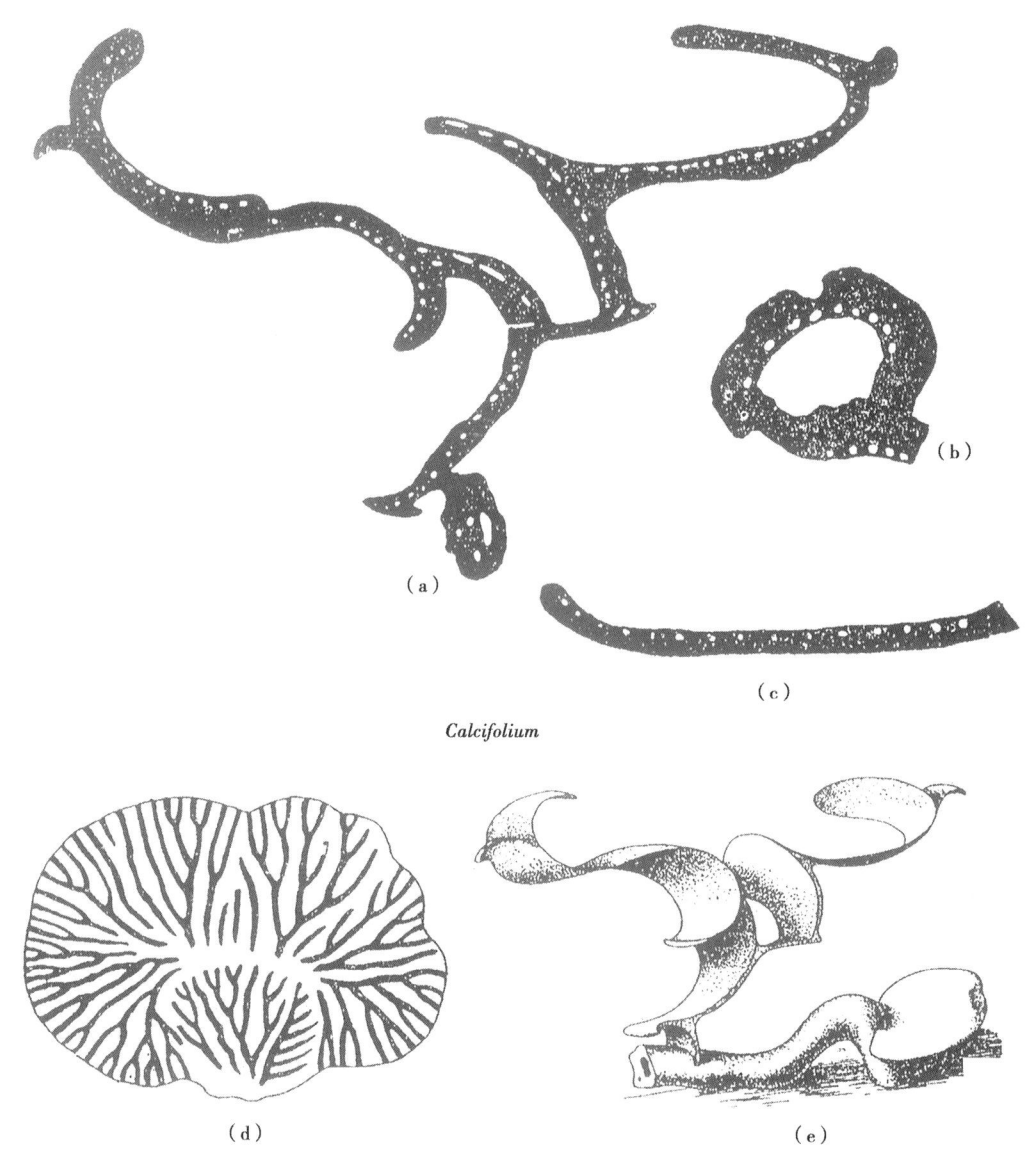

图 3.21　钙叶藻 *Calcifolium* 的复原再造图及其各个切面（据 Maslov，1956）

(a) 薄片状叶状体的横切面，白色小孔代表沟道；(b) 底轴的横切面，白色小孔代表沟道；(c) 薄片叶状体的横切面，白色小孔代表沟道；(d) 薄片的表面，其上有分叉的沟道，均以黑色的线条表示；(e) 钙叶藻 *Calcifolium* 的再造复原图

3.5　粗枝藻目 Dasycladales Pascher，1931

3.5.1　粗枝藻目的一般讨论

众所周知，粗枝藻共有 9 个现代的属：具刺藻属 *Batophora* Agardh，轴球藻属 *Bornetella* Munier Chalmas，绿枝藻属 *Chlorocladus* Sonder，粗枝藻属 *Dasycladus* Agardh，海棍藻属 *Halicoryne* Harvey，伞藻属 *Ace-*

tabularia Lamouroux，细针藻属 *Acicularia* d'Archiac，波纹藻属 *Cymopolia* Lamouroux，蠕藻属 *Neomeris* Lamouroux。最后 4 个属能保存为化石状态。在粗枝藻目内，古代的属已经描述了将近 150 个，无疑其总数在将来还会增加。当然，已保存下来的营底栖生活的属种不可能包含着粗枝藻过去的各种形态，即残存下来的属种只能保存一部分的形态。

现代粗枝藻形成了真正的、密集的单管形的藻类，其一般的形态是它的边缘部的侧枝呈轮状分布，而其叶状体呈辐射状对称。在大多数粗枝藻的代表属种内，侧枝呈无序分布，故严格地说，所谓的辐射对称是不存在的，但可能见到侧枝呈轮状分布。

在古代粗枝藻化石内，边缘侧枝的各种类型是与叶状体的外形和轴部的变化相伴产出，这样就产生了多样化和复杂的图像。

许多藻类学家对粗枝藻的分类系统进行了研究，第一个最全面的分类系统是 Pia（1920，1927）提出的。Pia 将那时已发现的粗枝藻分为 15 个族。他将叶状体的形态和侧枝的特征作为划分各个族的依据。Korde（1950）建立了谢列特藻科 Seletonellaceae，该科包括两个产于寒武纪的属——梅耶尔藻属 *Mejerella* 和谢列特藻属 *Seletonella*。Maslov（1955）从第三纪的藻类内建立了两个族，即特尔奎姆藻族 Terquemelleae 和费尔干纳藻族 Ferganelleae。后来 Maslov 又将粗枝藻分成三个亚科。当这些粗枝藻的孢子囊分布在钙化外壳内时，就归纳为 Soriaceae 亚科，此亚科包括两个族：伞藻族 Acetabulariae 和雨伞藻族 Paradelleae；第二个亚科，圆球藻亚科 Cyclocrinae，包括乳孔藻族 Mastoporineae 和圆球藻族 Cyclocrineae；第三个亚科，大孔藻亚科 Macroporellinae，只有一个族——锥孔藻族 Conoporelleae，该族仅有一个属——友好藻属 *Amicus*。在以后的研究中，乳孔藻族和圆球藻族已降为亚族，并移至谢列特藻科（Korde，1973；Bassoullet 等，1979）。

Kamptner（1958）对那时已建立的各个新属进行系统的分类研究，这些新属都是 Pia 建立时保存下来的。他把粗枝藻科分为 15 族和 10 个亚族，总共 70 个属。除此以外，他还建立了三个分类位置不清楚的群体：（1）细针藻属 *Aciculella* Pia，拟纺锤藻属 *Atractyliopsis* Pia，全孢藻属 *Holosporella* Pia；（2）腔孢藻属 *Coelosporella* Wood，分叉藻属 *Furcoporella* Pia，*Tersella* Morellet；（3）寒武孔藻属 *Cambroporella* Korde，刺枝藻属 *Chaetocladus* Whitfield，皮亚藻属 *Piaea* Florin。

Korde（1950，1957a，1961，1973）对粗枝藻的分类系统进行了相当重要的研究。在 1973 年，她又描述了新科——谢列特藻科 Seletonellaceae。在该科内，她将所有的非轮生结构的粗枝藻归纳于该科内，总共 25 个属，分别归入于 8 个族和两个亚族。

最近，法国的古藻类学家 Bassoullet 等（1978，1979）对粗枝藻的分类系统进行了全面的、综合性的研究。他们把该目分为三个科：谢列特藻科 Seletonellaceae、粗枝藻科 Dasycladaceae、伞藻科 Acetabulariaceae。这三个科又分成 21 个族和 19 个亚族。他们所提出的分类系统与上述提到的分类系统有明显不同。

在他们综合性的研究中，他们废除了 Pia 所建立的也是被我们所采用的 5 个族或转换成亚族（Bassoullet 等，1979）。例如，梭孔藻族 Teutloporelleae 已被废除，而梭孔藻属 *Teutloporella* 则被归入谢列特藻科 Seletonellaceae 的粗孔藻族 Dasyporelleae。指孔藻族 Dactyloporceae 也被取消，而指孔藻属 *Dactylopora* 则被归入轴球藻族 Bornetelleae Morellet。而对于下列三个族：石刻藻族 Petrasculeae，线孔藻族 Linoporelleae，粗枝藻族 Dasycladeae 均降为亚族，并归入三级孔藻族 Triploporelleae。上面提到的分类方案并没有结束，研究人员还在继续进行研究。Vachard（1980）和 Vachard and Montenat（1981）认为因佩里藻属 *Imperiella* Elliott 应归入茎孔藻族 Thyrsoporelleae，而不是三孔藻族 Triploporelleae 的分子。而对于属 *Likanella* Milanovic 应归入号角孔藻族 Salpingoporelleae，同时该族应包括新属 *Uragiellopsis* Vachard，1981。

Bassoullet 等（1979）曾建立了形态族——细针藻族 Aciculelleae，此族归属于谢列特藻科 Seletonellaceae。但是，Vachard（1980）将此族归入于粗枝藻科。归入于形态族——细针藻族 Aciculelleae 有 3 个属：细针藻属 *Aciculella* Pia，拟纺锤藻属 *Atractyliopsis*（Pia）Accordi，全孢藻属 *Holosporella* Pia，这些属的叶状体均具有圆柱形的中央腔。其中一个属，腔孢藻属 *Coelosporella*，其特征是中央腔呈球形；而另外一个恩伯格藻属 *Embergella* Güvenc，1972，中央腔呈复杂的圆环形，横向扩大或压扁。总体来说，形态族的特征是其轴部中央腔的钙化经常变化，且保存了孢子囊的位置。

在粗枝藻的全部化石名单内，法国学者取消了 43 个属，包括所有的别立兹藻属 *Beresella* 和古别立兹藻属 *Palaeoberesella* 及一系列无疑应归入粗枝藻的分类单位。

关于粗枝藻目的分类方案，我们建立了 4 个科：（1）谢列特藻科 Seletonellaceae；（2）圆球藻科 Cyclocrineaceae；（3）粗枝藻科 Dasycladaceae；（4）伞藻科 Acetabulariaceae 及这些科所包括的一系列的族。在这些族中，有一些是新族。

对于上述的第一个科，即谢列特藻科的内容有所压缩，它所包括的藻类是其叶状体侧枝的分布无规则，且形成各自的钙化包壳。对于粗枝藻科来说，它的内容已经增加，这是因为把谢列特藻科的一些族移至粗枝藻科内形成的。现在粗枝藻科的内容是最多，而且多样化的，尽管从该科内移出了圆球藻科的分子。对于细针藻族 Aciculelleae，粗孔藻族 Dasyporelleae，圆孔藻族 Gyroporelleae，原始珊瑚藻族 Primocorallinae 这些族来说，它们的分类位置仍不清楚。第一个族：细针藻族 Aciculelleae 所包括的各个属是很独特的，但根据其孢子囊分布在靠近外壁处的特征，此族的分子应相似于新属——钙茎藻属 *Calcicaulis*。第二个族：粗孔藻族 Dasyporelleae，其特征是侧枝在外壁处呈不规则分布，但是，侧枝围绕中央茎的分布状况从未得知。从蠕孔藻属 *Vermiporella* 这一实例可以看出它的侧枝呈轮环状规则地分布。

当前所提出的分类方案还存在着不完备性和许多缺点。但是，在积累了大量的材料的基础上提出的分类方案，可考虑作为一定阶段性的分类方案。

3.5.2　粗枝藻目的分类系统

科　谢列特藻科　Seletonellaceae Korde，1972
　族　谢列特藻族 Seletonelleae Korde，1950
　　寒武孔藻族　Cambroporelleae Korde，1950
　　阿姆加藻族　Amgaelleae Korde，1957
科　圆球藻科　Cyclocrinaceae Maslov，1956
　族　轴球藻族　Bornetelleae Morellet，1913；Bassoullet 等，1979 修改
　　锥形孔藻族　Coniporelleae Bassoullet 等，1979
　　圆球藻族　Cyclocrineae Pia，1927
科　粗枝藻科　Dasycladaceae（Kützing，1843）；Stizenberger，1860
该科包括：细针藻族等 21 个族
科　伞藻科　Acetabulariaceae（Endlicher），Hauck，1884
　族　伞藻族　Acetabularieae Decaisne，1842
　　盾形藻族　Clypeineae Elliott，1968；Bassoullet 等，1979 修改
　　海棍藻族　Halicoryneae Valet，1969
　　Luliporeae Shuysky，1984

科　谢列特藻科　Seletonellaceae Korde，1972 修改（谢列特是哈萨克斯坦北部的一条河流的名称）

特征：叶状体是属于非细胞的结构，它呈现不同的外部形状（Korde，1950）。在某些种内，叶状体呈不均匀地分叉或弯曲状。侧枝并没有被隔板与叶状体的轴部分开。这些侧枝在大多数情况下，只有一级侧枝；有时这些侧枝在同一个标本内出现不同的形状；它们的分布并无一定的顺序，且未出现环带状的分布特征。每一个侧枝都独立构成钙化包壳。

组成：谢列特藻族 Seletonelleae Korde，1950；阿姆加藻族 Amgaelleae Korde，1957（阿姆加河是西伯利亚勒那河的一条支流）；寒武孔藻族 Cambroporelleae Korde，1950。

时代分布：寒武纪。

族　谢列特藻族 Seletonelleae Korde，1950

特征：叶状体呈不均匀地分叉，较直或弯曲，有时形成突起的瘤。侧枝呈自由或任意分布，在同一个的标本内，这些侧枝具有同样的形状或表现出不同的形状。每一个侧枝都构成单独的包壳，侧枝的分布状况并无一定的次序。

组成：谢列特藻属 Seletonella Korde，1950；梅耶尔藻属 Mejerella Korde，1950（图 3.22）。

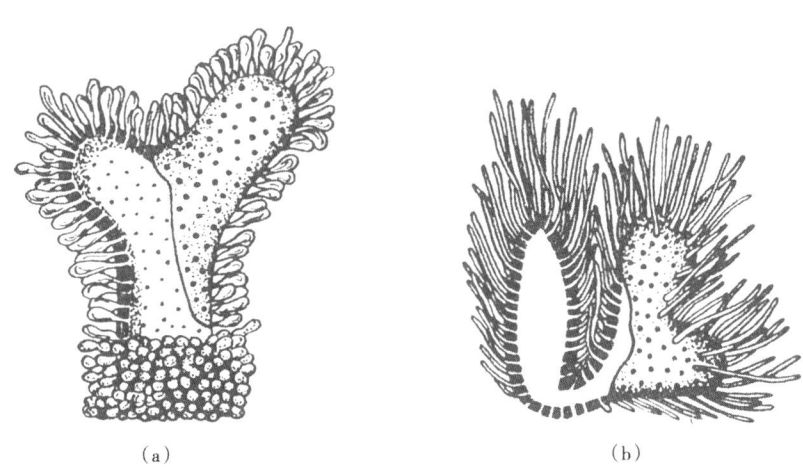

图 3.22　谢列特藻属 Seletonella Korde 和梅耶尔藻属 Mejerella Korde 的结构示意图（据《古生物学基础》，1963 年）
（a）谢列特藻属 Seletonella mira Korde 的复原再造图；（b）梅耶尔藻属 Mejerella ramose Korde 的复原再造图
这些化石均来自于哈萨克斯坦的晚寒武世

时代分布：晚寒武世。

对于谢列特藻属 Seletonella 来说，其特征是叶状体呈没有固定形状的管子，上端已封闭，并具有瘤状突起。在同一个标本内可以出现形状不同的侧枝，这些侧枝呈大头针状或任何其他形状。对于梅耶尔藻属 Mejerella 来说，它与谢列特藻属 Seletonella 的区别是：（1）叶状体具有明显的分叉；（2）侧枝的外形较稳定；（3）侧枝均呈细管形（Korde，1961；《古生物学基础》，1963）。

族　寒武孔藻族　Cambroporelleae Korde，1950

特征：叶状体呈纺锤形或圆柱形，未见分叉，表面覆盖着许多无固定形状的突起。侧枝较为简单、未分叉、呈大头针状、并成对出现；这些成对的侧枝呈不规则分布，但是或多或少呈均匀分布。

组成：寒武孔藻属 Cambroporella Korde，1950（图 3.23）。

时代分布：早寒武世。

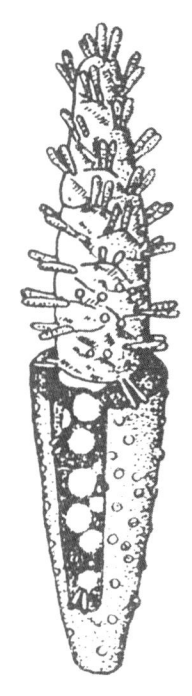

图3.23 寒武孔藻属 *Cambroporella tuvensis* Korde 的复原再造图（据《古生物学基础》，1963年）
此化石来自于原苏联图瓦地区的早寒武世

族　阿姆加藻族　Amgaelleae Korde，1957

特征：叶状体呈圆柱形，未见分叉或有分叉；叶状体较直或弯曲。一级侧枝为圆柱形，它们具有各自形成的包壳，分布无次序。

组成：阿姆加藻属 *Amgaella* Korde，1957；雅库特藻属 *Yakutina* Korde，1972（*Siberiella* Korde，1957）；长笛藻属 *Thibia* Shuysky，1973；马克西莫娃藻属 *Maksimovia* Korde，1980；*Iskanderkulia* Saltovsk.，1984。

时代分布：中寒武世—晚泥盆世。

该族的典型代表是阿姆加藻属 *Amgaella*，其叶状体的特征是呈圆柱形，而侧枝也是圆柱形，侧枝像棋盘式的排列（Korde，1961；Shuysky，1973b）。

科　圆球藻科　Cyclocrinaceae Maslov，1956

特征：叶状体呈球形、蛋形、拉长的大头针状或串珠状。有一级和二级的侧枝，沿着中央轴向外伸展，并在叶状体的外缘以加粗的末端为终结。如末端相互联结就形成完整的皮壳。钙化的程度随各属而不同。

组成：轴球藻族 Bornetelleae Morellet，1913；Bassoullet 等，1979 修改；锥形孔藻族 Coniporelleae Bassoullet 等，1979；圆球藻族 Cyclocrineae Pia，1927。

时代分布：奥陶纪—现代。

族　轴球藻族　Bornetelleae Morellet，1913；Bassoullet 等，1979 修改

特征：叶状体呈球形或大头针状。侧枝较直，可分为一级和二级。由于侧枝末端的膨大而使其彼此相互联结而形成了皮壳。孢子囊含有许多孢子，这些孢子囊均分布于一级侧枝内。

组成：轴球藻属 *Bornetella* Munier-Chalmas，1877；指孔藻属 *Dactylopora* Lamarck，1816；指状藻属 *Digi-*

tella Morellet，1913；齐特尔藻属 *Zittelina* Munier-Chalmas，1877（*Maupasia* Munier-Chalmas，1877）。

时代分布：始新世—现代。

对于此族内，最具有特征的是轴球藻属 *Bornetella*，其叶状体呈亚圆球状、球状或粗棍状。在一级侧枝上可长出3~8个短枝；当这些短枝的末端增大成为六边形的末端时，就可形成外壳。其他三个属，其外壳是由一级侧枝的末端增大联结而形成。

族　锥形孔藻族　Coniporelleae Bassoullet 等，1979

特征：叶状体呈圆柱状、串珠状或大头针状。侧枝只有一级，有时有第二级，呈气泡状。此叶状体的外缘包围着皮壳，此皮壳是侧枝的末端呈圆形的、有微孔的薄片相互联结而成。

组成：锥形孔藻属 *Coniporella* Fischer and Thierry，1971；小角形藻属 *Goniolina* d'Orbigny，1850；类角形藻属 *Goniolinopsis* Milanovic，1965；约翰逊藻属 *Johnsonia* Korde，1965；日本孔藻属 *Nipponophysoporella* Endo，1959；排孔藻属 *Stichoporella* Pia，1922。

时代分布：二叠纪—白垩纪。

在 Bassoullet 等，1979 的研究论文内，他们把此族分为两个亚族。对于米齐藻属 *Mizzia*，将其归入圆球藻族 Cyclocrineae Pia，1927 内，但取消了假圆孔藻属 *Pseudogyroporella*，这是因为此族是集合的名称，它包括了米齐藻属 *Mizzia* 和圆孔藻属 *Gyroporella*（Vachard，1980）。这样的话，在分解此族时，必需要取消该属名。

对于锥形孔藻属 *Coniporella* 的特征是其叶状体呈卵圆形，具有一个支柱或一条支撑的腿。钙化作用只形成薄层，它们是那些受到彼此挤压在一起侧枝形成的，而这些侧枝形成横向展开的轮环。侧枝呈亚圆柱状，向着末端方向易于扩大，此处覆盖着钙化的薄板（Bassoullet 等，1978）。

族　圆球藻族　Cyclocrineae Pia，1927

特征：叶状体呈球形、梨形、大头针状、蛋形或串珠状。中央轴部也呈球形、拉长的圆形，在其下端伸出了一条茎状的细腿或支柱。侧枝较直或分叉，它们呈轮环状分布或不规则分布。叶状体的外壳由那些呈五边形、六边形或不规则的多角形的薄板组成，但这些薄板很少呈圆形；它们紧密地镶嵌在一起，从而形成了外壳。

组成：圆球藻亚族 Cyclocrinae Pia，1927；乳孔藻亚族 Mastoporinae Pia，1927。

时代分布：奥陶纪—始新世。

亚族　圆球藻亚族　Cyclocrinae Pia，1927

组成：梨形藻属 *Apidium* Stolley，1896；腔球藻属 *Coelosphaeridium* Roemer，1885；圆球藻属 *Cyclocrinus* Eichwald，1840；米齐藻属 *Mizzia* Schubert，1907；卵石藻属 *Ovulites* Lamarck，1816；科佩特藻属 *Kopetdagaria* Maslov，1960。这些属的叶状体呈串珠状、大头针状或球状（图3.24、图3.25）。

亚族　乳孔藻亚族　Mastoporinae Pia，1927

组成：乳孔藻属 *Mastopora* Eichwald，1840；阿亚克马拉索尔藻 *Ajakmalajsoria* Korde，1957；古角形藻属 *Eogoniolina* Endo，1953；表乳孔藻属 *Epimastopora* Pia，1922；柯尼克孔藻属 *Koninckopora* Lee，1912；乌尼亚藻属 *Unjaella* Korde，1951；古柯尼克孔藻属 *Eokoninckopora* Saltovsk.，1984。上述这些属的叶状体呈梨状或蛋形，其外壳是由不规则的多角形或圆形的钙质薄板组成。

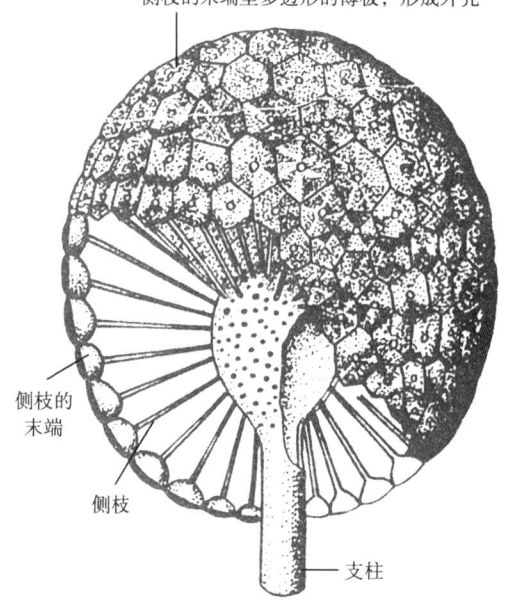

图 3.24　圆球藻属 *Cyclocrinus porosus* Stolley 的复原再造图（据 Pia，1927 年）

此化石来自于德国西部低地

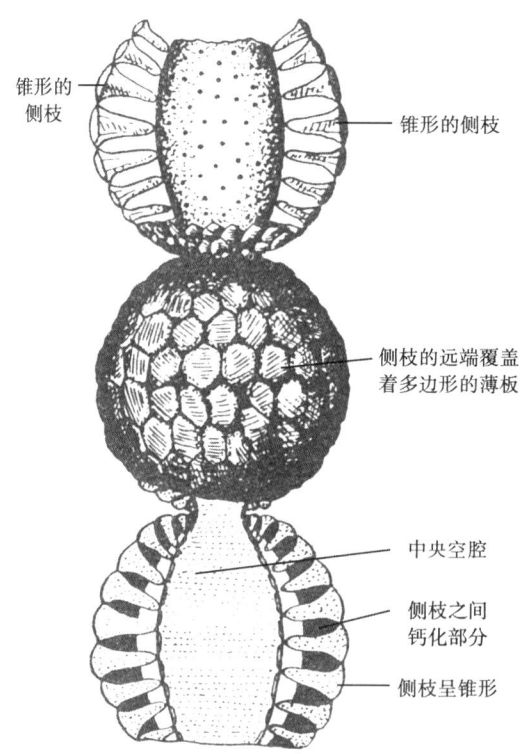

图 3.25　米齐藻属 *Mizzia velebitana* Schubert 的复原再造图（据 Pia，1927 年）

此化石来自于狄那里克阿尔卑斯山脉的二叠纪

此族典型的属是圆球藻属 *Cyclocrinus* 和乳孔藻属 *Mastopora*。

圆球藻属 *Cyclocrinus* Eichwald 的特征是叶状体呈球形或椭圆形，其下端伸出了一个茎状的支柱，中央腔呈球形。侧枝简单、较细，其末端呈现蘑菇状的扩大。侧枝末端的突起彼此相连，因而形成了致密的外壳。此外壳都是由六边形的钙质薄板组成。

乳孔藻属 *Mastopora* Eichwald 的叶状体也是呈球形、梨形，直至圆柱形。侧枝向外缘扩展，它们的末端呈棱柱状或漏斗状，钙质薄板相互连接就形成了外壳（Maslov，1956；《古生物学基础》，1963；Gnilovskaya，1972）。

科　粗枝藻科　Dasycladaceae（Kützing，1843）Stizenberger，1860

特征：叶状体呈圆柱形，较直或弯曲。有时叶状体微弱地向内收缩，因而显示串珠状。叶状体可分叉或不分叉。侧枝较简单或呈复杂的分裂；它们呈轮环状分布或分布没有任何规律，因此缺失钙质包壳。

组成：细针藻族 Aciculelleae Bassoullet 等，1979；泡沫孔藻族 Aphroporelleae Shuysky，1987；具刺藻族 Batophoreae Valet，1969；圆柱孔藻族 Cylindroporelleae Pal，1976；粗孔藻族 Dasyporelleae Pia，1920；Bassoullet 等，1979 修改；双孔藻族 Diploporeae Pia，1920；Bassoullet 等，1979 修改；双枝藻族 Dissocladelleae Elliott，1977；费尔干纳藻族 Ferganelleae Maslov，1955；圆孔藻族 Gyroporelleae Pal，1976；Bassoullet 等，1979 修改；蠕藻族 Neomereae Pia，1920；Bassoullet 等，1979 修改；帕克藻族 Parkerelleae Genot，1978；原始珊瑚藻族 Primicorallineae Pia，1920；古孔藻族 Palaeoporelleae Shuysky，1987；轮环藻族 Rotelleae Shuysky，1987；号角孔藻族 Salpingoporelleae Bassoullet 等，1979；特尔奎姆藻族 Terquemelleae Pia，1927；梭孔藻族 Teuloporelleae Pia，1920；茎孔藻族 Thyrsoporelleae Pia，1927；Elliott，1977 修改；三孔藻族 Triploporelleae Pia，1920；Bassoullet 等，1979 修改；Uterieae Morellet，1922；Bassoullet 等，1979 修改；蠕孔藻族 Vermiporelleae Saltovskaya，1987。共 21 个族。

时代分布：奥陶纪—现代。

族　细针藻族　Aciculelleae Bassoullet 等，1979

特征：叶状体呈串珠状、纺锤形或大头针状，它们具有相当明显的中央腔和时而较厚、时而较薄的钙质外壳；在叶状体内可见孢子囊的空腔。在鉴定该族的各个属时，这些孢子囊空腔的分布特征和其形状可作为区分的标志。中央腔呈圆柱状、球状或具有复杂的圆环（扩大和压扁交替出现）。

组成：细针藻属 *Aciculella* Pia，1930；拟纺锤藻属 *Atractyliopsis* Pia，1937；腔孢藻属 *Coelosporella* Wood，1940；全孢藻属 *Holosporella* Pia，1930；库立克藻属 *Kulikia* Golubtsov，1961；束缚孔藻属 *Sphinctoporella* Mamet and Rudloff，1972。

时代分布：早石炭世—晚三叠世。

在此族中，最具有特色的就是细针藻属 *Aciculella*，此属与本族内其他各属的区别在于各个孢子囊的外面都有薄的钙质包壳。在腔孢藻属 *Coelosporella* 内，其叶状体呈圆柱形，中空的中央腔呈球形，孢子囊腔呈球形到椭圆形，通常均向外开启。在库立克藻属 *Kulikia* 内，其叶状体呈串珠状，内有较宽大的中央腔（Golubtsov，1961；Pia，1930，1937；Wood，1940；Mamet and Rudloff，1972）。

族　泡沫孔藻族　Aphroporelleae Shuysky，1987

特征：与泡沫孔藻属 *Aphroporella* Gnilovskaya（1972）的描述相同。

组成：泡沫孔藻属 *Aphroporella* Gnilovskaya，1972。

时代分布：晚奥陶世卡拉独克期（Caradoc）。

族　具刺藻族　Batophoreae Valet，1969

特征：叶状体呈圆柱形，有多级的侧枝，最多可达 7 级。孢子囊内含有很多的孢子，且孢子囊很多，它们分布在第4级侧枝的节片内。

组成：具刺藻属 *Batophora* Agardh, 1854。

时代分布：现代。

族　圆柱孔藻族　Cylindroporelleae Pal, 1976

特征：叶状体呈圆柱形。有两个种的一级侧枝或有生殖能力或没有生殖能力。可能存在二级侧枝。

组成：圆柱孔藻属 *Cylindroporella* Johnson, 1954；土库曼斯坦藻属 *Turkmeniaria* Maslov, 1960；异孔藻属 *Hetroporella* Ott, 1968。

时代分布：三叠纪—白垩纪。

此族中典型的代表是圆柱孔藻属 *Cylindroporella* Johnson。此属具有圆柱形的叶状体，中央腔很窄小；侧枝有两种类型：一种侧枝很简单；而另一种侧枝则具有生殖能力，其末端有球形的孢子囊。此属的同义名可能是土库曼斯坦藻属 *Turkmeniaria* Maslov（图3.26《古生物学基础》，1963；Bassoullet等，1978）。

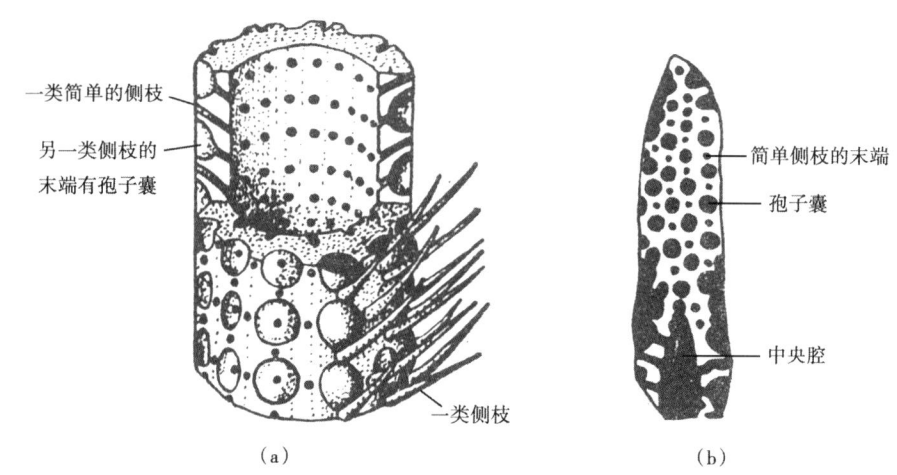

图3.26　圆柱孔藻属 *Cylindroporella*[土库曼斯坦藻属 *Turkmeniaria adducta*(Maslov)]的结构图（据《古生物学基础》，1963年）

(a) 叶状体复原再造图；(b) 叶状体的斜切面的特征图

此化石来自土库曼斯坦科佩特山脉的白垩纪岩层

族　粗孔藻族　Dasyporelleae Pia, 1920; Bassoullet 等, 1979 修改

特征：叶状体呈圆柱形或管形，较直或弯曲；叶状体很简单、不分叉或分叉。侧枝也不分叉，有时可分叉，它们向着外边缘方向直径不断地增大。钙化作用发生在各个侧枝之间，故侧枝在叶状体的外壁上均表现为小孔。

组成：粗孔藻属 *Dasyporella* Stolley, 1893；柱孔藻属 *Rhabdoporella* Stolley, 1893；*Mellporella* Racz, 1965；碳孔藻属 *Anthracoporella* Pia, 1920；*Edelsteinia* Vologdin, 1940；*Issinella* Reitlinger, 1954；乌拉尔藻属 *Uralella* Korde, 1957；斯卡兹孔藻属 *Scasyporella* Shuysky, 1987；卷枝藻属 *Ulocladia* Shuysky and Schirschova, 1987。

时代分布：早寒武世—中奥陶世。

在《古生物学基础》一书内，有一些属，如 *Issinella* Reitlinger, 乌拉尔藻属 *Uralella* Korde 已从此族中取消。在这两个属是否成立的最终解决以前，我们仍恢复这两个属。

族　双孔藻族　Diploporeae Pia, 1920; Bassoullet 等, 1979 修改

特征：叶状体呈圆柱形或呈大头针状，有时呈环节形，未见分叉。侧枝仅有一级，呈复杂的环带状分

布，即簇状分布。

组成：（1）双孔藻亚族 Diploporinae Pia，1920，此亚族的叶状体均呈圆柱状，只有一个双孔藻属 *Diplopora* Schafhäutl，1863。（2）韦莱比特藻亚族 Velebitellinae Vachard，1977，此亚族的叶状体均呈大头针状和环节状，它有三个属：韦莱比特藻属（克罗地亚韦莱比特山脉是迪纳拉山脉的组成部分）*Velebitella* Kochansky-Devide，1964；古韦莱比特藻属 *Eovelebitella* Vachard，1974；窗格孔藻属 *Windsoporella* Mamet and Rudloff，1972（图 3.27）。

在双孔藻属 *Diplopora* 内，其侧枝只有一级，它们都集中分布在环节之内，呈一簇一簇；这些侧枝在基部显得很密集，然后成为长而细的细条状。侧枝都是垂直于中央轴，并微微地往上翘起，它们都有各自的外壳。在韦莱比特藻属 *Velebitella* 内，其叶状体呈亚圆柱状，侧枝均集中分布在环带内，而这些环带都是一个连着一个。每一个侧枝可分化成一簇一簇的小侧枝，每一侧枝是由 5~8 个小侧枝或小孔组成，这些小侧枝向着远端明显地增大，并形成圆环。在这些圆环的中央具有穿孔的特征（图 3.27）（Bassoullet 等，1978；Kochansky-Devide，1964；Mamet and Roux，1975）。

时代分布：石炭纪—三叠纪。

对于此族的内容有不同的见解，因此这个问题还需要进行研究。在 Güvenc（1979）的论文内，他将此族分为 5 个亚族：

（1）双孔藻亚族 Diploporinae，该亚族包括两个属：双孔藻属 *Diplopora* Schafhäutl，棒孔藻属 *Clavapora* Güvenc，1979；

（2）康帝藻亚族 Kantiinae，该亚族只有一个属：康帝藻属 *Kantia* Pia；

（3）庞赛藻亚族 Poncetellinae，该亚族只有一个属：庞赛藻属 *Poncetella* Güvenc；

（4）艾伯塔孔藻亚族 Albertaporellinae，该亚族有三个属：艾伯塔孔藻属 *Albertaporella* Johnson，韦莱比特藻属 *Velebitella* Kochansky-Devide，小棒孔藻属 *Clavaporella* Kochansky and Herak；

（5）棒形气泡孔藻亚族 Clavaphysoporellinae，该亚族只有一个属：棒形气泡孔藻属 *Clavaphysoporella* Endo，1958 Güvenc 修改。

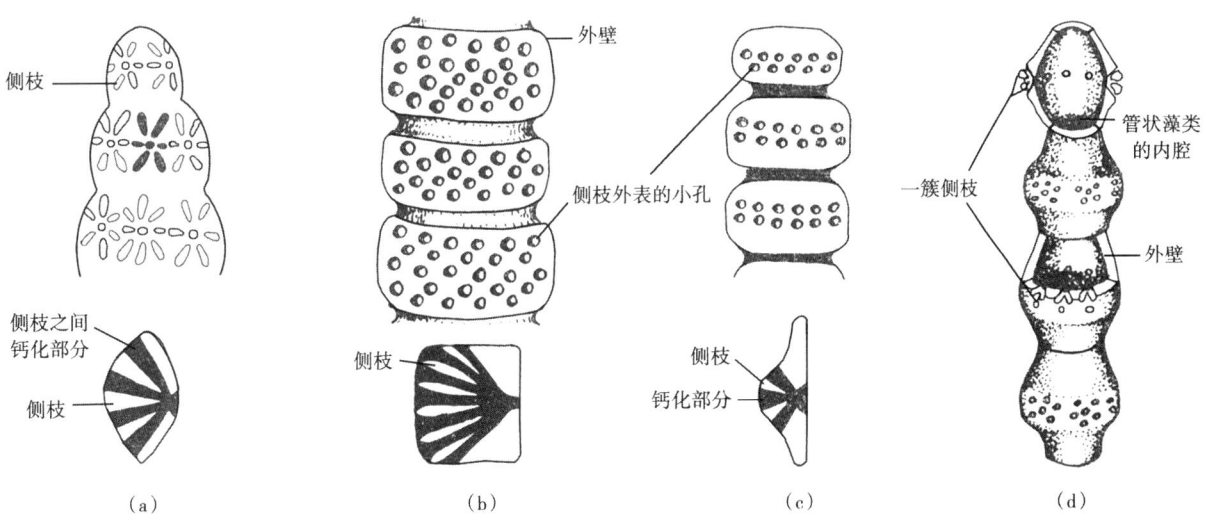

图 3.27 韦莱比特藻亚族 Velebitelleae Vachard 的一些代表属的叶状体形状和其侧枝分叉情况图

（a）窗格孔藻属 *Windsoporella*；（b）古韦莱比特藻属 *Eovelebitella*；（c）韦莱比特藻属 *Velebitella*（*Pseudovelebitella*）（据 Vachard，1980 年）；（d）韦莱比特藻属 *Velebitella simplicissima* Vachard 的复原再造图，这些化石来自北非利比亚晚白垩世

族　双枝藻族　Dissocladelleae Elliott，1977

特征：叶状体呈圆柱形到棒形，外壁很薄。侧枝很多，可分为一级和二级，一级侧枝较短，在一级侧枝的末端可分出四个形状相似的短枝，均为轮环状分布。

组成：双枝藻属 *Dissocladella* Pia，1936。

时代分布：三叠纪—始新世（Bassoullet 等，1978）。

族　费尔干纳藻族　Ferganelleae Maslov，1955

特征：钙质的孢子囊柄，有末端；内部是空心的，外面呈浮雕状突起；外表有一系列加粗的环带。

组成：费尔干纳藻属 *Ferganella* Maslov，1955。

时代分布：古新世。

族　圆孔藻族　Gyroporelleae Pal，1976；Bassoullet 等，1979 修改

特征：圆孔藻的叶状体接近于椭圆形或拉长的圆柱形，有时具有深凹的收缩和原始的分节。侧枝较简单，分布无次序或汇集成环带。侧枝的末端明显扩大，呈球形、多角状的球形、大头针状或锥形。

组成：（1）圆孔藻亚族 Gyroporellinae Berchenko，1987：其特征是侧枝的末端可扩张成球形，代表属为：圆孔藻属 *Gyroporella* Gümbel，1874；哥伦比亚藻属 *Columbiapora* Mamet，1974；远藤藻属 *Endoina* Korde，1965；二叠缠绕藻属 *Permoperplexella* Elliott，1968。（2）大孔藻亚族 Macroporellinae Pia，1920；Bassoullet 等，1979 修改：该亚族的特征是其侧枝的末端呈锥形增大，代表属为大孔藻属 *Macroporella* Pia，1912；因特姆尔藻属 *Intermurella* Elliott，1972（图 3.28）。

时代分布：二叠纪—三叠纪。

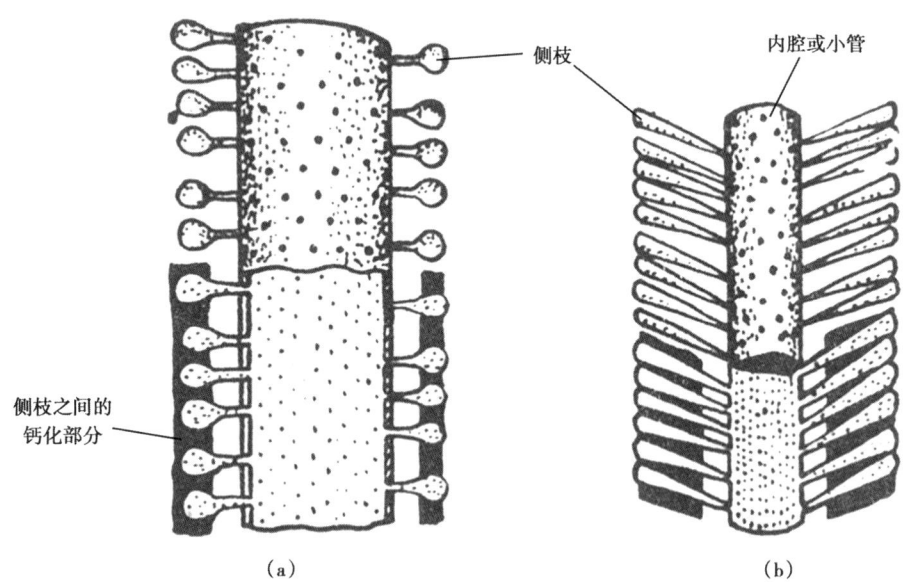

图 3.28　圆孔藻亚族 Gyroporelleae Pal 内的代表属形态结构图

(a) 圆孔藻属 *Gyroporella vesiculifera* Gümbel，此化石来自阿尔卑斯山脉的三叠纪（Pia，1920）；

(b) 大孔藻属 *Macroporella alpina* Pia，此化石来自阿尔卑斯山脉的三叠纪（Pia，1912）

族　蠕藻族　Neomereeae Pia, 1920; Bassoullet 等, 1979 修改

特征：叶状体呈圆柱形、串珠形或小槌状（末端呈小球）。侧枝呈环带状分布，可分为一级和二级。孢子囊呈离散状分布，一般分布于一级侧枝内。该族内典型的代表属是：蠕藻属 *Neomeris* 和波纹藻属 *Cymopolia*（《古生物学基础》，1963；Bassoullet 等，1978；Varma，1955；Maslov and Yartseva，1969）。

组成：（1）蠕藻亚族 Neomerinae Pia, 1927；Bassoullet 等, 1979 修改：该亚族的叶状体呈圆柱形，其侧枝可分为一级和二级，包括下列各属：蠕藻属 *Neomeris* Lamouroux, 1816；蒙蒂藻属 *Montiella* Morellet, 1922；莫瑞莱特藻属 *Morelletina* Maslov, 1969；印度藻属 *Indopolia* Pia, 1936；勒莫因藻属 *Lemoinella* Morellet, 1913。（2）波纹藻亚族 Cymopoliinae Pia, 1927；Bassoullet 等, 1979 修改：该亚族的叶状体呈串珠状，其侧枝可分为一级和二级，包括下列各属：波纹藻属 *Cymopolia* Lamouroux, 1816；卡勒藻属 *Karreria* Munier-Chalmas, 1877；假波纹藻属 *Pseudocymopolia* Elliott, 1970。（3）莫瑞莱特藻亚族 Morelletporinae Varma, 1955：该亚族的叶状体呈串珠状或圆柱状，其侧枝仅有一级，包括下列各属：莫瑞莱特孔藻属 *Morelletpora* Varma, 1955；小皮亚藻属 *Piania* Gowda, 1959；*Sakkionella* Segonzac, 1970。

时代分布：白垩纪—现代。

族　帕克藻族　Parkerelleae Genot, 1978

特征：有钙质的孢子囊柄，十分简单，其内部是空腔，无孢子或孢子在石化成化石时未能保存。这些孢子囊柄均分布在侧枝的一侧。

组成：帕克藻属 *Parkerella* Morellet, 1922；卡彭特藻属 *Carpenterella* Munier-Chalmas, 1877；*Jodotella* Morellet, 1913。

时代分布：古新世—始新世。

对于该族的典型代表是帕克藻属 *Parkerella*。此属具有管形的叶状体，它是由交替分布的圆环组成，圆环成对出现。这两个相邻圆环的每一个组合相当于一个轮环，在圆环的结合处可见一系列的圆形孢子囊；这些孢子囊均分布于圆环的壁内，而各个孢子囊与每一个放射状的沟道呈对称分布。就本身结构来说，帕克藻 *Parkerella* 很相似于 *Jodotella*，但与其不同之处在于它的圆环并没有连接成致密的长管。此外，球形的孢子囊和不分叉的放射状的沟道也与 *Jodotella* 不同（Munier-Chalmas，1887）。

族　原始珊瑚藻族　Primicorallineae Pia, 1920

特征：原始珊瑚藻的叶状体呈棍子状、圆柱状。侧枝只有一级，较长，但很稀少，一般呈圆柱形，分叉并无规律。每一个侧枝都是分叉两次，最后形成了四个短分枝；这些短分枝的末端显尖而细，钙化较弱。

组成：原始珊瑚藻属 *Primicorallina* Whitfield, 1894；丽楔藻属 *Callisphenus* Hoeg, 1937；类绢丝藻属 *Callithamniopsis* Whitfield, 1894。

时代分布：奥陶纪。

在原始珊瑚藻属 *Primicorallina* Whitfield 内，一级侧枝分布没有规律，很长，且呈圆柱状；每一个侧枝都是分叉两次，最后形成了四个短分枝，钙化很弱。此属从侧枝分叉的情况来看，它与粗枝藻属 *Dasycladus* 很相似，但是不同之处在于短分枝的分布状况，它们并没有形成轮环状，而且也缺失孢子囊（Pia，1927）。

族　古孔藻族　Palaeoporelleae Shuysky, 1987

特征：叶状体呈圆柱状的块状体，有时具分节状。叶状体内有一个中央茎或中央管，中央茎伸出许多

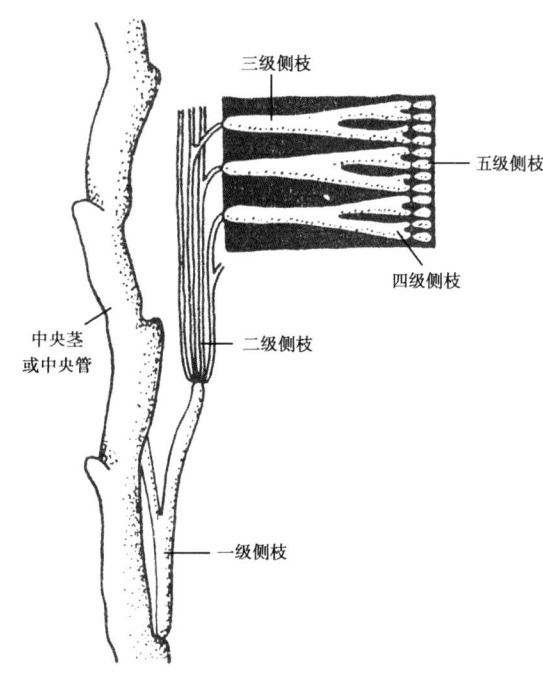

图3.29 古孔藻属 *Palaeoporella variabilis* Stolley 叶状体的结构示意图（据 Kozlowski and Kazmierczak，1968年）

可见中央的粗管和分布在边缘的侧枝；侧枝可分为5~6级；侧枝之间的钙化区以黑色表示，×50；此化石来自斯堪的纳维亚半岛的奥陶纪

侧枝；这些侧枝向上翘起，并往外伸展；它们可分成三级到四级，钙化只发生在最边缘的侧枝之间。

组成：古孔藻属 *Palaeoporella* Stolley，1893；分开孔藻属 *Diversoporella* Gnilovskaya，1972（图3.29）。

时代分布：中奥陶世和晚奥陶世。

关于上述这些属的详细描述可查阅 Gnilovskaya，1972；Saltovskaya，1975。

族　轮环藻族　Rotelleae Shuysky，1987

特征：叶状体的中央有圆柱状的中央茎或中央管，由此伸出侧枝；这些侧枝聚集在若干个轮环之内。每一个侧枝都有各自的钙质外壳，呈漏斗状。有时可见漏斗状的外边缘彼此相连，这样在叶状体的外面就出现了许多孤立分布的小孔。

组成：友好藻属 *Amicus* Maslov，1956；轮环藻属 *Rotella* Shuysky and Schirschova，1987；帕尔马藻属 *Parmiella* Schirschova，1985。

时代分布：早泥盆世和中泥盆世。

Maslov（1956）建立了一个族：锥形孔藻族 Conoporelleae，其内包含了一个友好藻属 *Amicus*。分出这个族是不现实的，因此提出了这个新的描述。关于友好藻属 *Amicus* 和轮环藻属 *Rotella* 叶状体的结构和它们的区别可从插图中观察到（图3.30），也可从轮环藻属 *Rotella* 的描述中看出。至今，对于帕尔马藻属 *Parmiella* 的状况仍不清楚（图3.31）。此属在叶状体的边缘缺失漏斗状的沟道，但有充分的根据，推测此属是友好藻属 *Amicus* 发育阶段中的某一阶段。

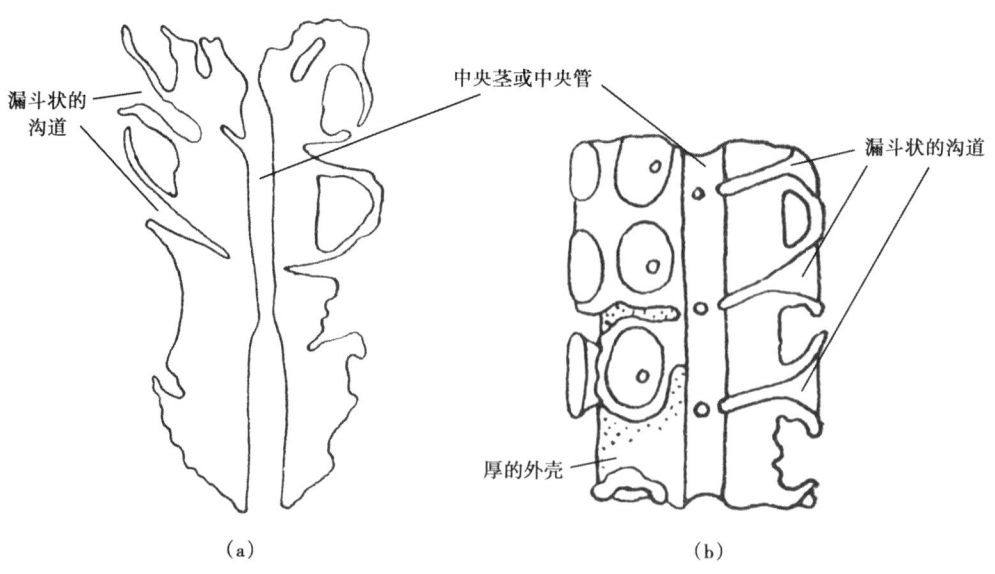

图3.30 友好藻属 *Amicus fortunatus* Maslov 的结构和形态示意图

（a）沿着叶状体轴部的切面；（b）复原再造图，此化石来自原苏联萨莱尔（Salair）的早泥盆世

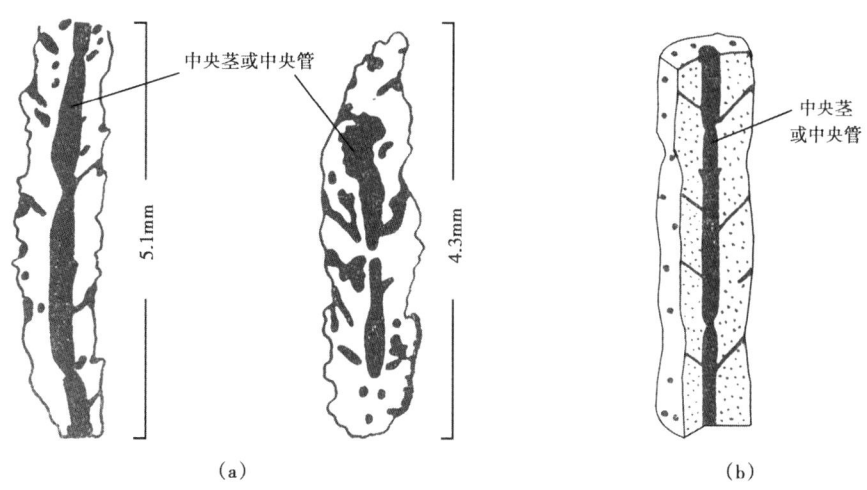

图 3.31　帕尔马藻属 *Parmiella collucata* Schirschova 的形态和结构示意图
（a）叶状体的纵切面；（b）复原再造图，此化石来自于乌拉尔地区的早泥盆世晚期

族　号角孔藻族　Salpingoporelleae Bassoullet 等，1979

特征：叶状体呈不分叉的圆柱形，外缘波状起伏。侧枝仅有一级，呈倾斜的梨状，而有时则为花朵状和头发丝状或纤维状。中央轴部也呈圆柱形。

组成：（1）少孔藻亚族 Oligoporellinae Bassoullet 等，1979，该亚族的分子具有头发丝状，有时则为梨状的侧枝，所包含的属有少孔藻属 *Oligoporella* Pia，1912；坎贝尔藻属 *Campbelliella*（Radoičič，1959）Bernier，1974；新梭孔藻属 *Neoteutloporella* Bassoullet 等，1978；囊孔藻属 *Physoporella* Steinmann，1903。（2）号角孔藻亚族 Salpingoporellinae Bassoullet 等，1979，该亚族的分子具有花朵状的侧枝，它所包含的属有：号角孔藻属 *Salpingoporella*（Pia，1918）Conard，1969；安纳托利亚藻属 *Anatolipora* Konishi，1956；*Salopekiella* Milanovič，1965；*Unella* Poncet，1974；*Uragiella* Pia，1925；科钦恩斯基藻属 *Kochanskyella* Milanovič，1974；新圆孔藻属 *Neogyroporella* Yabe and Toyama，1949。

时代分布：石炭纪—白垩纪。

对于此族来说，最典型的代表是少孔藻属 *Oligoporella* 和号角孔藻属 *Salpingoporella*。少孔藻属 *Oligoporella* 的叶状体呈简单的圆柱形，其侧枝只有一级，侧枝的远端明显地收缩变小，并斜向往上伸展。而号角孔藻属 *Salpingoporella* 也具有相同的叶状体，但其侧枝呈花朵状，均垂直于中央茎分布，有时则微微地往上倾斜伸展。这些侧枝的末端直径增大（Pia，1920；Bassoullet 等，1978）。

族　特尔奎姆藻族　Terquemelleae Pia，1927

特征：此族的分子只有孢子囊能被钙化，并保存为化石状态。这些孢子囊具有透镜状、圆盘状、小球状及锥形等。

组成：特尔奎姆藻属 *Terquemella*（Munier-Chalmas，1877）Morellet，1913；链条藻属 *Catellaria* Maslov，1955；小瓶藻属 *Ollaria* Maslov，1955。

时代分布：白垩纪—第三纪。

对于特尔奎姆藻属 *Terquemella* 来说，它是以孢子囊的形状作为特征，这些孢子囊呈钙质的小饼或小片或呈为椭圆形的透镜体，靠近这些孢子囊的外表面可见一系列的球形孢子腔（《古生物学基础》，1963）。

族　梭孔藻族　Teuloporelleae Pia，1920

特征：叶状体较大、叶状体不分叉，显示很长的圆柱形。侧枝很多、细长，在其末端呈头发丝状；这些侧枝分布无规律或集中在各个轮环之内。从周期性相继发育的各个轮环来看，这些侧枝的形状出现多次变化。孢子囊分布于轴部的中央茎内。

组成：梭孔藻属 *Teutloporella* Pia，1912；Bassoullet 等，1978 修改；细孔藻属 *Litopora* Johnson，1964。

时代分布：早泥盆世—中三叠世。

在梭孔藻属 *Teutloporella* 内，叶状体呈圆柱状，不分叉。侧枝呈不规则的分布或集中于各个轮环内；侧枝很多，且较长；表现为像头发丝那样的纤细（图 3.32）。至于细孔藻属 *Litopora*，其孢子囊呈亚球状（已钙化），它们分布在叶状体的轴部的表面（Shuysky，1973；Bassoullet 等，1978）。

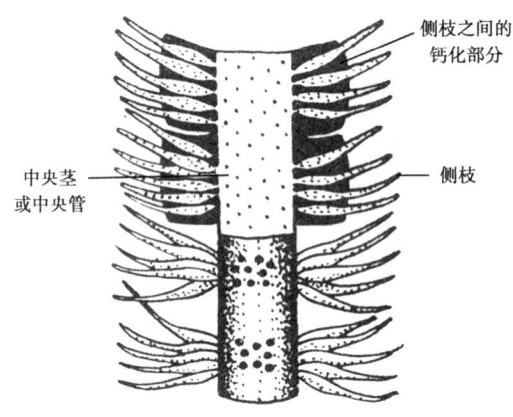

图 3.32　梭孔藻属 *Teutloporella hirsute* Pia 叶状体复原再造图（据 Pia，1937 年）

此化石来自三叠纪，×10

族　茎孔藻族　Thyrsoporelleae Pia，1927；Elliott，1977 修改

特征：叶状体呈管形或串珠状，外壁很厚。侧枝可分为 1~6 级，显示突起，很可能起生殖作用。

组成：茎孔藻属 *Thyrsoporella* Gümbel，1972；贝氏藻属 *Belzungia* Morellet，1908；*Dobunniella* Elliott，1975；因佩里藻属 *Imperiella* Elliott，1975；*Placklesia* Bilgutay，1968。

时代分布：二叠纪—始新世。

茎孔藻属 *Thyrsoporella* 的特征是叶状体具有圆柱形、管形，由环形的分节组成，但这些分节彼此相连。从其内腔（中央茎或中央轴部）向着外面伸出许多长的沟道，这些沟道时而很直，时而扩大成为口袋形。此外，还有一类小的沟道，它们也是从里面向着外面延伸，呈小灌木丛状。这些小的沟道都是分布在大型沟道的末端，并向外伸展到外表面。

族　三孔藻族　Triploporelleae Pia，1920；Bassoullet 等，1979 修改

特征：叶状体呈圆柱状、大头针状或球状的分节。侧枝可分为两级；第一级侧枝一般显示突起；第二级侧枝呈为花朵状，它们都是成束分布。可能存在第三和第四级的侧枝。孢子囊分布于第一级的侧枝内。

组成：（1）粗枝藻亚族 Dasycladinae（Pia，1920），已被 Bassoullet 等，1979 修改，此亚族的特征是侧枝可分为 1~4 级；能生殖的孢子囊不含孢子或有许多孢子；这些孢子囊均分布在一级侧枝内。此族所包括的属有：粗枝藻属 *Dasycladus* Agardh，1827；绿枝藻属 *Chlorocladus* Sonder，1871；始粗枝藻属 *Eodasycladus* Cros and Lemoine，1966；古粗枝藻属 *Palaeodasycladus* Pia，1927。（2）线孔藻亚族 Linoporallinae

Pia，1927，已被 Bassoullet 等，1979 修改，此亚族的特征是侧枝非常细。此族包含了下列各属：线孔藻属 *Linoporella* (Steinmann, 1899) Bassoullet 等，1978；海拉克藻属 *Herakella* Kochansky-Devide, 1970；五形孔藻属 *Pentaporella* Senowbari Daryan, 1978；*Suppiluliumaella* Elliott, 1968；*Cabrieropora* Mamet and Roux, 1975；连接藻属 *Connexia* Kochansky-Devide, 1970。(3) 石刻藻亚族 Petrasculinae Pia, 1920，已被 Bassoullet 等，1979 修改，只有那些位于叶状体边缘、后面几级侧枝，呈槌子状的部分才能被钙化。此亚族只有一个属：石刻藻属 *Petrascula* (Gümbel, 1873) Pia, 1920。(4) 三孔藻亚族 Triploporellinae Pia, 1920，已被 Bassoullet 等，1979 修改，此亚族的特征是一级侧枝很发育，且相当大。它包含了下列各属：三孔藻属 *Triploporella* (Steinmann, 1880) Bassoullet 等，1978；尖孔藻属 *Acroporella* (Praturlon, 1964) Praturlon and Radoicic, 1974；艾伯塔孔藻属 *Albertaporella* Johnson, 1966；巴尔坎藻属 *Balkhanella* Srivastava, 1973；*Broeckella* Morellet, 1922；小棒孔藻属 *Clavaporella* kochansky and Herak, 1960；*Crinella* Sokač and Nikler, 1973；迪纳尔藻属 *Dinarella* Sokač and Nikler, 1969；真连结孔藻属 *Euspondyloporella* Sokač and Nikler, 1973；*Fanesella* Cros and Lemoine, 1966；日孔藻属 *Helioporella* Sokač and Nikler, 1973；黑山藻或蒙特内格鲁藻属 *Montenegrella* Sokač and Nikler, 1973；*Pekiskopora* Mamet, 1974；*Sarosiella* Segonzac, 1972；中华藻属 *Sinoporella* Yabe, 1949；*Tersella* Morellet, 1951；三枝藻属 *Trinocladus* Raineri, 1922；早管藻属 *Orthriosiphon* Johnson and Konishi, 1956；类早管藻属 *Orthriosiphonoides* Petryk, 1972；伊夫杰利藻属 *Ivdelipora* Shuysky and Schirschova, 1987。

时代分布：泥盆纪—现代。

此族内，典型的代表是三孔藻属 *Triploporella* (Steinmann, 1880)，叶状体呈小槌状，它具有管形的一级侧枝。这些侧枝末端膨大突起，它起着包含孢子囊的作用。从这些突起的末端长出许多短的、丝体状的二级侧枝。在线孔藻属 *Linoporella* (Steinmann, 1899) 内，其最初的、一级侧枝呈环带状分布，而次级侧枝，即二级侧枝都呈一束一束状的分布。至于第三级的侧枝都是呈二分叉的分裂。对于 *Petrascula* 一属的特征，它与前面两个属的区别在于其钙化作用只发生在侧枝的最远端的槌子状末端（Bassoullet 等，1978）。该族的其他代表则示于图 3.33~图 3.35。

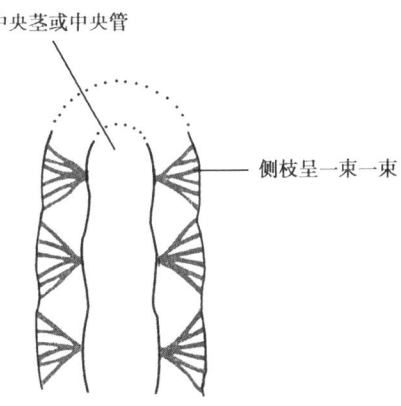

图 3.33 艾伯塔藻属 *Albertaporella* Johnson 内各个侧枝的分布状况图（据 Mamet and Rudloff, 1972 年）

族 Uterieae Morellet, 1922；Bassoullet 等，1979 修改

特征：叶状体呈圆柱状，有时则呈串珠状。侧枝集中聚集在轮环之内，而这些侧枝可清楚地分成无生殖能力的侧枝和有生殖能力的侧枝；它们交替轮换出现于各个轮环内。生殖器官的位置尚未确定。

组成：*Uteria* Michelin, 1845；导管孔藻属 *Angioporella* Masse, Conrad and Radoičič, 1973。

时代分布：白垩纪—始新世。

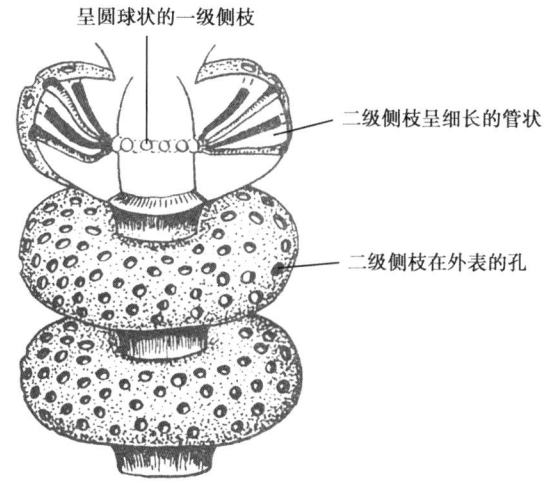

图 3.34　小棒孔藻属 Clavaporella Kochansky and Herak 叶状体的复原再造图（据 Vachard，1980 年）
最上面的分节显示出垂直切面，可见一级圆球形侧枝和二级细长的管形侧枝

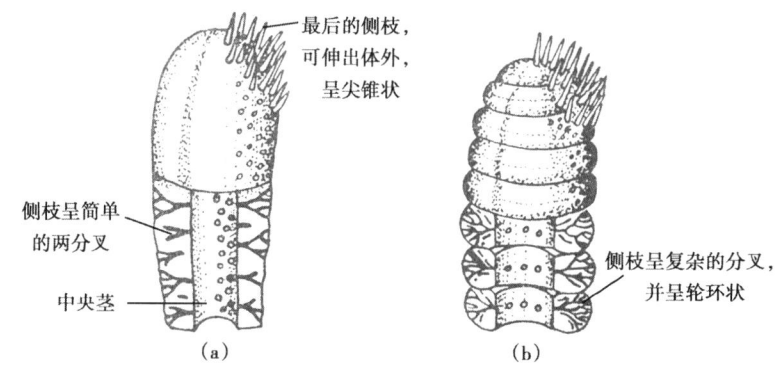

图 3.35　早管藻属 Orthriosiphon Johnson and Konishi（a）和类早管藻属 Orthriosiphonoides Petryk（b）
叶状体的复原再造图（据 Bassoullet 等，1983 年）

在 Uteria Michelin 一属内，钙质的、中央为空腔的叶状体呈圆筒状，有管形的中轴穿过此圆筒形的叶状体，此中轴的两端均向外开启（Genot，1980）。

族　蠕孔藻族　Vermiporelleae Saltovskaya，1987

特征：叶状体呈圆柱形、有时呈弯曲的圆柱形，叶状体可分叉；叶状体显示有规律的扩大和收缩。侧枝有三级，它们都是集中分布于各个轮环内。钙化部分只发生在第三级侧枝之间的空间内，而第三级侧枝的顶部出现在叶状体的表面，它们时而隆起，时而低凹。钙化侧枝具有不同的形状，一般细而长，其末端均扩大，呈喇叭形，有时则为两端呈喇叭形的扩大，中间收缩。生殖器官位于中央腔之内。

组成：蠕孔藻属 Vermiporella Stolley，1893；诺万泰藻属 Novantiella Elliott，1972；哈萨克斯坦藻属 Kazakhstanelia Korde，1957。

时代分布：奥陶纪。

此族的典型代表是蠕孔藻属 Vermiporella Stolley，其叶状体呈圆柱状或弯曲的圆柱形，可分叉。轴部较宽大。侧枝有三级，都很简单，各级侧枝未见分叉现象。侧枝很多，其形状很不相同，但分布较均匀。从同一个标本来说，这些侧枝的形状和大小是比较稳定的（图 3.15）。

近年，蠕孔藻属 Vermiporella，从第三级侧枝呈环状分布的新资料来看（Gnilovskaya，1972；Kozlowski and Kazmierczak，1968），不认为它是粗枝藻科（Dasycladaceae）的原始的祖先，而是该科系统发育的开始阶段（Pia 1920；Kamptner，1958）。

科　伞藻科　Acetabulariaceae（Endlicher）Hauck，1884

特征：叶状体是由中央不分叉的中轴和呈轮环状分布的侧枝组成；这些轮环只有一个或有数个。分布在轮环上的侧枝有时能连接成圆盘或雨伞。孢囊均已钙化，分布在轴部、能生殖的圆盘内或轮环内。钙化的包壳不仅覆盖在中央轴之外，而且还覆盖在各个侧枝之外。

组成：伞藻族 Acetabularieae Decaisne，1842；盾形藻族 Clypeineae Elliott，1968；Bassoullet 等，1979 修改；海棍藻族 Halicoryneae Valet，1969；Luliporeae Shuysky，1984。

时代分布：泥盆纪—现代。

族　伞藻族　Acetabularieae Decaisne，1842

特征：叶状体具有一个有生殖能力的圆盘或轮环，此圆盘是由彼此分离的侧枝组成；这些侧枝具有孢子囊。各个孢子的外面都有钙质包壳。

组成：伞藻属 *Acetabularia* Lamouroux，1816；尖针藻属 *Acicularia* d´Archiac，1843；定向孔藻属 *Orioporella* Munier-Chalmas，1877。

时代分布：古新世—现代。

族　盾形藻族　Clypeineae Elliott，1968；Bassoullet 等，1979 修改

特征：在此叶状体中央轴的外面分布着几个轮环。这些轮环是由一级侧枝组成，有时可见二级侧枝，偶尔可出现三级侧枝。钙质包壳既覆盖着中央轴，又覆盖着各个侧枝。

组成：盾形藻属 *Clypeina* Michelin，1845；射孔藻属 *Actinoporella*（Gümbel，1882）Conrad 等，1974；古盾形藻属 *Eoclypeina* Emberger（Bassoullet 等，1979）；假盾形藻属 *Pseudoclypeina* Radoičič，1969；马斯洛夫孔藻属 *Masloviporella* Kulik，1973；钩形藻属 *Hamulusella* Elliott，1978；普拉图隆藻属 *Praturlonella* Barattolo，1978；研钵藻属 *Coticula* Shuysky and Schirschova，1987。

时代分布：早泥盆世—古新世。

钩形藻属 *Hamulusella* 和普拉图隆藻属 *Praturlonella* 两个属归入到此族的依据是它们的形态与马斯洛夫孔藻属 *Masloviporella* 的形态很相似。但是，在 Bassoullet 等，1979 的研究中，他们将这两个属归入到号角孔藻族 Salpingoporelleae 内。至于研钵藻属 *Coticula*，它与本族的典型代表有某些区别，尤其是中央腔并不是呈圆柱状，而是椭圆形。这三个属有可能单独成立一个特别的亚族。

族　海棍藻族　Halicoryneae Valet，1969

特征：叶状体具有无生殖能力的轮环和有生殖能力轮环，它们交替出现在中央轴的周围，有时可密集地分布在中央轴的周围。

组成：海棍藻属 *Halicoryne* Harvey，1859；喙孔藻属 *Rostroporella* Segonzac，1971。

时代分布：古新世—现代。

族　Luliporeae Shuysky，1984

特征：叶状体的侧枝聚集在一起，呈密集的环带，可成为 2~4 个聚集区。钙化的包壳既包围着中央

轴，也覆盖了各个侧枝。

组成：吉萨尔藻属 Gissarella Saltovskaya，1979；Lulipora Shuysky，1984。

时代分布：早泥盆世—晚石炭世。

本族的典型的代表是 Lulipora Shuysky，此藻类是从俄罗斯乌拉尔近极区采得的（图3.36）。该属的侧枝聚集成轮环，可组成3~4个环带；各个侧枝都是分离的，它们都有各自的钙质包壳。而在吉萨尔藻属 Gissarella 内，有由侧枝组成的轮环成双出现，并组成了环带（图3.37）。各个侧枝都是以与中央轴成锐角方向往上伸展，并且明显地聚集在一起，因而形成了漏斗状。Saltovskaya 将此属归属于双孔藻族 Diploporaeae Pia 内。

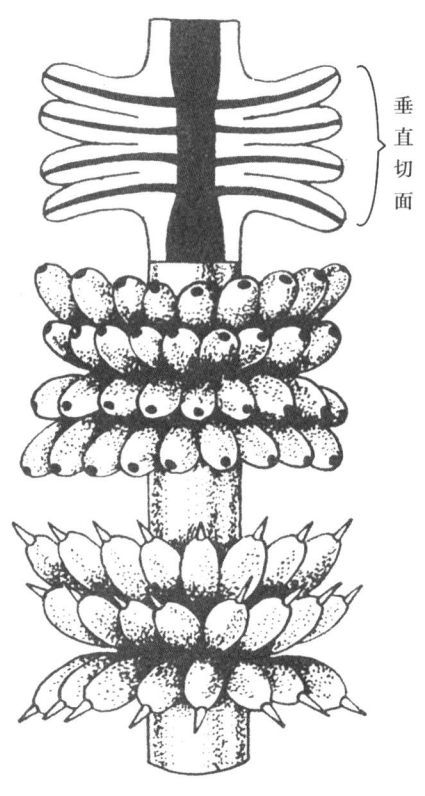

图3.36 Lulipora shatrovi Shuysky 叶状体的复原再造图

可见其中轴和各个侧枝的状况，此标本来自于乌拉尔的早泥盆世，×25

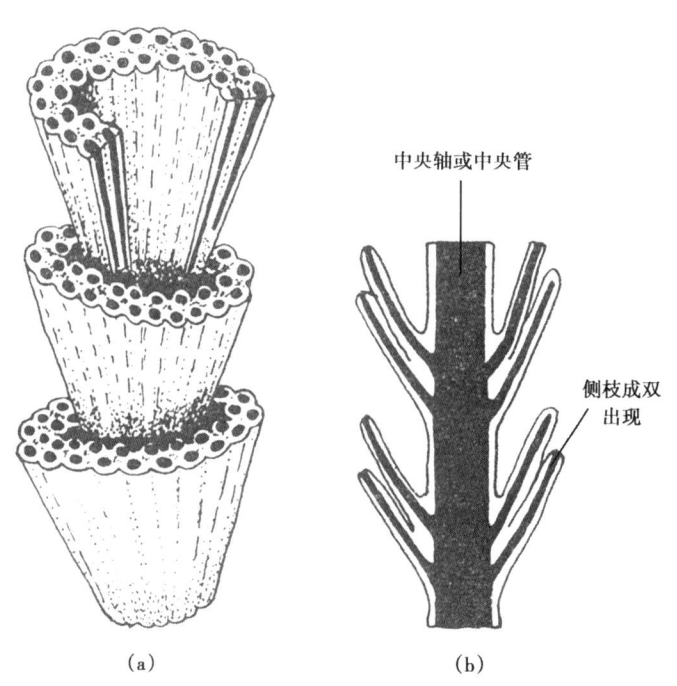

图3.37 吉萨尔藻属 Gissarella elegantula Saltovskaya 的形态和结构示意图

(a) 叶状体的复原再造图；(b) 经过两个环带的纵向切面，可见中央轴和成对出现的侧枝。此标本来自于塔吉克斯坦的吉萨尔山脉的晚石炭世，×30

3.6 管枝藻目 Siphonocladales (Blackm. and Tansl.) Oltm., 1904

3.6.1 管枝藻目的概述

在世界古生代地层内，尤其在晚泥盆世到晚石炭世地层内，广泛分布着一类特殊的藻类。这些藻类表现为钙质小管，而这些小管的一部分具有钙化的横隔板或整个小管内分布着横隔板。这些藻类的特征变化很大，它包括30个属，共有50个种（Shyusky，1985）。在这些属中，某些属显然是同义名。然而，正如我们前面那样处理，我们有意避开这些问题，这是因为这些问题需要在各个具体的情况下进行详细的分析。

这些分节的、具有横隔板的藻类的分类位置极其混乱，在此藻类内包括：卡马藻属 *Kamaena* Antropov，别立兹藻属 *Beresella* Machaev，德维纳藻属 *Dvinella* Chvor.，乌拉尔藻属 *Uraloporella* Korde 及其他属种。对于这些属一般均被归入于粗枝藻内（Antropov，1967；Maslov，1956；Maslov and Korde，1963；Maslov and Kulik，1956；Korde，1950）。但是，顿涅茨克藻属 *Donezella* Maslov，它首次描述时就传统地归置于红藻内（Maslov，1929，1956；《古生物学基础》，1963；Kulik，1973；Berchenko，1983），而寒武纪的昆达特藻属 *Kundatia* Korde 也被归置于红藻内（korde，1973）。

具有横隔板（呈环带式）的管状藻类，现在人们知道它们均置于古别立兹藻 Palaeoberesellid 或卡马藻 Kamaenid 这些集合名称之下。在原苏联，长期以来认为它们是有疑问的有孔虫，如小节房虫属 *Nodosinella* Brady 和 *Moravammina* Pokorny。在 Antropov（1967）用新的名称——卡马藻属 *Kamaena* Antropov 对它们进行描述以后，这些藻类已被承认为管枝藻类。而 Antropov（1967）将自己所建立的新属只与小碳孔藻属 *Antracoporellopsis* Maslov（1956）进行比较。但是，古别立兹藻 Palaeoberesellid 则与下列这些有孔虫：*Moravammina* Pokorny，*Kettnerammina* Pokorny，*Litaya* Byk.，*Evlania* Byk. 等很相似，而与它们进行比较研究，严格地说尚未进行。因此，它们的系统分类位置和成因问题仍然不清楚。在这方面，因为把 Moravamminid 一类的有孔虫归属于古别立兹藻 Palaeoberesellid 是极有可能的，这还需要专门的研究。

对于古别立兹藻 Palaeoberesellid，顿涅茨克藻 Donezellid，别立兹藻 Beresellid，乌拉尔藻 Uraloporellid 及一系列其他的藻类和有关的无脊椎动物，对它们的分类位置，Termier 等（1975，1977）曾进行了彻底的审查。在过去10年，可以说从1975年开始，他们顽强地宣传自己的分类系统。根据他们的分类方案，上述这些生物应归入海绵。Termier 等（1975，1977）将下列这些生物，如现代海绵、古板海绵属 *Palaeoaplysina*、层孔海绵、串管海绵 Sphinctozoan、刺毛海绵 Chaetetid、钙扇藻，如钙叶藻属 *Calcifolium*、许多红藻及所有已被命名的管形残骸均归入于强壮海绵亚门（Ischyrospongia），并将这些生物分别安排为纲、目和更小的分类单位。

对于管状分节的和某些管状不分节的藻类，Termier，G.，Termier，H. and Vachard，D.（1975，1977）均置于 Moravamminida 目之下。但是，在此目的内容内，很难发现任何统一的分类原则。如在 Kettneramminidae 一科内，既包括了分节的 *Kettnerammina*，也包括了无横隔板的 *Vasicekia*，*Issinella*。而在古别立兹藻 Palaeoberesellid 一类的藻类内，大部分的分子归属于古别立兹藻亚科 Palaeoberesellinae。而小卡马藻属 *Kamaenella*，它与卡马藻属 *Kamaena* 的区别只是各个轮环之间的距离有所不同；他们将此新属归置于顿涅茨克藻亚科 Donezellinae。

尽管上述的分类系统，即 Termier，G.，Termier，H. and Vachard，D.（1975，1977）的分类方案，存在着明显的缺点，但除了在原苏联以外的其他国家内，此分类系统仍获得了一些共鸣。我们经常能听到什么"藻类式的海绵""假藻类"（Algospongia，Pseudoalgae）等词。在 Bassoullet 等（1979）的分类系统内，他们已经将一切具有横隔板的藻类从粗枝藻类内排除出去了。

对于古别立兹藻 Palaeoberesellid，顿涅茨克藻 Donezellid，别立兹藻 Beresellid，乌拉尔孔藻 Uraloperellid 的藻类，根据它们的基本特征，仍是管状绿藻的分子。对于上述这些藻类，要想在生物界的分类体系内寻找到其他的位置，不能从任何内部需要出发来进行。

把古代、分节的管状藻类与现代、假细胞状的管枝藻进行比较，从它们形态上极其相似性来说，是能够得到人们相信的。

在许多古别立兹藻 Palaeoberesellid 的藻类内，其横隔板的中央，可以清楚地见到纵向的裂孔；这些裂孔可以认为是相邻分节外壳接头的痕迹（图 3.38、图 3.39）。在乌拉尔孔藻 Uraloporellid 一类的藻类内，可以见到致密的、由两层壁组成的横隔板（Saltovskaya，1984）。在古代和现代的属种内，叶状体结构的各个细节是很相似的。同时，开始生长阶段也很相似。在一个薄片内，经常见到缺乏分节的管枝藻——*Issinella* 和 *Vasicekia* 与古别立兹藻 Palaeoberesellid 的藻类一起产出。有可能这些化石，即 *Issinella* 和 *Vasicekia* 代表古别立兹藻 Palaeoberesellid 发育过程中的管形阶段。

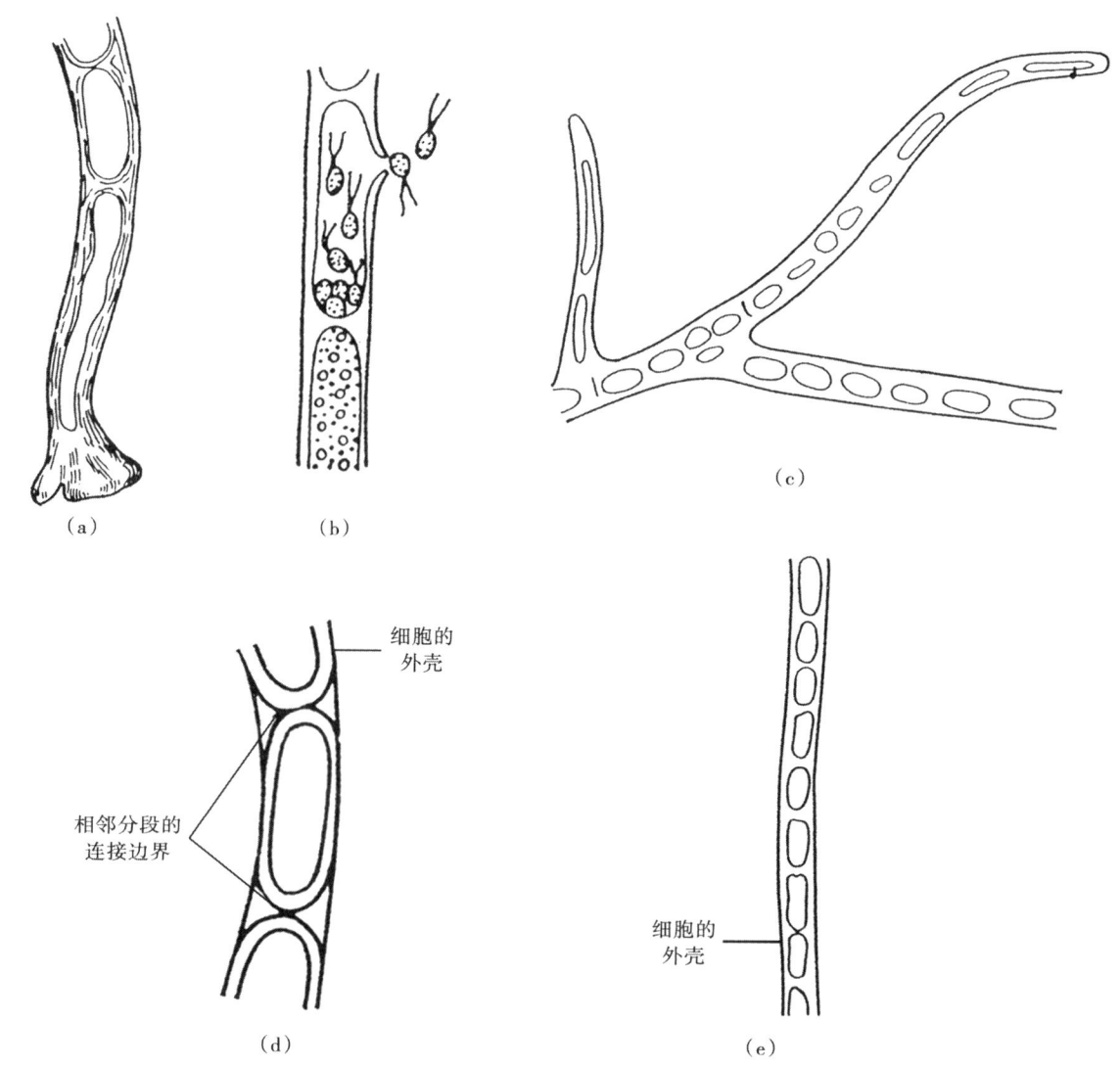

图 3.38　现代管枝藻的结构图

(a) 硬毛藻属 *Chaetomorpha* Kütz. 叶状体基底图，它带有生长初期阶段的残留物（《植物的生命》，1977）；

(b) 刚毛藻属 *Cladophora* Kütz. 结构图，可见营养细胞和成熟的配子囊，配子从外壁上的口子向外溢出（《植物的生命》，1977）；

(c) 根枝藻属 *Rhizoclonium riparium* (Roth.) Harv. 的一段叶状体，表示其一般的面貌（Vinogradova，1979）；

(d) 硬毛藻属 *Chaetomorpha* Kütz. 叶状体断裂以后的一段丝体图（《植物的生命》，1977）；

(e) 根枝藻属 *Rhizoclonium implexum* (Dillw.) Kütz. 的一段丝体图，可见横隔板变窄的现象（《植物的生命》，1977）

某些研究者将现代的管枝藻提升为管枝藻纲 Siphonocladophyceae，此纲又分为以下三个目：管枝藻目 Siphonocladales，刚毛藻目 Cladophorales，环藻目 Sphaeropleales（Vinogradova 等，1980）。在上述各目中，第一个目的分子都是海洋的属种，而第二个目都是淡水的藻类。在 Zinova（1967）的分类中，她把管枝藻的藻类生物归入于管枝藻目 Siphonocladales 和刚毛藻目，而这些目都归属于绿藻纲 Chlorophyceae。最后，

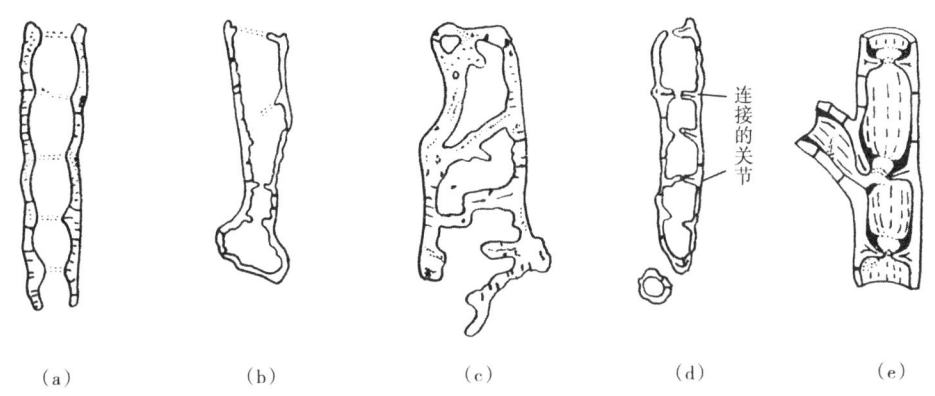

图 3.39 古别立兹藻科 Palaeoberesellaceae 中的某些古代管枝藻化石的实例图

(a) 假卡马藻属 Pseudokamaena Mamet，其横隔板尚未发育 (Mamet and Roux, 1974)；(b) 古别立兹藻科 Palaeoberesellaceae 内的典型化石 Proninella-Pokorninella 的底部，这些化石使人想起现代的硬毛藻属 Chaetomorpha Kütz. 中的开始生长阶段，此标本来自于南乌拉尔的早石炭世晚维宪期；(c) 小碳孔藻属 Antracoporellopsis Maslov，此化石显示各个分节之间关节的痕迹；(d) 薄片中见到的小卡马藻 Kamaenella Mamet and Roux 叶状体的纵切面，可以清楚地见到相邻分节连接的关节 (Mamet and Roux, 1974)；(e) 复原再造图 (Mamet and Roux, 1974 修改)

Vinogradova (1979) 和《植物的生命》(1977) 都将所有的管枝藻归纳为一个目，它们属于管形藻纲。

对于古代管枝藻的化石，无论它们与现代的管枝藻在形态上相似到怎样的程度，从某些特点来说，它们与现代的管枝藻仍有重要的区别。这些管枝藻化石钙化强烈，其外壁上有许多穿孔。可以根据它们的大小来对这些小孔进行分类。在中央腔和外壁内，有类似孢子囊的形成物 (Saltovskaya, 1984)。在所有的古代管枝藻内，它们最大的特征是形态上变化很大。在当前提出的分类系统内，对于具有管枝藻结构的管状钙藻统归于一个特殊的亚目，即古管枝藻亚目 Palaeosiphonocladales (Shyusky, 1985)。但是，除了上述的分类方案，还要合理地将它们分属于各个目之内。

3.6.2 管枝藻目的分类叙述

亚目 古管枝藻亚目 Palaeosiphonocladales Shyusky, 1985

特征：叶状体可钙化，钙化后的叶状体呈圆柱形的小管。小管的外壁上有许多小孔或无孔；分节之间的横隔板很致密，它们呈环带；在横隔板的中央有孔；孢子囊分布在圆柱形的小管内或在管壁内，但数量很少 (Shyusky, 1985)。

组成：古别立兹藻科 Palaeoberesellaceae Mamet and Roux, 1974；别立兹藻科 Beresellaceae Maslov and Kulik, 1956。

时代分布：寒武纪—石炭纪。

科 古别立兹藻科 Palaeoberesellaceae Mamet and Roux, 1974

特征：在各个分节之间的横隔板上有较大的中央孔，有时还有其他附加的小孔；外壁上有许多穿孔，或无孔，这些小孔很简单，或呈分叉的小孔。

组成：卡马藻族 Kamaeneae Shuysky，1985；小碳孔藻族 Antracoporellopsiae Shuysky，1985；Exvotariselleae Shuysky，1985。

时代分布：中泥盆世—晚石炭世，主要出现于早石炭世。

Mamet and Roux（1974）将此科作为族来处理。

族　卡马藻族　Kamaeneae Shuysky，1985

特征：各个分节之间的横隔板均垂直于外壁，它们以或多或少相等的距离分布于小管内；外壁上的小孔很直，未见分叉。

组成：卡马藻属 *Kamaena* Antropov，1967；小卡马藻属 *Kamaenella* Mamet and Roux，1974；古别立兹藻属 *Palaeoberesella* Mamet and Roux，1974；亚卡马藻属 *Subkamaena* Berchenko，1981；小柱藻属 *Stylaella* Berchenko，1981。

时代分布：晚泥盆世—早石炭世。

族　小碳孔藻族　Antracoporellopsiae Shuysky，1985

特征：各个分节之间的横隔板很平坦或显弯曲，有时呈不规则状，它们都以不同的角度与外壁相接；分布在外壁上的小孔很简单或很直，或弯曲，有时显二分叉。

组成：小碳孔藻属 *Antracoporellopsis* Maslov，1956；拟卡马藻属 *Parakamaena* Mamet and Roux，1974；*Brazhnikovia* Berchenko，1981；*Pokorniella* Vachard，1977；下弯藻属 *Proninella* Reitlinger，1971。

时代分布：中泥盆世—晚石炭世。

族　Exvotariselleae Shuysky，1985

特征：叶状体呈管形或串珠状；可能是钙化不够，导致在各个分节之间的横隔板发育不成熟，在外壁上的小孔不分叉或呈二分叉的小孔。

组成：*Exvotarisella* Elliott，1970；假卡马藻属 *Pseudokamaena* Mamet，1972；*Dokutchaevskella* Berchenko，1981。

时代分布：早石炭世。

科　别立兹藻科　Beresellaceae Maslov and Kulik，1956

特征：叶状体呈圆柱形、亚圆柱形或管状，有时在这些圆柱体上出现收缩现象；各个分节之间的横隔板较致密，它们呈规则地分布或没有一定的分布规律，但它们都垂直于外壁或与其呈某些交角相接；这些横隔板并不是在所有的标本内均能见到。圆柱状叶状体的管壁比较厚、有小孔，但这些小孔的分布并无规律或密集地分布于一些环带内。

组成：顿涅茨克藻族 Donezelleae Termier and Vachard，1975；别立兹藻族 Beresellae Maslov and kulik，1956；乌拉尔孔藻族 Uraloporelleae Shuysky，1985；钙茎藻族 Calcicaulisae Shuysky，1987；小链藻族 Catenaelleae Shuysky，1987。

时代分布：早泥盆世—二叠纪。

族　顿涅茨克藻族　Donezelleae Termier and Vachard，1975

特征：叶状体具有假细胞状结构，呈直立生长或匍匐蔓生；各个分节之间的横隔板有较大的中央孔；

外壁上有穿孔或无孔。

组成：顿涅茨克藻属 *Donezella* Maslov，1929；前顿涅茨克藻属 *Praedonezella* Kulik，1973；亮壳藻属 *Claracrusta* Vachard，1981；*Berestovia* Berchenko，1983。

时代分布：早石炭世—二叠纪。

从表面上看，顿涅茨克藻 Donezellids 相似于古别立兹藻 Palaeoberesellids。但是，在各个横隔板之间的地段（分节内），可见暗色的碳酸盐物质。当标本保存完好时，这些暗色的碳酸盐物质实际上就是密集的细孔，它们都是垂直于明亮的外壁分布。因此，根据内部结构，顿涅茨克藻 Donezellids 接近于别立兹藻 Beresellids。*Berestovia* 可能是亮壳藻属 *Claracrusta* 的同义名。

族　别立兹藻族　Bereselleae Maslov and kulik，1956

特征：叶状体呈圆柱形、管形，它有规则分布的横隔板；这些横隔板是由亮晶方解石组成；除这些横隔板以外，还可见到附加的、致密的横隔板；在外壁上的小孔密集地成带状分布，它们均通达内腔，但向外面则被明亮的薄片所覆盖。

组成：别立兹藻属 *Beresella* Machaev，1939；德维纳藻属 *Dvinella* Khvorova，1949；德维纳藻属 *Dvinella* (*Trinodella*) Maslov and Kulik，1955；德维纳藻属 *Dvinella* (*Ardengostella*) Vachard，1977；*Goksuella* Güvenc，1965；*Einoriella* Saltovskaya，1984。

时代分布：石炭纪。

族　乌拉尔孔藻族　Uraloporelleae Shuysky，1985

特征：叶状体呈圆柱形或管状；外壁有穿孔，这些小孔或多或少呈均匀的分布，它们穿透外壁，其外面则被明亮的薄片所覆盖。

组成：乌拉尔孔藻属 *Uraloporella* Korde，1950；*Jansaella* Mamet and Roux，1974；萨马拉藻属 *Samarella* Maslov and Kulik，1955；古乌拉尔孔藻属 *Eouraloporella* Berchenko，1981；*Luteotubulus* Vachard，1977；*Zidella* Saltovskaya，1984；微孔藻属 *Nanopora* Wood，1964；假微孔藻属 *Pseudonanopora* Mamet and Roux，1975。

时代分布：晚泥盆世—晚石炭世。

微孔藻属 *Nanopora* 和假微孔藻属 *Pseudonanopora* 的特征是它们具有很大的中央腔，从这一特征来看，它们与典型的粗枝藻没有什么区别，唯一的区别就是在管内有薄的横隔板（Mamet and Roux，1974；Berchenko，1981）。对于乌拉尔孔藻属 *Uraloporella* 和萨马拉藻属 *Samarella* 来说，根据 korde（1973）的意见，它们是同义名。至于 *Luteotubulus* 一属能否成立，还没有证据。

族　钙茎藻族　Calcicaulisae Shuysky，1987

特征：叶状体呈圆柱形或管状，它的内腔具有错纵复杂和迷宫状、呈球状或圆柱状的房室，这也许是孢子囊；横隔壁很致密，其厚度比外壁的厚度薄得多，但这些横隔壁能见到的，并不很多。

组成：钙茎藻属 *Calcicaulis* Shuysky and Schirschova，1987。

时代分布：早泥盆世和中泥盆世。

族　小链藻族　Catenaelleae Shuysky，1987

特征：叶状体呈圆柱形，有时外缘可收缩；横隔壁很致密，其厚度与外壁的厚度几乎相等；在外壁上和横隔壁上可见一些直径较大的孔。

组成：小链藻属 *Catenaella* Shuysky，1987；帕尔马茎藻属 *Parmacaulis* Shuysky and Schirschova，1987；昆达特藻属 *Kundatia* Korde，1973。

时代分布：早寒武世—早泥盆世。

将昆达特藻属 *Kundatia* 归入此族的理由是根据其图像相似于早泥盆世帕尔马茎藻属 *Parmacaulis*。从昆达特藻属 *Kundatia* 的描述来看，很少有相当的对象。这是因为此属的钙质管具有规则分布的横隔板。如果我们对此属鉴定正确的话，昆达特藻属 *Kundatia* 就是管枝藻内最古老的代表。

3.7 某些分类位置不清楚的绿藻

在结束关于绿藻的讨论时，我们要研究一些属。由于各种原因，这些属的分类归属至今仍不能确定。

微松藻科 Microcodiaceae Maslov，1956 内的三个属。此科是 Maslov（1956）建立的，它包括三个属：微松菌属 *Microcodium* Glük，1914（出现于白垩纪和第三纪）；短锥菌属 *Nannoconus* Kamptner，1938（出现于侏罗纪和白垩纪）；努亚菌属 *Nuia* Maslov，1954（出现于奥陶纪，此属的同义名为 *Bogutschanophycus* Korde，1954）。这些属的特征已在《古生物学基础》，1963 一书和 Maslov（1967）的专门的论文中叙述到。对于这些属的分类位置，在文献内提出了各种不同的意见：疑难生物、无机形成物、动物的残骸、管形藻及蓝绿藻。Maslov 持最后那种观点，即认为是蓝绿藻。

属　小米齐藻属 *Mizziella* Maslov（Maslov，1956；《古生物学基础》，1963）

根据该属的描述，此属的叶状体呈分节状的叶状体。从类型来看，应归属于米齐藻属 *Mizzia*。分节状的叶状体呈卵形和圆柱形，它有很复杂的沟道系统和内腔。作者并未对其照相，刊出图像。因此，此属的叶状体的结构和其分类位置至今仍不清楚，必须对其正模标本重新研究。就小米齐藻属 *Mizziella* 的实例来说，在描述一个新的藻类时必须要照相。这类情况也发生在串藻属 *Uva* Maslov（Maslov，1956），此属既无照片，也无素描图。只有刊出了比较完整的图像以后（Maslov，1973），串藻属 *Uva* Maslov 的叶状体的结构才有根据。类似的例子并不是个别的，这样就经常会引起混乱，例如粗孔藻属 *Dasyporella* Stolley（Gnilovskaya，1972；Korde，1973）。

属　相似松藻属 *Consinocodium* Endo，1961（Bassoullet 等，1983）

此属来自于日本的侏罗纪地层，其叶状体呈椭圆形，具有同心状的结构。叶状体的大小为 4~6mm，每一个同心层的厚度约 0.27~0.45mm。各个同心层都被放射状分布的沟道所穿透。Bassoullet 等（1983）将这些生物归属于钙扇藻类 Udoteaceae 内，而根据放射状沟道的形态特征，此属与加伍德菌属 *Garwoodia*，海德菌属 *Hedstroemia* 有共同的特征，后者已被 Bassoullet 等归入于蓝绿藻内。当前，将相似松藻属 *Consinocodium* 捆绑在钙扇藻目任何一个分类单位中都是不行的。

属　石松菌属 *Lithocodium* Elliott（Elliott，1956；Johnson，1964；《古生物学基础》，1963）

这一化石，从其本身的形态特征来说，不能归属于绿藻，而应归入蓝绿藻。此属接近于马罕藻属 *Marinella* Pfdender 和窄孔藻属 *Stenoporidium* Yabe and Toyama。

属　束藻属 *Fasciella* Ivanova（Ivanova，1973）

该属的描述已在 1973 年登载在刊物上，但是与此化石描述的同时，又有一个相似的化石，名为 *Shartymophycus* Kulik 刊出（Kulik，1973）。对于这个情况，Mamet and Roux（1977）注意到 Ivanova 的描述要比 kulik 所描述的化石早出版数个月。因此，根据国际生物学命名法中优先的规则，*Shartymophycus* 应视束藻属 *Fasciella* 作为早期的同义名。束藻属 *Fasciella* 出现于早石炭世维宪期到晚石炭世巴希基尔期很短的地层区间，这一化石在维宪期可起造岩的作用，可见整个的石灰岩岩层都是由这些化石组成（Ivanova，1973）。

从束藻属 *Fasciella* 这一化石的结构来看，这是一个非常复杂的生物。它好像是一个薄的、能改变厚薄的绶带、绕在中央轴之外所形成的东西。此中央轴可以分叉，因而整体的构造变得复杂。束藻属 *Fasciella* 是从薄的基底开始往上生长的（Kulik，1973）。在该属的属型种内，即束藻属 *Fasciella kizilica* Ivanova（*Shartymophycus fusus* Kulik），可见 2~3 层，甚至 5~6 层卷绕在群体的各个分枝上。

在 Kulik 所描述的另外一个种，即 *Shartymophycus multiplex* Kulik，卷在分枝上的层只有一层。对此化石，Berchenko（1981）单独建立了一个属，称为库列克藻属 *Kulikaella*，其属型种为 *Kulikaella unistratosa* Berchenko（其时代为早石炭世杜内期）。Saltovskaya（1984）所研究的一些化石的形状很接近于库列克藻属 *Kulikaella*，但与其不同之处在于它的中央腔具有稳定的直径（也许是中央轴的痕迹）和缺失叶状体外表收缩的现象，为此，Saltovskaya（1984）建立了一个新属，命名为含果藻属 *Frustulata*（该化石产于塔吉克斯坦的塞拉夫森山脉和吉萨尔山脉的早石炭世维宪期）。

关于束藻属 *Fasciella* 的系统分类位置尚未确定。Kulik 认为此化石应归属于绿藻，而 Mamet and Roux（1975）绘出了该属的复原再造图，他们认为此属应归属于钙扇藻目的松藻科 Codiaceae。而根据 Berchenko（1981）的意见，束藻属 *Fasciella* 应归属于丝藻属 *Ulothrix* 一类。但是，这一观点尚未获得证实。看来，在最终确定此属的分类位置以前，最正确的方法是将其置于疑难生物一类内。

4 红 藻

4.1 现代红藻的基本特征

4.1.1 概述

红藻是底栖海洋藻类中分布最广泛的一门藻类，此门包括 600 个属，4000 个种。红藻含有复杂的色素组合：有两类叶绿素（a 和 b）、两类胡萝卜素（α 和 β）、若干叶黄素及胆蛋白质——藻红素和藻蓝素。由于这些色素的配合才能保证这些藻类在广阔的光带内具有颜色：即由鲜红色到浅蓝色、黄色。红色的淀粉是其同化的产物，而这些淀粉不同于显花植物的淀粉。

此门的代表属种绝大多数是多细胞植物，它们有复杂的形态结构和解剖结构。最原始的红藻的叶状体是单细胞或群体。根据已钙化的叶状体的大小，这些红藻具有极大的多样性。在这些红藻内存在着许多微体的红藻。但是，也有巨大的个体，达到数厘米至数十厘米。

根据叶状体的形状，红藻可以分为：（1）丝状体；（2）薄片状；（3）圆柱状；（4）皮壳状；（5）珊瑚状。

丝状体的红藻是由一列细胞丝体组成，但经常是多列的细胞丝体。当红藻具有复杂的解剖结构时，许多红藻则具有圆柱状的叶状体。当红藻的外形具有各种各样的形状时，它们的共同结构要素就是细胞丝体。

红藻内最简单的叶状体是红毛藻纲（Bangiophycea）的红藻，此类红藻呈单细胞或细胞的群体。原始的群体是由细胞连接而成，而这些细胞是用一般的黏液物质连接起来。如出现群体时，这些红藻具有丝体生长的习性，故细胞可以排成一列或数列。

其他纲，如红藻纲（Florideophyceae）的代表为多细胞生物，其叶状体也是由单列的细胞丝体组成，这是最古老和最原始的藻类所具有的特征。单列细胞丝体的叶状体可发生复杂化，这是由于产生了许多短的、明显分叉的侧枝而引起的。这些侧枝只能生长到一定的大小，而且它们是那些有机生长的侧枝。有机生长的侧枝加强了分叉，并且以这种方式繁盛起来，这样彼此融合在一起，就形成了外壳。当结构很致密时，只有那些靠近叶状体表面的细胞参加到光合作用和同化作用。这些同化层就称为外壳。发育很高级的的属种，其外壳具有比较复杂的结构。在它们的叶状体内，外壳的丝体缩短，而且更加致密地连接在一起。这种情况下，最初的丝体构造就很难发现或尚未进行彻底的研究。

红藻纲的藻类，根据其解剖结构，可以分为两类基本类型：（1）单轴；（2）多轴。在单轴类型内，其叶状体只有一列细胞丝体，由此长出许多有机生长的小侧枝；而在多轴类型内，叶状体的中央轴是由一簇平行排列的丝体组成。丝体可在叶状体中央形成紧密排列在一起的丛体，或呈环带状分布，这样就使得中央区呈为空腔。

某些红藻纲的叶状体是由各种不同的丝体组成，这种情况最明显地表现在海索面藻目（Nemalionales）

和隐丝藻目（Cryptonemiales）。在这些目的藻类内，当孢子发芽时，首先形成了匍匐状的部分，以后由该处产生许多垂向的分枝。往后，由各个垂向分枝或一组垂向分枝就形成了叶状体。各种丝体组成的叶状体可在杉藻目（Gigartinales）和红皮藻目（Rhodymeniales）内见到。一般认为开始具有匍匐状的部分代表原始标志，而在发育较高级的红藻内，这些匍匐状的部分是不会出现的。

由于顶端细胞的分裂，才能使红藻纲的红藻生长发育。顶端细胞与其他的圆顶细胞不同之处在于其细胞个体较大。但是，有时顶端细胞从其形状来看与相邻细胞没有什么区别。在藻类生长时，顶端细胞被横隔板分开，就是把位于下面的细胞分开（图4.1）。在发育完全和具有高级组织的红藻内，顶端细胞可以有2~3个已被分开的表面。因此，在以后的生长阶段就形成了两列细胞或三列细胞，而位于中间的细胞向侧面分成两个或4个细胞。这些细胞可以作为有机或无机生长的侧枝的顶端细胞，而位于中央的细胞往后不再分裂，只是长度增加。

不是在所有的情况下都能根据叶状体是单轴类型还是多轴类型，就容易确定叶状体发育的状况；因为有时，那些分生组织细胞可以参与到藻类的生长过程。在那些具有致密叶状体的属种内，作为分生组织细

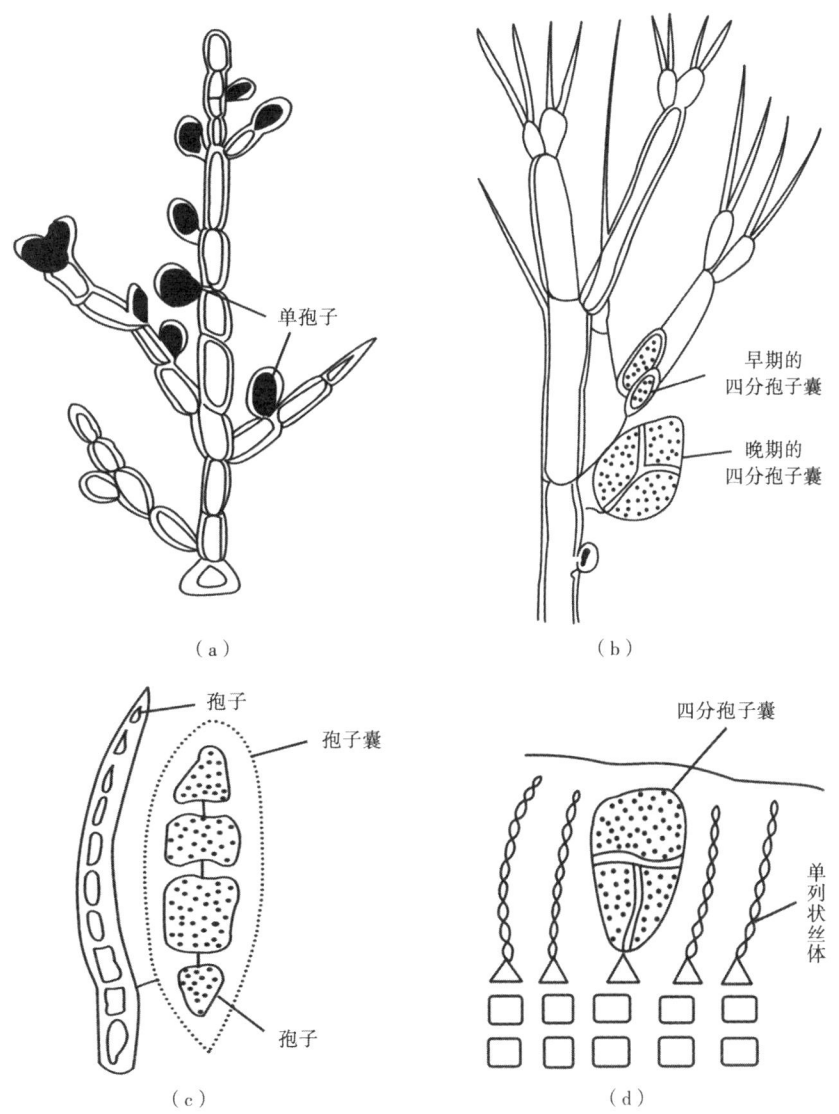

图4.1　某些红藻叶状体内的生殖器官和其分布的位置示意图（据Vinogradova，1980年；《植物的生命》，1977年）

（a）红藻纲的一个红藻——星体藻属 *Kylimia*，它只有单孢子；（b）*Callithamnion* 娟丝藻属；（c）在 *Cruoria* 一属内，孢子囊的孢子呈单列状排列；（d）在单列丝状体之间出现四分孢子囊

胞能起作用的是外壳的表层；这些表层是有机生长的那些侧枝的顶端细胞形成的。在那些具有圆柱形叶状体的属种内，起作用的是顶端的细胞，而由于边缘分生组织可以发育成致密的叶状体。

在红藻纲红藻的固着器中，可分为原生器官和次生器官。原生固着器官是在开始发芽阶段形成的；而次生固着器官属于成年期植物所特有的，它是由叶状体下部的许多细胞形成的。原生固着器官和次生固着器官的结构可能完全不同。不同丝体的叶状体有匍匐区作为固着器官，而这些匍匐区是由松散分布的丝体组成，或叶状体以薄片作为固着器官，这些薄片是由致密分布的细胞组成。某些红藻纲的藻类是以其单细胞丝体——假根营固着作用，这些假根在固着于基底处形成了吸枝。十分普遍的为匍匐状的幼芽，它有许多突起，即吸枝。如果植物必需要有辅助的加固，那么辅助的假根可以发育在其他的侧枝之上。

4.1.2　红藻的细胞结构

红藻的细胞外壳有两层，内层是由纤维素组成，而外层则由果胶化合物组成。在某些红藻内，为了增加叶状体硬度，细胞外壳的外层是角质层，它与高等植物的角质层在成分上有所不同。在红藻内，有许多属种，其外壳已矿化（主要被钙化），虽然某些珊瑚藻内，在细胞壁内沉淀了文石、钙镁碳酸盐混合物及铁。开始时，钙沉淀在细胞外壳的外层和内层之间的中间薄层内，然后，碳酸盐逐渐渗透到内层的纤维层。在钙化的任何阶段成为缺乏钙质的薄膜，它把原生质与钙质层分开。

最简单的藻类细胞只有单核，而具有高级组织的红藻细胞内则具有多核，它们的顶端细胞和外壳细胞，一般来说，只有一个核。在红藻的细胞内有一个叶绿体或有数个叶绿体。在红毛藻纲和最低级的红藻纲内，细胞具有一个星状的叶绿体，此叶绿体具有一个淀粉核。在红藻内，淀粉核的意义至今还未明白，有时，淀粉核的存在与淀粉颗粒的沉淀有关。但是，淀粉核只在那些不参与同化作用的细胞内。在最高级的红藻内，细胞内不含淀粉核。这些红藻内含有两种类型的叶绿体：带状叶绿体和透镜状叶绿体。透镜状叶绿体出现于最高级的红藻内。在细胞内，叶绿体的数量是随着藻类组织复杂程度的增加而增加的。

红藻具有一套很复杂的色素，除了对绿藻很有特征的和能溶于酒精中的叶绿素、胡萝卜素和叶黄素以外，红藻的叶绿体还含有补充的、能溶于水的色素——藻胆蛋白。所有的绿色植物，包括水生植物和陆地植物都含有叶绿素的两类变种：蓝绿色叶绿素和黄绿色叶绿素。在红藻内不仅含有蓝绿色的叶绿素，还有一些红藻还含有性质不清楚的叶绿素。绿色的色素在红藻内的含量不多，甚至它们装成藻胆蛋白的样子。应当要指出的是那些生活于北极区、光照很弱的藻类要比那些居住在温暖地区的藻类有更多的叶绿素。

红藻的胡萝卜素就是 α 和 β 胡萝卜素、叶黄素等。红色的藻红素和浅蓝色的藻蓝素就是红藻中的藻胆蛋白。

可以确定，在红藻内色素的数量是随着深度而增加；藻红素的数量要比叶绿素增加得更快一些。具有红色的藻类一般是随着深度而增加。当有明显的光照时，它们就能变成浅红色、黄绿色、稻草黄色，甚至无色。

阳光的光谱具有各种颜色，不同的颜色具有不同的穿透水层的能力。蓝色和绿色的光线可以传到更深的水域。一套色素能使红藻在蓝光下进行光合作用，这样就能使红藻居住在最深的海底。就是这些红藻，它们生活在光照十分好的条件下，选择了盆地内背阴的地区，甚至有能力使射到叶状体表面的光照减弱。

有许多红藻纲红藻的叶状体，其表面有茸毛。藻类学家把这些茸毛分为假茸毛和真茸毛。呈单列的红藻叶状体具有侧枝，这些侧枝的末端拉长，而且暗淡无光，这些形成物称为假茸毛。真茸毛可能是单细胞和多细胞；单细胞的茸毛完全不具备产生侧枝的性能。

在单列丝体状的红藻内，茸毛是由侧枝的顶端细胞组成，而在多列丝体状的红藻内，则由外壳的表面细胞组成。已萌芽茸毛的细胞以横隔板方式从母体中分离出来，而且强烈地弯曲，可达 1mm 或更长。在那些珊瑚藻内，茸毛并不是独立的细胞，仅仅是特殊细胞的突起物。这些茸毛与特殊细胞的突起物并没有被隔板分开。具有茸毛的细胞要比相邻的细胞大得多，这些细胞称为刺细胞或异细胞。

4.2 红藻的生殖方式

由于红藻具有复杂的生长方式，故易于与其他的藻类区分。红藻具有无性生殖的各种方式、有性生殖的复杂结构及多种发育旋回。现代红藻门的分类就建立在这些特征之上。现分别讨论如下：

4.2.1 营养性生殖或植物性生殖

由于幼芽生长，才产生这种生殖方式。这种幼芽是从叶状体的底部开始，或从匍匐状侧枝开始。营养性生殖方式是红藻内两个纲的藻类所特有的。红毛藻纲的原始代表只是以营养性生殖方式生长。在该纲的藻类的单细胞类型和群体类型内，当其以营养性生殖方式时，细胞可分裂为子细胞，此子细胞有两个或更多。

4.2.2 无性生殖

在低级的红藻内，无性生殖以单孢子的方式出现。这种生殖方式几乎分布于一切红毛藻纲的藻类内，但在红藻纲内则较少。所谓单孢子就是细胞内所有原生质转变为一个孢子。这些单孢子没有鞭毛和外壳。由于变形运动的结果，它们从细胞中出来后才能活动。在红毛藻纲内，单孢子可以形成于叶状体的任何细胞内，这些单孢子就其形状来说与其他的营养细胞毫无区别。在红藻纲内，单孢子囊可能形成于有机生长的侧枝内。在藻类内，当其叶状体是一列孤立的丝体时，那么侧枝的终端细胞可以转变成单孢子囊（图4.1）。在那些具有分异叶状体的藻类内，其单孢子囊是由同化丝体外面的细胞组成。单孢子囊与营养细胞不同之处在于其外形呈球形或卵形。无外壳的单孢子是从成熟的孢子囊顶部的小孔中游离出去的，它们迅速地被外壳所覆盖，并开始生长。

但是，对于红藻纲更具有特征的是四分孢子，它们在细胞内形成四个孢子；根据其特征，称之为四分孢子囊。按照细胞分裂的方式，可区分为三种类型的四分孢子囊：（1）十字形分裂；（2）带状分裂；（3）四面体分裂（图4.1）。在十字形分裂的孢子囊内，整个细胞都被横隔板平分为二，这样形成的两个细胞再一次被纵隔板分为两个；这些纵隔板在同一个平面内，或与横隔板相交成直角。在带状分裂的孢子囊内，所有的隔板都是一个叠置在另一个之上，这时四分孢子排列成一列［图4.1（c）］。所谓四面体分裂就是指横隔板彼此之间呈倾斜相交［图4.1（b）］。四分孢子囊的分裂方式是一定分类单位所拥有的稳定标志。对于珊瑚藻来说，最具有特征的是双孢子，就是指孢子囊在分裂时只形成两部分。

红藻的分类体系就是利用这种标志，如同在叶状体内四分孢子囊的位置一样。四分孢子一般形成于有机生长的侧枝末端细胞内，而四分孢子囊可分布于细胞丝体之间，但这种情况较少见到［图4.1（d）］。

4.2.3 有性生殖

有性生殖方式是红藻纲的红藻所特有的。但是，只有最高级的红毛藻才具有这种生殖的方式。红藻的有性生殖过程就是卵配子。雄形和雌性的配子没有鞭毛。在受精过程中，雌性配子留在植物内（配子体Gametophyte），而雄性配子（精子）进入到水中。孢子植物的精子呈球形或卵形细胞，它们没有颜色，也无叶绿体。精子形成于细胞内，而这些细胞能起雄性生殖器官的作用。

在某些红藻内，精子囊以无序方式分布在叶状体内。在大多数藻类内，它们聚集成或多或少宽广的一组——孢子堆。丝体状红藻的孢子堆呈密集的一堆，有时呈球形。块状叶状体的红藻所具有的孢子堆呈枕头状的形成物，它们分布于叶状体的表面（图4.2）。在珊瑚藻内，孢子堆分布于特殊的深洞内或特殊的空洞内，即生殖窝［图4.2（b）］。有时，外面的皮壳细胞开始时呈一列平行分布的丝体，它们伸出在叶状体的外表。这些丝体的细胞，以后就成为很多的精子囊。有时，精子囊形成于那些特殊的、短的侧枝之上，即所谓生毛细胞（Trichoblast）。

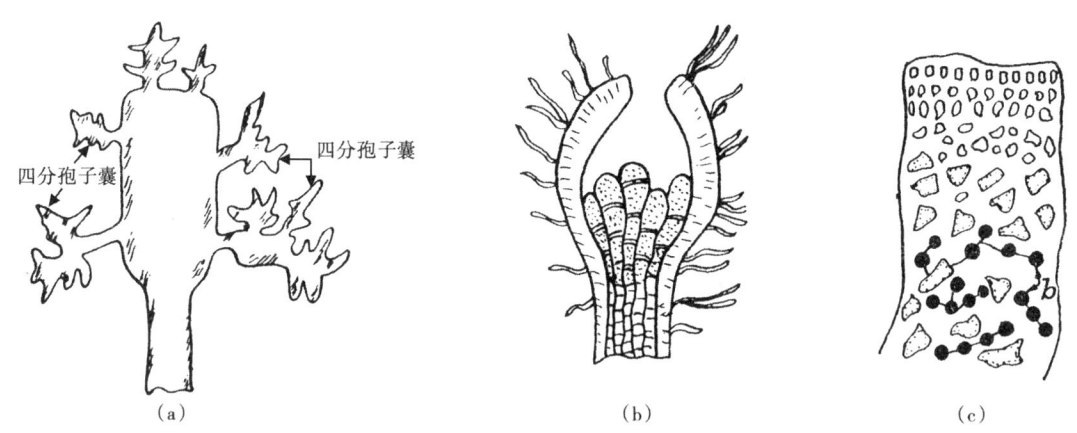

图4.2　某些红藻的四分孢子囊图（据Vinogradova，1980年；《植物的生命》，1977年）
(a) 石花菜属 Gelidium 的圆柱状叶状体；(b) 在珊瑚藻属 Corallina 内的生殖窝，其内分布着四分孢子囊；
(c) 银杏藻科 Iridiae 内的四分孢子囊（黑色圆点），它们是节间生长，并连成一条链条

红藻的雌性再生殖器官（卵原细胞）称为果孢（Carpogonie），这些果孢就是充满了细胞质，但无叶绿体的细胞。这些细胞的上部改造成为长的、管形突起，称为毛原细胞（Trichogen），在它们的协助下，就捉到了精子。生长的形态是变化多端的，它们可以呈短的、长而细的或螺旋状的旋转体。在那些具有丝状叶状体的藻类内，果孢一般是开放的。

当精子使果孢受精以后就成为合子，此合子就开始生长，并发育成为新的植物，它们已属于无性生殖的一代，称为孢子体（Sporophyte）。

在红藻内，当合子经过复杂的转化以后，就改造成为特殊的孢子——果孢子（Carpospore），这是裸体细胞，它没有鞭毛，但能变形活动。只有开始发芽以前，果孢子才获得外壳；这些果孢子形成于果孢子囊之内。

在各种不同的红藻内，合子的发育是不一样的。在红毛藻纲内，果孢子囊可分裂，它可形成4~32个果孢子；而红藻纲的红藻内，当果孢子受以后，就发育成特殊的产孢丝的丝体，这些丝体的末端细胞就成为果孢子囊。

在大多数红藻纲的红藻内，已受精的果孢子与富含养料的特殊细胞结合在一起，只有在这一作用过程以后，才能发育产孢丝（Gonimoblast）。具有果孢子的、成熟的产孢丝称为囊果（Cystocarp），其位置、形状、外壳的特征及果孢子离开的方式成为现代红藻建立各个属的重要的标志。

因此，在最高级红藻内的生命旋回过程中，可以见到有性生殖与无性生殖交替转换，但是它们的顺序经常会被破坏。配子体和孢子体可以重覆几次。在大多数红藻内，四分孢子、配子体和果孢子体交替出现，从而使叶状体出现不同的形状。这样，就可以根据形态来区别叶状体的形状。

大多数藻类学家认为红藻发育的第一旋回是由三种形态上相同的藻类交替出现而成，而每一类藻类都是独立存在的。当进一步的发育时，就形成了形态各异的发育旋回，在这个旋回内，配子体和孢子体得到

了重大形态上的变化。根据其他的概念，果孢子体（Carpophyte）是在晚期演化阶段取得的产物，而在红藻的早期演化阶段，只存在两个世代。

4.3 红藻的分布

在现代的所有的海洋中，红藻分布十分广泛。就其多样性来说，它显然超过褐藻和绿藻。红藻不仅是海洋的居住者，它们还可以生活于淡水内，尤其在清凉的、流速快的河流内。也有生长在地面上的红藻。但是，生长于淡水内和大气中的红藻比较稀少，而且它们主要是那些最低等的红藻，而高等的红藻都生活于海洋中。

在现代的海洋内，红藻分布的深度区间相当大，由沿岸带到深度为 100~200m。当补充了红色的色素就可使它们能捕捉到极少量的光线。但是，大量的红藻，如同其他的藻类一样，很少能居住在海水深度超过 20~40m，也就是说，红藻和其他的藻类绝大部分都生活于深度为 40m 的海洋里。

现代的红藻可以居住在所有的海洋内，它们在热带海洋内的属种最为多样化，而到温带海洋内则迅速减少，到高纬度的海洋内则急剧地减少。

4.4 古代红藻化石在形态上的基本特征

4.4.1 红藻的钙化

现在还活着的红藻拥有大量的属种。但是，其中只有少量的红藻能使叶状体发生钙化。可以完全肯定设想，在古代，未能使叶状体钙化的红藻属种占主要部分。红藻的钙化作用就是钙质进行有机的沉淀；即碳酸钙从细胞的细胞液内分离出来沉淀到细胞壁，这样分离出来的矿物沉淀是由那些方解石小晶体组成，它们呈有规律地分布；当它们保存完好时，在正交偏光镜下表现为波状消光。由于叶状体受到如此的钙化作用，故叶状体的内部结构细节在化石内得以保存，甚至能将最细小的细节保存下来。

红藻的钙化与绿藻的钙化作用有明显区别。绿藻叶状体的钙化作用通常是不完全的，它们经常缺失很重要的、边缘结构的要素，而红藻叶状体的钙化作用，从外表来看是很完全的。当描述红藻时，不会产生叶状体钙化部分的命名问题，因为它完全吻合藻类生活期间的面貌。然而，在一个叶状体的范围内，钙化作用的强度是不同的；常见的是在那些圆柱形的叶状体内，其中央部位的钙化程度很弱，而且经常或根本没有保存在化石内。现代块状的红藻内，如管孔藻类，其叶状体的边缘部位和中央部位的钙化程度没有什么区别。

组成藻类化石细胞壁的碳酸钙具有不同的结构特征，这方面至少可以分为三种类型，红藻内最常见的细胞壁是由暗色的、球粒状方解石组成，这些方解石在反射光下呈瓷白色，而在透射光下呈黑色。这种类型的方解石也是许多蓝绿藻叶状体的组成方解石，如葛万菌属 *Girvanella*，肾形菌属 *Renalcis*，表附菌属 *Epiphyton* 等。这种类型的碳酸盐结构，对蓝绿藻来说是从晚前寒武纪就开始存在；而在红藻内，这种结构则从寒武纪开始发育。

与此同时，还能见到一些红藻的叶状体的细胞壁是由透明玻璃状方解石组成，如管孔藻类的细胞壁，既可以由暗色的、球粒状方解石组成，也可以由透明玻璃状方解石组成。这些透明玻璃状方解石是受到次生成岩作用而产生的。

第三种类型的红藻细胞壁是由纤状方解石组成，如翁格达藻属 *Ungdarella*、科米藻属 *Komia* 等。

在古藻类学内，上面所提到的细胞壁的结构，实际上并没有深入的研究。但是，如果我们能利用现代精确的物理和化学方法研究钙化外套碳酸盐的结构，就可以获得全部古代藻类化石有关分类和演化方面有意义的资料，尤其是红藻。

叶状体的形状：

首先要使科研人员注意到叶状体的形状，也就是藻类的外貌。有时，这个任务（恢复藻类叶状体的外貌），在古藻类学内是非常困难的，有时几乎无法完成。现代红藻的叶状体外貌出现高度的多样化。但是，能使叶状体钙化的红藻，它们的叶状体比较简单，而且分化较小。这种情况同样也适用于古代钙化红藻的叶状体的外貌，它们极大部分具有比较简单的外貌。古代红藻化石的叶状体的外貌可以归纳为下列几种类型：

（1）简单的、单列的、细胞丝体，这些丝体可二分叉，如鲁德洛藻属 *Ludlovia*，管形藻属 *Tubomorphophyton*。

（2）呈薄片状和皮壳状的覆盖物，它们覆盖在底面之上，或覆盖在一个突起物体之上，或覆盖在一个生物的贝壳之上，或一部分生物贝壳之上（图4.3、图4.4）。

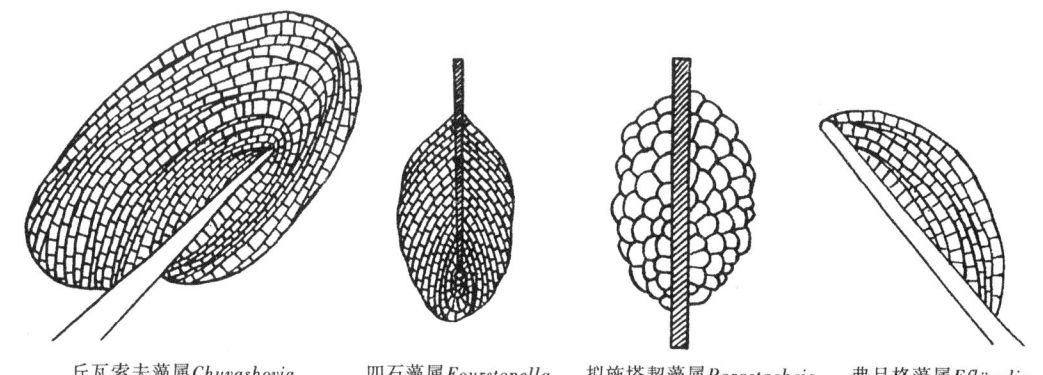

丘瓦索夫藻属*Chuvashovia*　　四石藻属*Fourstonella*　　拟施塔契藻属*Parastacheia*　　弗吕格藻属*Eflügelia*

图4.3　某些红藻的叶状体结构示意图（据 Mamet and Roux, 1977年；Vachard and Montenat, 1981年）

这些生物均覆盖在一个物体之上，且呈包覆状生长，每一个小方格代表红藻的细胞，这些红藻均显示皮壳状的增生结构

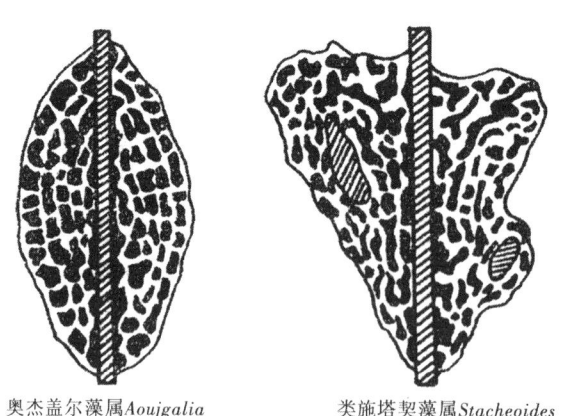

奥杰盖尔藻属*Aoujgalia*　　类施塔契藻属*Stacheoides*

图4.4　两个红藻的结构示意图（据 Mamet and Roux, 1977年）

这些红藻也是包覆在一个物体上生长，图中黑色不规则块体代表红藻细胞

（3）呈亚圆柱状的叶状体，但不分叉，如卡塔夫藻属 *Katavella*，雷西瓦藻属 *Lysvaella* 等（图4.5）。

（4）呈亚圆柱状的叶状体，可以二分叉，此叶状体固着在一个基底之上（图4.6）。

（5）呈亚圆柱状的叶状体，可以二分叉，但叶状体呈分节状（图4.7）。

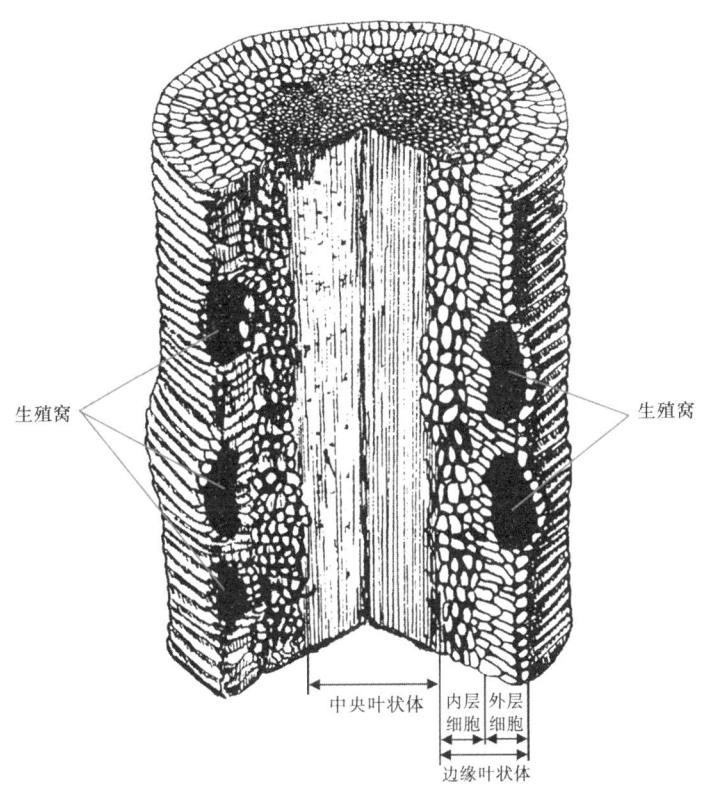

图 4.5 雷西瓦藻属 *Lysvaella partita Chuvashov* 叶状体的结构解剖示意图（据 Chuvashov，1971 年）

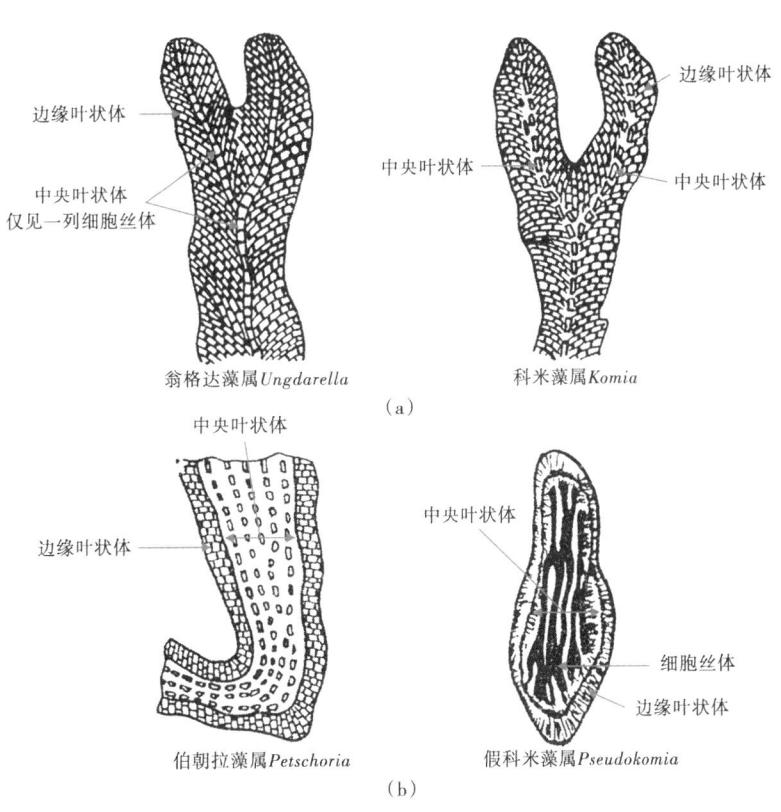

图 4.6 某些石炭纪红藻的叶状体的结构示意图（据 Mamet and Roux，1977 年）
（a）这两个属的中央叶状体发育较窄且弱，只是由一列细胞丝体组成；（b）这两个属的中央叶状体较宽大，它是由一束细胞丝体组成

（6）固着于基底的块状的叶状体，这些叶状体呈亚球形、小圆柱状、梨形及半球形等，如管孔藻属 Solenopora，拟刺毛藻属 Parachaetetes。

（7）孤立和分散状分布的核形石，它们都能在底面上自由活动，这些核形石或完全是由红藻组成，或它们的个别的同心层是红藻。

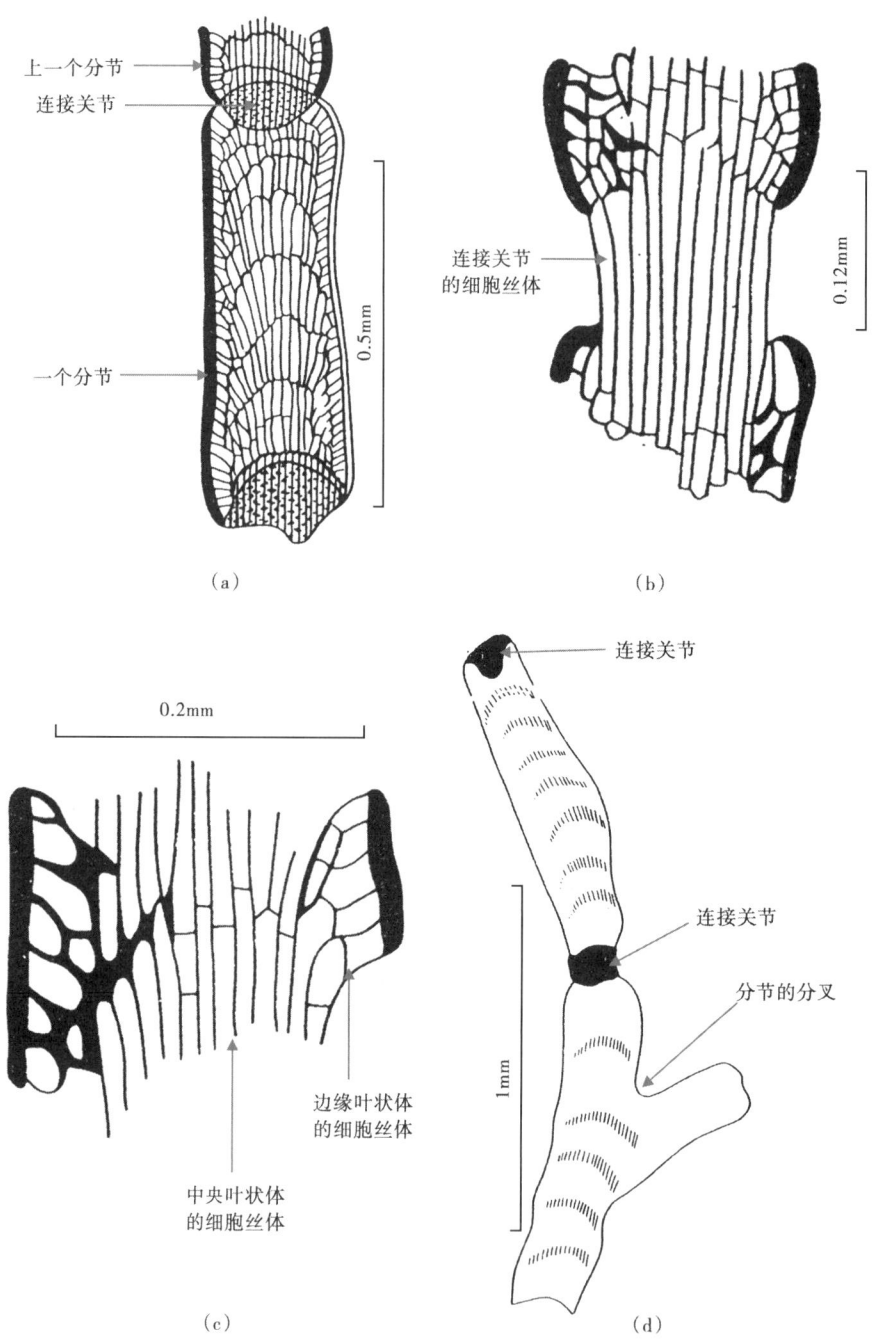

图 4.7　一个分节珊瑚藻叶状体（叉珊藻属 Jania）的结构解剖示意图（据 Maslov，1962 年）
(a) 两个分节的连接关节；(b) 关节的特征图；(c) 由中央叶状体的细胞向边缘叶状体的细胞过渡的情况图；
(d) 分节的结构和分叉的情况图

4.4.2 红藻叶状体的形态学特征

4.4.2.1 细胞和细胞丝体

红藻叶状体结构的基本单元就是细胞。根据 Maslov（1962）的意见，这些细胞可分为下列各种形状：球形、桶形、圆柱形、平行六面体、多角形、新月形、尖顶的帽子或锥形。

钙质的红藻内，球形细胞极为稀少。在皮壳藻属 Melobesia 一类红藻的中央叶状体和分散状分布的丝体内可以见到桶形细胞。而识别出圆柱形细胞是很困难的，这是因为圆柱形如同平行六面体细胞一样在其纵切面内都表现为矩形。为了确定这一类的细胞，必需要有 2 个切面，即纵切面和横切面。平行六面体的细胞最常见于那些石化的红藻内。比较有规律地说到棱柱状细胞，因为在其横切面内，不仅经常可以见到四面体，而且还能见到各种形状的多角体。在极大多数的管孔藻属 Solenopora，雷西瓦藻属 Lysvaella 及其他的藻类内，整个叶状体的细胞或其一部分细胞呈棱柱形。尖顶帽形细胞仅发育于生长丝体的末端。锥形细胞是基干的中央叶状体细胞所特有的。多角形的细胞（在任何许可的情况下）是生长过程中细胞受到各个方向的强烈压挤而产生的。这一类细胞最好的实例就是雷西瓦藻属 Lysvaella 中边缘叶状体的细胞（图 4.5）。

除此以外，在某些古代红藻化石的外壳内，还能见到卵形细胞，有时在其顶端稍稍地磨尖，其上长出许多短毛。对于这一类的细胞，Maslov 并未认出。

存在着一类广泛的藻类，其细胞结构发生如此大的变化，这是由于这些细胞的一个壁消失了，或改变了另外一个细胞壁，这样使细胞丝体难以建立（图 4.6），或不能见到（图 4.4、图 4.8）。

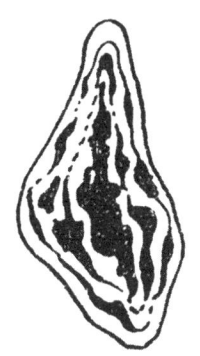 

假施塔契藻属 Pseudostacheoides　　　表施塔契藻属 Epistacheoides

图 4.8　某些红藻的边缘叶状体和中央叶状体的结构示意图（据 Mamet and Roux，1977 年）

可见它们均已发生明显的变化

还有一类庞大的生物，它们具有不正常的结构，这类生物类似于红藻。但是，许多藻类的研究者，对其属于藻类，提出质疑。这类生物就是类施塔契藻属 Stacheoides，拟类施塔契藻属 Parastacheoides 及其他属种。

红藻的叶状体很少是由同一种形状的细胞组成。管孔藻属 Solenopora 的叶状体的细胞，就其细胞的形状来说，是比较相似的，即细胞具有同样的形状。至于说到其他的红藻，特别是那些具有亚圆柱形叶状体和中央叶状体发育较好的红藻，那么细胞的形状就很不相同。如在雷西瓦藻属 Lysvaella 内（图 4.5），可以分为三部分：中间的中央叶状体是由较窄的棱柱状细胞组成，边缘的边缘叶状体则由多角状细胞组成，而其外壳层的细胞呈卵形,其上有细毛。

甚至在同一类的细胞丝体内,细胞的形状也可发生变化。如卡塔夫藻属 *Katavella*,其细胞丝体是由矮而宽的细胞组成,但丝体的顶端细胞则有由高而宽的细胞组成。也就是这些细胞确定了叶状体的生长,这样就使一个细胞跟着一个细胞往下分开。类似于这类的细胞就是生殖器官。在串珠孔藻属 *Moniliporella* 内,在同样的丝体内,细胞的形状发生了变化;在此属边缘叶状体的内侧,其细胞紧密排列,呈棱柱状,而到边缘部位,细胞呈亚圆柱形,且松散分布。

细胞丝体是一切红藻叶状体的基础。简单的细胞丝体可能是红藻的叶状体,经常形成一组一组的细胞丝体,其在叶状体的不同部位,形态上很不相同,这样就能确定它们的功能用途。紧密排列的细胞丝体形成了复杂的组织,这些组织极似现代高等植物的结构。正如上面所指出的,细胞的形状在相当大的程度上取决于它与相邻细胞相互配合得如何紧密。所有这一切对于细胞的丝体来说自然是有效的。当许多丝体出现紧密排列时,就出现了新的标志。横隔板可将丝体划分成各个细胞;如果这些横隔板的位置不同时,这样就能将丝体分成大小和形状不同细胞;如果这些横隔板分布在相同的位置上,就可以将丝体划分成格子状,即形成了条或列和层 [图4.9 (b)];如果这些横隔板能联合成一条直线时就形成了一系列细胞(图4.10、图4.11)。

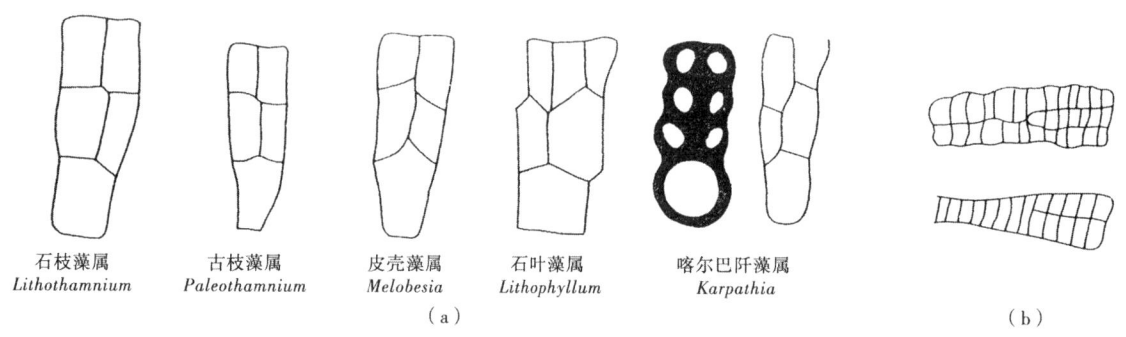

图4.9 红藻叶状体的细胞丝体分叉和增加的示意图

(a) 叶状体内细胞丝体二分叉的各种方式;(b) 叶状体内细胞列的增加方式

当细胞发生纵向分裂时,丝体出现二分叉的现象。在这种情况下,细的、呈楔形的子细胞出现在带有母细胞的一列细胞内,另外,则出现两列较小的子细胞。经常见到顶端细胞出现于二分叉丝体的基部,以后它会明显地增加个体大小,而且改变其形状 [图4.9 (a)]。

也有某些叶状体,它们既有细胞的列,又有细胞的层。第一种情况,细胞可以在横切面方向和纵切面的方向进行分裂。细胞可以形成水平的层或弧形的层,但是细胞的丝体并未进行研究。在格子状的组织内,细胞的列和细胞的层都表现得很好(图4.10、图4.11)。

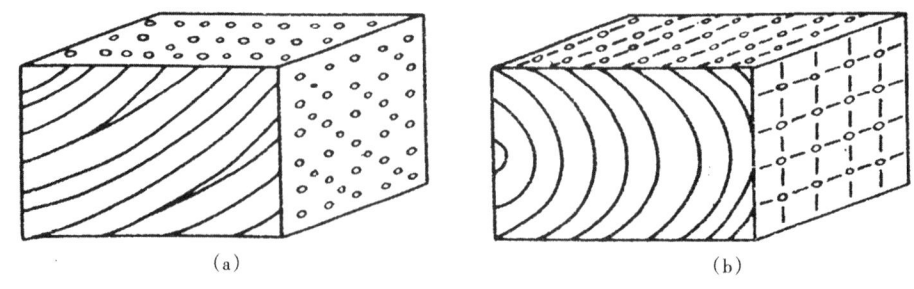

图4.10 红藻内某些珊瑚藻叶状体的结构示意图(据Poignant, 1979a, b年)

(a) 中央叶状体的细胞呈一列一列或一条一条的分布状况;(b) 中央叶状体的细胞呈平行的一层一层的分布状况

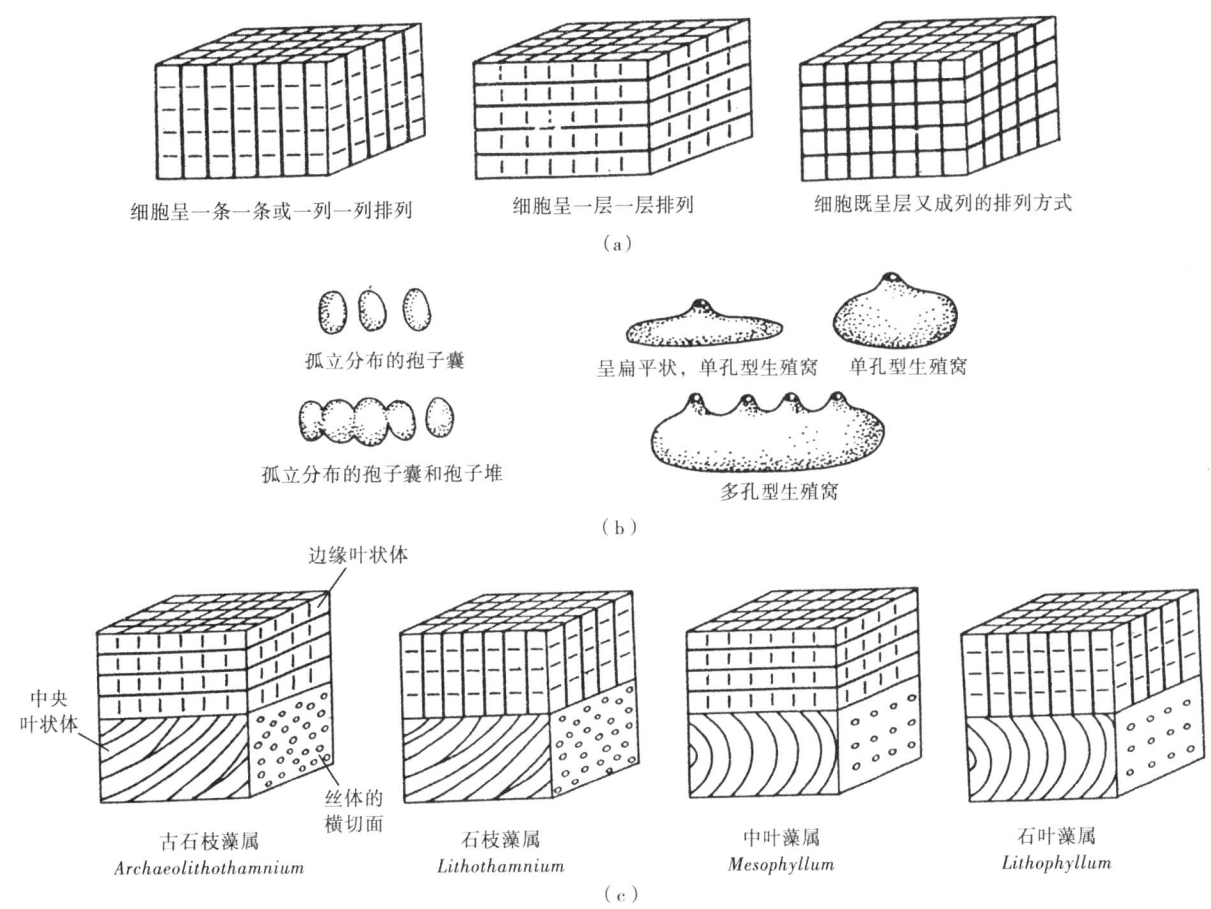

图 4.11 红藻叶状体的结构和生殖器官示意图

(a) 某些红藻边缘叶状体的结构；(b) 珊瑚藻的生殖器官；(c) 某些珊瑚藻的叶状体的结构

红藻的叶状体分为中央叶状体和边缘叶状体两部分。中央叶状体的细胞，就其细胞壁的厚度、形状及相互之间的分布状况，明显地不同于边缘叶状体的细胞。经常可以见到中央叶状体的丝体具有另外一种生长的方式。在叶状体的中央部位发生形态变化的细胞丝体称为中央叶状体。在古生代的红藻内，中央叶状体一般表现不清楚，而在中新生代的红藻内，中央叶状体则十分清楚（图 4.10、图 4.11）。

在红藻内还可以见到较少的呈薄板状的叶状体，如古石叶藻属 Archaeolithophyllum（图 4.12），它有清楚的中央叶状体和边缘叶状体。在形态上与其相似的首要藻属 Principia 内，其边缘叶状体发育较差。

图 4.12 古石叶藻属 Archaeolithophyllum 内中央叶状体的细胞与边缘叶状体的细胞之间的相互关系图（据 Johnson，1960 年）

此藻呈薄板状，×100

那些具有笔直的亚圆柱形叶状体的红藻，其位于轴部的中央叶状体，或是由一种类型的丝体组成（图4.7），或是由一组直径较小的丝体组成，或是由一束直径较大的丝体组成（图4.5、图4.13）。

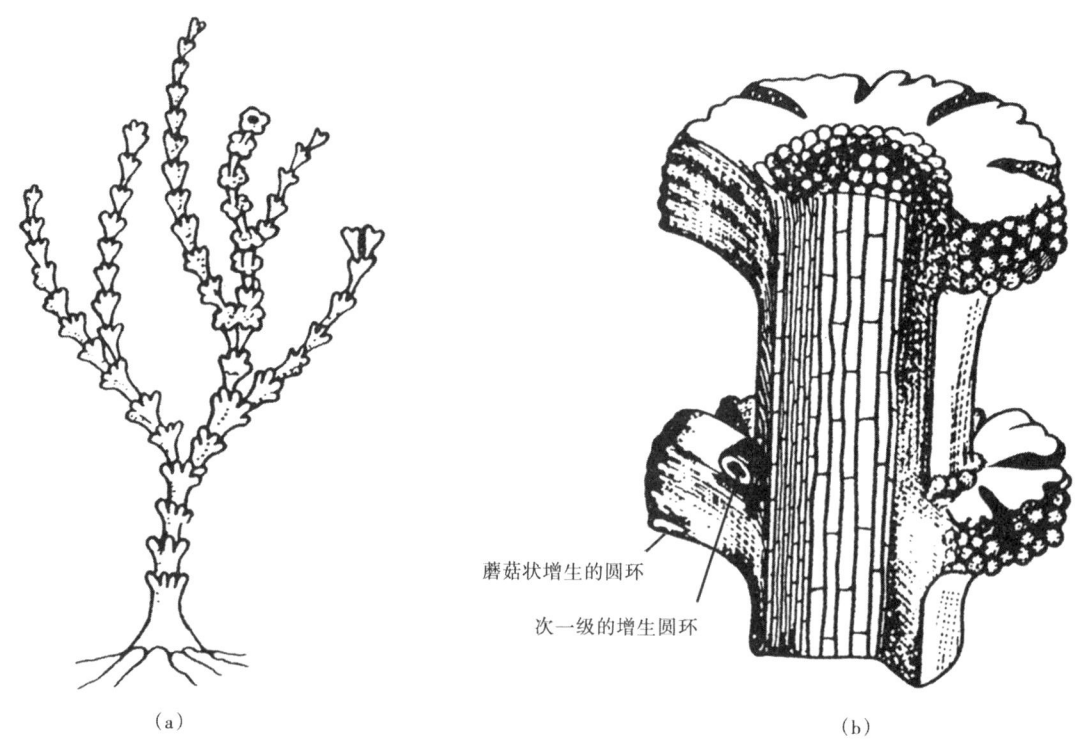

图4.13　拟量杯藻属 *Paralancicula fibrosa* Shuysky 的复原再造图（据 Shuysky，1973年）
(a) 叶状体的外貌；(b) 一段叶状体的放大解剖图，可见中央叶状体的丝体细胞较大，而边缘叶状体的丝体细胞较小

中央叶状体是由那些细胞丝体组成，其形状不同于该叶状体其他部位的丝体。综上所述，中央叶状体的细胞经常未被钙化（图4.5），或它的钙化程度远远不如边缘叶状体细胞的钙化程度。

在讨论现代红藻的形态时，已经提到在边缘叶状体内可以分离出或多或少、厚的细胞层，这就形成了所谓的皮壳层或外壳。位于中央叶状体的细胞与该叶状体其他部分的细胞（即边缘叶状体的细胞），形成明显的对照。

4.4.2.2　红藻的生殖器官

以上，简要地叙述了现代红藻的生殖作用过程是很复杂的，而且它们具有极其不同的生殖器官。对于古代红藻化石的生殖器官的知识，我们是很不完备的。

在鲁特洛藻属 *Ludlovia* 和管状藻属 *Tubomorphophyton* 类型的细胞丝体内，其生殖器官呈小球形，分布在侧枝的顶端上；在那些二分叉的细胞丝体中，其中的一个侧枝可成为孢子囊。

在管孔藻科的藻类内，早已发现那些大的、椭圆形的空腔，对这些空腔一般认为是生殖器官（即生殖窝）（图4.14）。

在古石叶藻属 *Archaeolithophyllum* 的叶状体内，经常见到生殖窝，这些生殖窝呈大的半球形，分布在边缘叶状体的细胞内（图4.15）。而雷西瓦藻属 *Lysvaella* 的大的卵形生殖窝明显地不同于古石叶藻的生殖窝，它们也分布于边缘叶状体之内；而那些边缘叶状体的外面还有一层薄的、由皮壳细胞组成的覆盖层（图4.5）。

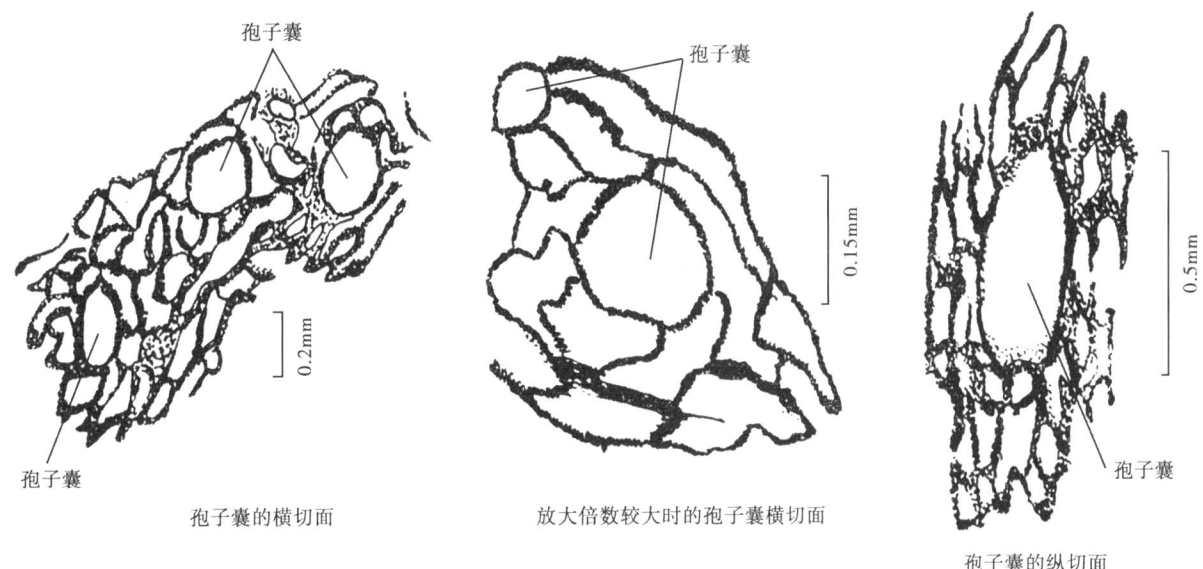

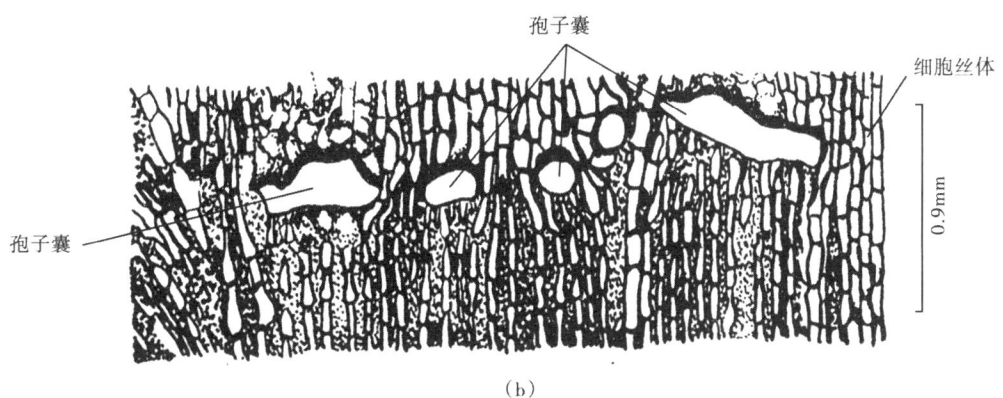

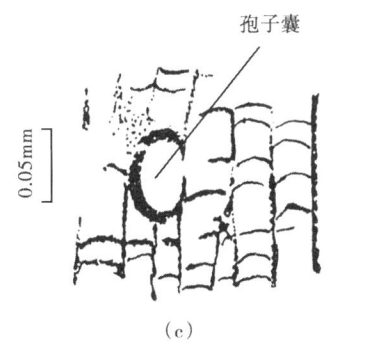
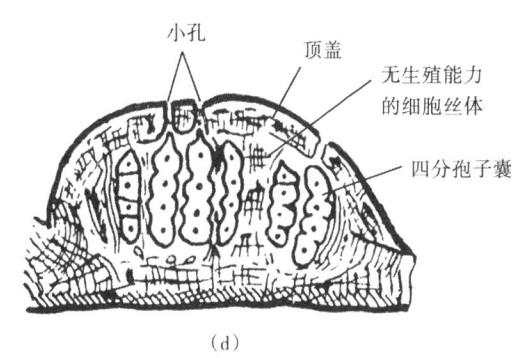

图 4.14 某些红藻化石的生殖器官图

(a) 管孔藻属 *Solenopora spongoides* (Dyb.) 的孢子囊 (Maslov, 1956);

(b) 在管孔藻属 *Solenopora* (*Neosolenopora*) *multiformis* Bel. 内, 细胞丝体的结构、孢子囊的形状和其分布位置 (Belokracu, 1966);

(c) 拟刺毛藻属 *Parachaetetes* (*Tomilithon*) *johnsoni* Maslov 内, 分布在边缘叶状体丝体中的孢子囊;

(d) 现代石枝藻属 *Lithothamnium* 的孢子堆 (Maslov, 1956)

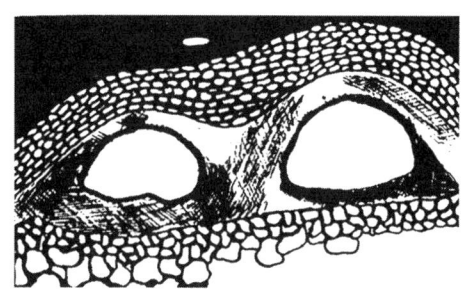

图 4.15　古石叶藻属 *Archaeolithophyllum* 的两个生殖窝图（据 Johnson，1960 年）

在其上面包围着边缘叶状体的小细胞，而其下方则为中央叶状体的较大的细胞

在卡塔夫藻属 *Katavella* 的藻体内，出现了另外一种类型的生殖器官，此处在细胞丝体的末端有非常大的细胞，这些细胞就其大小而言至少要超过一般的生殖细胞的 2 倍；认为这些细胞就是生殖窝。根据它们的形状接近于鲁德洛藻属 *Ludlovia* 那种生殖窝。

在古生代的红藻内有生殖器官，或缺失生殖器官，因此我们并没有考虑将其作为系统分类的标志，这是因为这些生殖窝很少能见到，且不是经常能被认出。

在珊瑚藻内，情况是完全不同。此处要考虑孢子囊的形状和相互关系、生殖窝的结构（图 4.11、图 4.16）。对于这些藻类，生殖器官的结构及它们的存在与否是鉴定属的重要的标志，这可以从珊瑚藻的各种分类方案中得到证实。Poignant（1979a，b）所提出的红藻分类方案内，对于中生代和新生代的红藻的分类体系中，认为生殖器官具有重要的价值。Poignant 将生殖器官的结构分为几种类型（图 4.11）。也就是根据这些标志将中生代、新生代的红藻分为两大群体。其中有一类红藻群体具有孤立分布的孢子囊和多穿孔的生殖窝；而另外一类，其生殖窝只有一个孔（图 4.17）。根据 Poignant 的理解，对于中生代和新生代的红藻的分类方案应当建筑在叶状体的外部形态、细胞组织的结构及生殖器官的结构。综上，可见古生代红藻的分类体系只能依据前两个标志——叶状体的外部形态和细胞组织的结构。但是，外部形态也是不稳定的，如许多管孔藻属 *Solenopora* 叶状体的外形变化非常大。管孔藻可以形成许多石化的形体，呈扁平的薄片和球形，还可以出现由薄片和球形之间的一系列过渡类型。因此，对于管孔藻属 *Solenopora* 属的鉴定，只能靠细胞丝体结构的内部细节和细胞丝体的相互关系。对于管孔藻属 *Solenopora* 来说，把叶状体分为中央叶状体和边缘叶状体，实际上并没有意义，因为完全不存在中央叶状体。然而，对于那些具有亚圆柱形叶状体的红藻，在其分类体系中这些标志仍具有重要的意义。具有相似形状的藻类来说，中央叶状体与边缘叶状体的相互关系是鉴定属的标志，甚至是区分更高级别分类单位的标志。

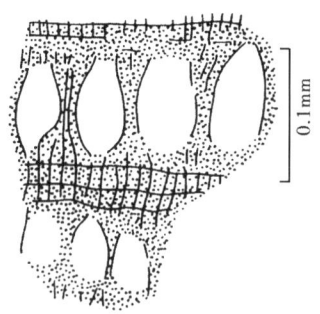

图 4.16　古石枝藻属 *Archaeolithothamnium* 内的孢子囊图（据 Maslov，1962 年）

可见孢子囊之间的细胞丝体已发生变形

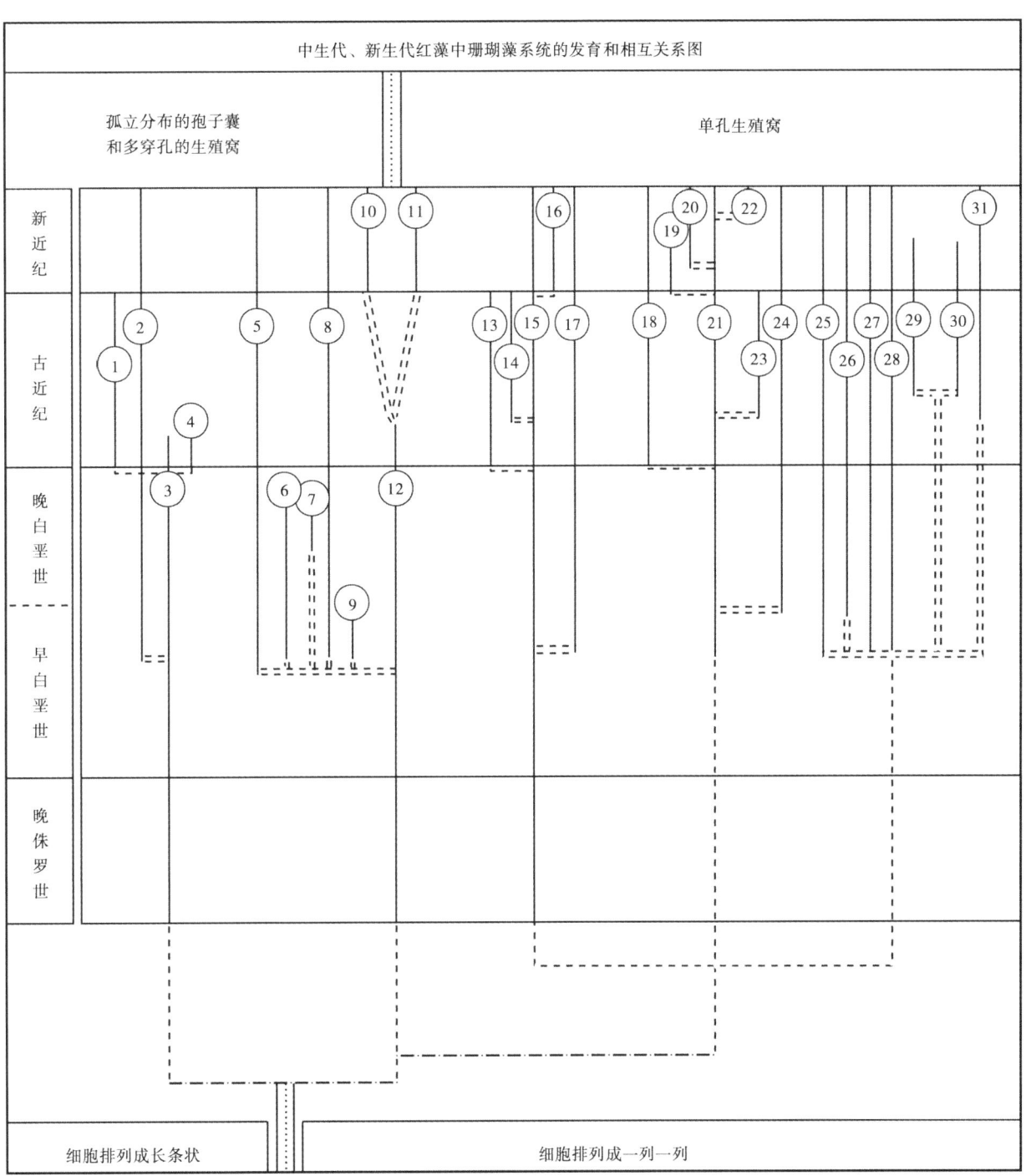

图 4.17 中生代、新生代红藻中珊瑚藻系统的发育和相互关系及分类的原则图（据 Poignant, 1979a, 1979b 年）
1—古叶藻属 *Palaeophyllum*；2—石叶藻属 *Lithophyllum*；3—管孔藻属 *Solenopora*（*Neosolenopora*）；4—中石藻属 *Mesolithon*；5—古石枝藻属 *Archaeolithothamnium*；6—古枝藻属 *Paleothamnium*；7—半叶藻属 *Hemiphyllum*；8—中叶藻属 *Mesophyllum*；9—*Kymalithon*；10—假怪石藻属 *Pseudoaethesolithon*；11—怪石藻属 *Aethesolithon*；12—拟刺毛藻属 *Parachaetetes*；13—双板藻属 *Distichoplax*；14—*Litholepis*；15—石孔藻属 *Lithoporella*；16—*Tenaria*；17—皮壳藻属 *Melobesia*；18—新角石藻属 *Neogoniolithon*；19—拟孔石藻属 *Paraporolithon*；20—孔石藻属 *Porolithon*；21—*Litholepis*；22—古石叶藻属 *Paleolithophyllum*；23—细石叶藻属 *Leptolithophyllum*；24—皮石藻属 *Dermatolithon*；25—珊瑚藻属 *Corallina*；26—节心藻属 *Arthrocardia*；27—叉珊藻属 *Jania*；28—叉节藻属 *Amphiroa*；29—亚地叶藻属 *Subterraniophyllum*；30—变角石藻属 *Metagonolithon*；31—粗珊藻属 *Calliarthron*

4.5 现代红藻和古代红藻化石的分类体系

在现代红藻门的分类体系中，分为两个纲：红毛藻纲和红藻纲。现将其特征叙述如下：

4.5.1 现代红藻的分类体系

4.5.1.1 红毛藻纲

单细胞的、群体的或多细胞类型，具有薄壁组织的结构。生长是属于扩散型，这是通过所有的一切细胞发生分裂而造成的。细胞属于单核型，其内有一个星状的叶绿体和一个中央淀粉核。只有那些具有高级组织的属种内，才会出现有性生殖。正是由于无性繁殖细胞的改造，就产生了有性细胞。此纲又可以分为两大组合。第一个组合：藻类是具有多细胞、呈板状形态的红藻，这些藻类生活在海洋内；而第二个组合：藻类具有单细胞，但以群体的状态出现，它们通常生活于淡水内和陆地上。

4.5.1.2 红藻纲

此纲的藻类属于多细胞的藻类，它们具有复杂的解剖结构。叶状体由分叉丝体组成，但缺少薄壁组织。生长方式是以顶端细胞分裂的方式进行的。该纲的细胞都是单核，只有少数具有多核，含有叶绿体。无性生殖是以四分孢子、二分孢子和多分孢子分裂的方式进行生殖，只有少数是单孢子。对于该纲所有的藻类来说，有性生殖是它们所特有的生殖方式，只有当次生丧失时，才缺失有性生殖。雄性和雌性生殖器官是一类特殊的器官。合子可以发育成产孢丝，这些产孢丝就形成了果孢子。在产孢丝的发育过程中，特殊的营养细胞和辅助细胞起了重要的作用。配子体与孢子体呈交替产出的现象。

根据合子的发育特征和辅助细胞的结构特征，红藻纲可再分为6个目。正如上面提到的特征来看，这一分类体系应用于古代的藻类化石将会产生非常大的困难。大多数的藻类研究者认为一切古代的红藻化石都归属于红藻纲。但是，将此纲分为各个目完全是任意的。

4.5.2 古代红藻的分类体系

经过多年对西伯利亚大量寒武纪藻类化石的研究，Korde（1965，1973）对最古老的红藻提出了分类体系。在红藻门内，她建立了两个新的纲：古红毛藻纲 Protobangiophyceae Korde，1973 和古红藻纲 Protofloridomorphophyceae Korde，1973。

古红毛藻纲 Protobangiophyceae Korde，1973

特征：叶状体是多细胞的丝体，或由许多丝体聚集而成，且丝体的表面具有黏性。叶状体具有各种外形，呈一簇一簇的丝体，或呈板状、圆形、薄饼状。这些藻类以基底部的假根状物体固着于底质上生长，或丝体松散地躺在底质上往上生长。叶状体的丝体彼此并未连接，它们呈垂直往上生长或放射状生长，且能伸出到黏性薄膜之上。由于各个丝体的生长才能使整个叶状体生长。原始的孢子囊具有同样的形状，分布在叶状体的外面，或在丝状体的末端呈梨形。无性生殖是由于叶状体内的各个丝体的终端强烈地生长而造成的。

此纲与古红藻纲的区别是：（1）叶状体的结构更为简单和原始；（2）丝体彼此分离；（3）叶状体内只有一种类型的原始孢子囊；（3）在生长上更具特征。

时代分布：早寒武世。

Korde（1973）对此纲的寒武纪的红藻提出了下列分类方案：

目　假花藻目　Pseudoanthales Korde，1973
　　科　假花藻科　Pseudoanthaceae Korde，1973
　　　　属　假花藻属　*Pseudoanthos* Korde，1973
　　科　刺藻科　Acanthinaceae Korde，1973
　　　　属　刺藻属　*Acanthina* Korde，1973
目　黏液藻目　Mucilinales Korde，1973
　　科　黏液藻科　Mucilinaceae korde，1973
　　　　属　黏液藻属　*Mucilina* Korde，1973
目　昆达特藻目　Kundatiales Korde，1973
　　科　昆达特藻科　Kundatiaceae Korde，1973
　　　　属　昆达特藻属　*Kundatia* Korde，1973

在此处所命名的各个分类单位，其他的研究者从未在寒武纪的地层内或更为年轻的地层中找到任何一个分类单位。还要说明，将这些藻类归属于红藻是有争议的。

古红藻纲　Protofloridomorphophyceae Korde，1973

特征：叶状体是多细胞的丝状体，丝体有一列或多列，呈丛状的生长；叶状体呈垂直生长或丝组成毡，它们沿着基底匍匐生长；叶状体具有复杂的结构，呈圆柱形，有时呈分节，可区分为轴部和皮壳部，也可不分轴部和皮壳部。叶状体以假根状的物体固着生长，或以基底部的茂盛物体生长，或用圆盘固着生长。在同一个标本上，原始孢子囊具有相同的结构，或其结构彼此不同。无性生殖的方式是在叶状体的某个部分，在细胞丝体的末端呈盘形细胞的堆积物，它们一般分布在叶状体的外面。

比较：此纲与古红毛藻纲的不同之处是其具有更为复杂的结构。

目　凯纳藻目　Kenellales Korde，1973

特征：叶状体匍匐生长或直立生长，它是有一个或几个圆柱形部分；这些圆柱形的部分彼此相连接，或只有一部分相互连接。叶状体的圆柱形部分，其形状一致；它是由轴部和边缘部这两部分所组成。但是，这两部分的结构和厚度均不相同。生殖器官位于叶状体的外面，呈孢子囊的方式，如果位于叶状体的里面则在生殖窝之内。

该目包括以下各科：鲁德洛藻科 Ludloviaceae Chuvashov，1987；管孔藻科 Solenoporaceae Pia，1927；杰米德藻科（杰米德是根据乌拉尔山脉地区的一条河流——杰米德河）Demidellaceae Chuvashov，1987；

卡塔夫藻科 Katavellaceae Korde, 1966；串珠孔藻科 Moniliporellaceae Gnilovskaya, 1972；翁格达藻科 Ungdarellaceae Maslov, 1956；古石叶藻科 Archaeolithophyllaceae Chuvashov, 1987；施塔契藻科 Stacheinaceae Loeblich and Tappan, 1961；雷西瓦藻科 Lysvaellaceae Chuvashov, 1987。

在此目内，对于寒武纪的红藻，korde（1973）还包括下列 4 个科：

凯纳藻科 Kennellaceae Korde, 1973；巴捷内夫藻科 Bateneviaceae Korde, 1973；前管孔藻科 Proauloporaceae Korde, 1973；笛管藻科 Fistulellaceae Korde, 1973。

现分别讨论以下 9 个科：

科　鲁德洛藻科　Ludloviaceae Chuvashov, 1987

特征：叶状体是由多次的、分叉的细胞丝体组成，这些丝体向着顶部迅速地扩大。细胞的丝体呈单列，细胞呈亚圆柱形，其高度变化较大。生殖器官在叶状体外面的末端，分布在侧枝的分叉处，此分叉处应为二分叉的地方。细胞壁是由暗色的球粒状碳酸盐组成，它们在透射光下呈柔和的黑色，而在反射光下呈瓷白色。

比较：此科最接近的科是表附菌科 Epiphytaceae Korde, 1965, 但与其不同之处是当前新科的代表具有细胞结构，尽管其他的形态特征和叶状体钙化部分的结构特征非常相似。

组成：鲁德洛藻属 Ludlovia Korde, 1973；管状藻属 Tubomorphophyton Korde, 1973；戈顿藻属 Gordonophyton Korde, 1973；科西瓦藻属（科西瓦是北乌拉尔山脉地区的一条河流名称）Kosvophyton Korde, 1973；类表附菌（藻）属 Epiphytonoides Korde, 1973；丝体藻属 Filaria Korde, 1973。

时代分布：寒武纪—晚泥盆世。此科的藻类往往能形成礁相沉积。

科　管孔藻科　Solenoporaceae Pia, 1927

特征：叶状体的形状变化很大，它们可呈椭圆形、亚圆柱形和皮壳状等；其组成的细胞丝体可以联合在一起或彼此分离，在横切面内细胞呈椭圆形和多角形，而在纵切面则接近于直角形。在管孔藻族 Solenoporae 的化石内，细胞丝体内的横隔板很清楚，而在假管孔藻族 Pseudosolenoporae 化石内，横隔板不明显；这些横隔板可以分布在相邻的丝体内，也许能连结成一条横线或分布在丝体的不同的位置。经常能见到中央叶状体和边缘叶状体两部分。生殖器官表现为椭圆形的空腔，但不是经常能见到。

组成：见各个族的描述部分。

时代分布：晚前寒武纪、寒武纪—新近纪。

管孔藻科 Solenoporaceae 已被许多古藻类学家所承认（Maslov, 1956, 1962；Johnson, 1959, 1964）。不久以前，Mamet and Roux（1979）对组成该科的各个属进行了修正，他们提出了各个属的一系列的特征，如在管孔藻属 Solenopora 内的横隔板与细胞丝体壁斜交成一定的角度，这样在横切面内可见这些横隔板只是从细胞丝体壁上伸出的、短的突起（图 4.18）。虽然这种结构细节并没有被其他的藻类学家发现。Mamet and Roux（1979）还描述了一个新属——假管孔藻属 Pseudosolenopora, 此属一般缺失横隔板。如果这一特征是原始特征的话，那么假管孔藻属 Pseudosolenopora 理应从红藻内排除出去。

很有可能，在假管孔藻属 Pseudosolenopora 内，缺失横隔板是与钙化作用的性质有关。我们记得这个问题在确定马罕藻属 Marinella 的系统分类位置时也存在着同样的问题。当 Maslov（1962）持有保存完好的材料时，他能成功地证实存在着横隔板，但这些横隔板钙化非常弱。根据这一标志，即细胞丝体内横隔板的钙化程度，建议将管孔藻科 Solenoporaceae 分为两个族。

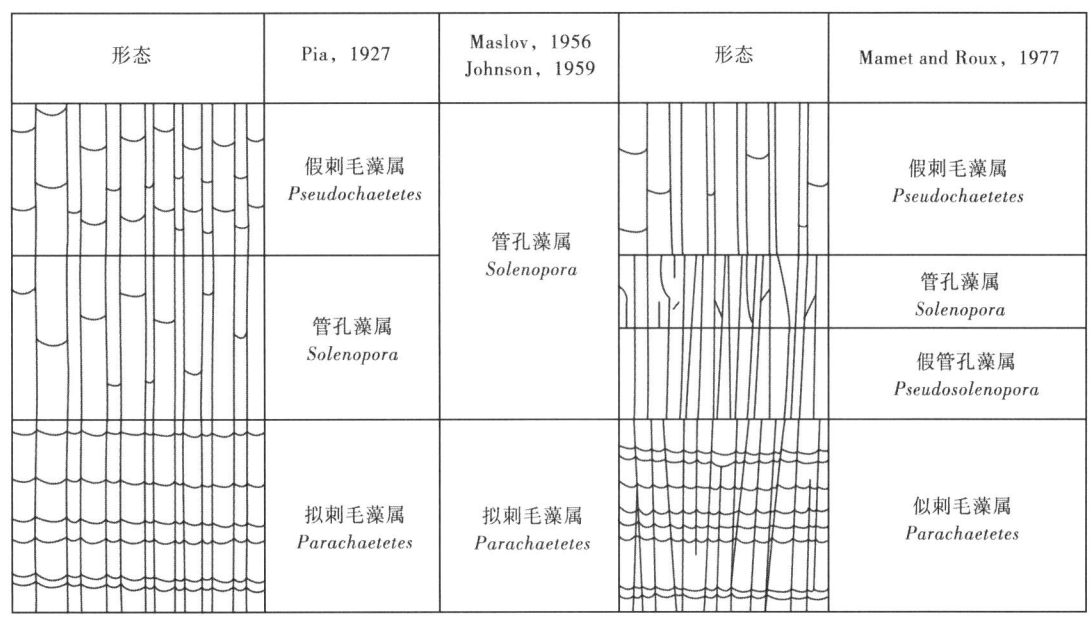

图 4.18　珊瑚藻科各属的鉴定原则图（据 Mamet and Roux，1979 年）

族　管孔藻族　Solenoporae Chuvashov，1987

特征：叶状体很紧密，呈椭圆形、亚球形、呈薄片状或亚圆柱形；它们一般都是固定在其他物体之上生长。叶状体是由紧密挤压在一起、且平行排列的细胞丝体组成。在横切面内，这些丝体细胞呈多角形，而在纵切面内则表现为矩形。生殖器官是在叶状体的里面，呈椭圆形，或为形状不规则的生殖窝。横隔板是清晰的，它们分布在相邻的细胞丝体之内的同一个平面上，或处于不同的平面上。

组成：管孔藻属 Solenopora Dybowsky，1878；拟刺毛藻属 Parachaetetes Deninger，1906；石藻属 Petrophyton Yabe，1912；假刺毛藻属 Pseudochaetetes Haug，1883；多角藻属 Polygonella Elliott，1957。

时代分布：晚寒武世，寒武纪—新近纪。

族　假管孔藻族　Pseudosolenoporae Chuvashov，1987

特征：叶状体很紧密，呈结节状或瘤状。叶状体是由紧密挤压在一起的细胞丝体组成或这些细胞丝体松散排列。在横切面内细胞丝体呈多角形或圆形，而在纵切面内则呈矩形。生殖器官是在叶状体的里面，呈圆形或胡萝卜形。细胞丝体内的横隔板极少。

组成：假管孔藻属 Pseudosolenopora Mamet and Roux，1977；密孔藻属 Pycnoporidium Yabe and Toyama，1928；窄孔藻属 Stenoporidium Yabe and Toyama，1928；马罕藻属 Marinella Pfender，1939。

时代分布：奥陶纪—古近纪。

科　串珠孔藻科　Moniliporellaceae Gnilovskaya，1972

特征：叶状体具有不同的形状，有些呈直的圆柱形，可分叉；有些呈球形或结节状。圆柱形叶状体的外面可出现收缩的现象。中央叶状体的组成丝体彼此紧贴在一起，也可能彼此之间存在着不大的距离。这些丝体或宽或窄，且可分叉，但分叉的角度很小。丝体的直径较稳定，但也可出现一些变化。中央叶状体的丝体平行排列，而往边缘部分，这些丝体就呈扇形往边缘发散。因此，边缘叶状体的丝体在刚开始时是垂直于中央叶状体的丝体向四周发散，或与其构成一定的交角往上伸展。边缘叶状体的细胞长度要比其宽度大得多。细胞纵向壁的钙化程度要比横向壁的钙化强得多。生殖器官尚未发现。

组成：串珠孔藻属 *Moniliporella* Gnilovskaya，1972；缠绕藻属 *Contexta* Gnilovskaya，1972；纽扣孔藻属 *Ansoporella* Gnilovskaya，1972；分叉孔藻属 *Furcatoporella* Gnilovskaya，1972；交织藻属 *Plexa* Gnilovskaya，1972；编织藻属 *Texturata* Gnilovskaya，1972；茸毛孔藻属 *Villosoporella* Gnilovskaya，1972。

时代分布：哈萨克斯坦的晚奥陶世；西西伯利亚的晚泥盆世。

科　杰米德藻科　Demidellaceae Chuvashov，1987

特征：叶状体由多列的细胞丝体组成，亚圆柱形，具有二分叉式的分枝；叶状体的外面有断断续续的、呈蘑菇状的增大圆盘，这些蘑菇状的增大圆盘一个叠置在另一个之上，它们之间的距离接近相等。中央叶状体是由一束紧贴在一起的细胞丝体组成，这些细胞的横切面呈圆形和多角形，而在纵切面内则呈矩形。蘑菇状的增大圆盘是由许多一簇一簇的细胞丝体组成，它们与中央轴以某些交角向外伸出。中央叶状体、边缘叶状体和蘑菇状的增大圆盘的一切组成细胞都受到强烈的钙化，如同它们之间的空间获得钙化的程度一样。该科可分出两个属。在拟量杯藻属 *Paralancicula* 的代表内，其叶状体可以清晰地分为中央叶状体和边缘叶状体。而杰米德藻属 *Demidella* 的代表，其组成细胞丝体具有相同的形状。这是重要的区分标志，能作为区分各个族的标志，尽管每一个族只有一个属。

组成：拟量杯藻属 *Paralancicula* Shuysky，1973；杰米德藻属 *Demidella* Shuysky，1985。

时代分布：乌拉尔地区的早泥盆世。

此科可分为两个族：

族　拟量杯藻族　Paralanciculae Chuvashov，1987

特征：叶状体由多列的细胞丝体组成，呈亚圆柱形，可二分叉；叶状体的外面有断断续续的、呈蘑菇状的增大圆盘，这些蘑菇状的增大圆盘一个叠置在另一个之上，它们之间的距离接近相等。叶状体可分为中央叶状体和边缘叶状体两部分；中央叶状体是由一束较大的细胞丝体组成，而边缘叶状体的细胞丝体则较为窄小。

组成：拟量杯藻属 *Paralancicula* Shuysky，1973。

时代分布：乌拉尔地区的早泥盆世。

族　杰米德藻族　Demidellae Chuvashov，1987

特征：叶状体由多列的细胞丝体组成，呈亚圆柱形，可二分叉；叶状体的外面有断断续续的、呈蘑菇状的增大圆盘，这些蘑菇状的增大圆盘一个叠置在另一个之上，它们之间的距离接近相等。叶状体是由一束紧贴在一起的、直径相同的细胞丝体组成。这些细胞的横切面呈圆形和多角形，而在纵切面内则呈矩形。

组成：杰米德藻属 *Demidella* Shuysky，1985。

时代分布：乌拉尔地区的早泥盆世。

科　卡塔夫藻科　Katavellaceae Korde，1966

特征：叶状体呈直的圆柱形，不分叉，也未分节，具有处于萌芽状态的皮壳。这些皮壳是由一列边缘细胞丝体组成。在叶状体的顶端部分，细胞丝体被孤立隔开，从而形成了圆锥花序。孢子囊在叶状体的外面，它们分布在孤立分离的细胞丝体的末端。

组成：卡塔夫藻属 *Katavella* Chuvashov，1965。

时代分布：乌拉尔地区的晚泥盆世弗拉斯期。

科 翁格达藻科 Ungdarellaceae Maslov，1962（翁格达是贝加尔湖地区的一个高原名称）

特征：叶状体呈分叉状、圆柱形或扁平；它是由细胞丝体组成，这些丝体在叶状体的轴部或松散或紧密地分布，而接近于叶状体外表面的细胞丝体彼此紧贴在一起。如在纵切面内，细胞壁的钙化或丝体之间空间的钙化形成了层状构造。生殖器官很少被发现，如出现，一般呈椭圆形的空腔。

组成：翁格达藻族 Ungdarellae Chuvashov，1987；伯朝拉藻族 Petschoriae Chuvashov，1987。

时代分布：石炭纪—二叠纪；分布于世界各地。

此科可分为两个族：

族 翁格达藻族 Ungdarellae Chuvashov，1987

特征：叶状体已完全钙化，呈圆柱形或为二分叉的圆柱体。叶状体是由不同结构的细胞丝体组成；中央叶状体只有一列或几列细胞丝体，而边缘叶状体的丝体是从位于中央的丝体以一定的交角向外伸展。在丝体内的细胞壁连结在一起，但横隔板一般不能保存。

组成：翁格达藻属 *Ungdarella* Maslov，1950；科米藻属 *Komia* Korde，1951；*Erevanella* Maslov，1962。

时代分布：石炭纪—二叠纪；分布于世界各地。

族 伯朝拉藻族 Petschoriae Chuvashov，1987

特征：叶状体已完全钙化，呈亚圆柱形或皮壳状、板状。中央叶状体发育完全，由那些平行排列紧贴在一起的丝体组成。边缘叶状体发育较差，由那些垂直于中央叶状体的不分叉的丝体组成。

组成：伯朝拉藻属 *Petschoria* Korde，1951；假科米藻属 *Pseudokomia* Racz，1966。

时代分布：石炭纪；分布于世界各地。

科 古石叶藻科 Archaeolithophyllaceae Chuvashov，1987

特征：叶状体呈皮壳状，条带状，有时呈扁平状，亚圆柱状，并可分叉。叶状体可以清楚地分为中央叶状体和边缘叶状体两部分。中央叶状体是由那些较大的多角形细胞组成，而边缘叶状体的细胞较小，呈矩形。生殖器官一般在生殖窝之内。

组成：非形藻属 *Amorphia* Racz，1966；古石叶藻属 *Archaeolithophyllum* Johnson，1956；首要藻属 *Principia* Brenckle，1982。

时代分布：石炭纪；分布于世界各地。

科 施塔契藻科 Stacheinaceae Loeblich and Tappan，1961

特征：叶状体是很小的、呈包覆状或任意自由分布、或亚圆柱形。叶状体从固着基底呈对称生长的细胞丝体组成，一般表现为片状或瘤状。

组成：马梅藻族 Mametellae Chuvashov, 1987；奥杰盖尔藻族 Aoujgaliae Chuvashov, 1987；假施塔契藻族 Pseudostacheoideae Chuvashov, 1987。

时代分布：石炭纪—二叠纪；分布于世界各地。

当前所研究的生物，它们的分类位置是有争议的。该科内第一个藻，即施塔契藻属 *Stacheia*，早在19世纪被作为有孔虫来描述（Brady, 1876）。在最近20年内，法国的古生物学家，如 Termier, H., Termier, G., Vachard, D. and Perret, M.；以及加拿大的古生物学家 Mamet, B., Roux, A., Petryk, A. 对这些有疑问的生物进行了有力的研究。因此，对于这些化石的性质，可以大致区分为两个研究方向。法国的古生物学家将这些生物归入一个特殊的海绵纲，称为藻海绵纲 Algospongia（Termier and Vachard, 1977），并归入于奥杰盖尔藻科 Aoujgalidae Termier and Vachard, 1975 之内。而加拿大的微体古生物学家坚持认为这些化石仍是藻类化石，将它们归入翁格达藻科 Ungdarellaceae Maslov, 1962 内，并单独建立了一个亚科：施塔契藻亚科 Stacheinaceae Loeblich and Tappan, 1961。

如果我们承认这些化石是属于藻类的话。那么，我们认为根据其形态的特征和生活方式，这些生物可以分离出来，成立单独的一个科，尽管它们具有翁格达科的性质。当前我们所讨论的这些化石，其叶状体具有独特的生长方式；其与翁格达科不同之处是并未分成中央叶状体和边缘叶状体两部分。在当前的一科内，其形态类型也存在着很大的多样性。Mamet and Roux（1977）将此科分为两个能在形态上区分的组合。在第一个组合包括了施塔契藻属 *Stacheia*，四石藻属 *Fourstonella*，拟施塔契藻属 *Parastacheia*，奥杰盖尔藻属 *Aoujgalia* 等，在这些属的叶状体内，其组成的细胞丝体具有同样的形状。第二个组合包括了假施塔契藻属 *Pseudostacheoides*，表施塔契藻属 *Epistacheoides*；这些属的特征代表另外一类结构类型，其叶状体可以分成中央叶状体和边缘叶状体两部分。根据我们的认识，从形态特征来看，施塔契藻科 Stacheinaceae 一科可分为三个族。

族　马梅藻族　Mametellae Chuvashov, 1987

特征：叶状体呈包壳状，它是由水平的单元（即层纹）和垂直的单元组成。如在横切面内，这些结构就形成了矩形的格子状结构。在相邻的各层之间，那些垂直单元并未相连。所有的细胞壁是由透明的、略带黄色或玻璃状的方解石组成。

组成：施塔契藻属 *Stacheia* Brady, 1876；褶枝藻属 *Ptychocladia* Ulrich and Bassler, 1904；四石藻属 *Fourstonella* Cummings, 1955；楔形藻属 *Cuneiphycus* Johnson, 1960；马梅藻属 *Mametella* Brenckle, 1977；角形藻属 *Gonialia* Vachard, 1979；弗吕格藻属 *Eflugelia* Vachard, 1979；丘瓦索夫藻属 *Chuvashovia* Vachard, 1981。

时代分布：石炭纪—二叠纪；分布于世界各地。

族　奥杰盖尔藻族　Aoujgaliae Chuvashov, 1987

特征：叶状体呈包壳状或纺锤形。细胞并未成一列一列或一层一层排列，而是围绕着生长中心，形成大致的同心层。因此，细胞在每一层内，它们的水平细胞壁和垂直细胞壁都没有连成一条线。然而，这些不一致性（未连成一条线）一般来说是很不明显的，给于人们一般的印象是这些细胞在每一列和每一层内都是有序的。细胞壁是由透明的、略带黄色或玻璃状的方解石组成。

组成：奥杰盖尔藻属 *Aoujgalia* Termier and Termier, 1950；类施塔契藻属 *Stacheoides* Cummings, 1951；拟施塔契藻属 *Parastacheia* Mamet and Roux, 1977。

时代分布：石炭纪—二叠纪；分布于世界各地。

族　假施塔契藻族　Pseudostacheoideae Chuvashov，1987

特征：叶状体呈不规则的形状或包壳状。当叶状体内的放射结构不发育时，它们的内部构造就表现为大致的同心层结构。细胞结构在叶状体的边缘部分发育得较为完整。在细胞丝体之间能见到大的空腔，这些空腔也许就是孢子囊。

组成：假施塔契藻属 *Pseudostacheoides* Petryk and Mamet，1972；表施塔契藻属 *Epistacheoides* Petryk and Mamet，1972；弯曲施塔契藻属 *Sinustacheoides* Termier and Vachard，1977；飞驰施塔契藻属 *Dromastacheoides* Perret and Vachard，1977。

时代分布：石炭纪—二叠纪；分布于世界各地。

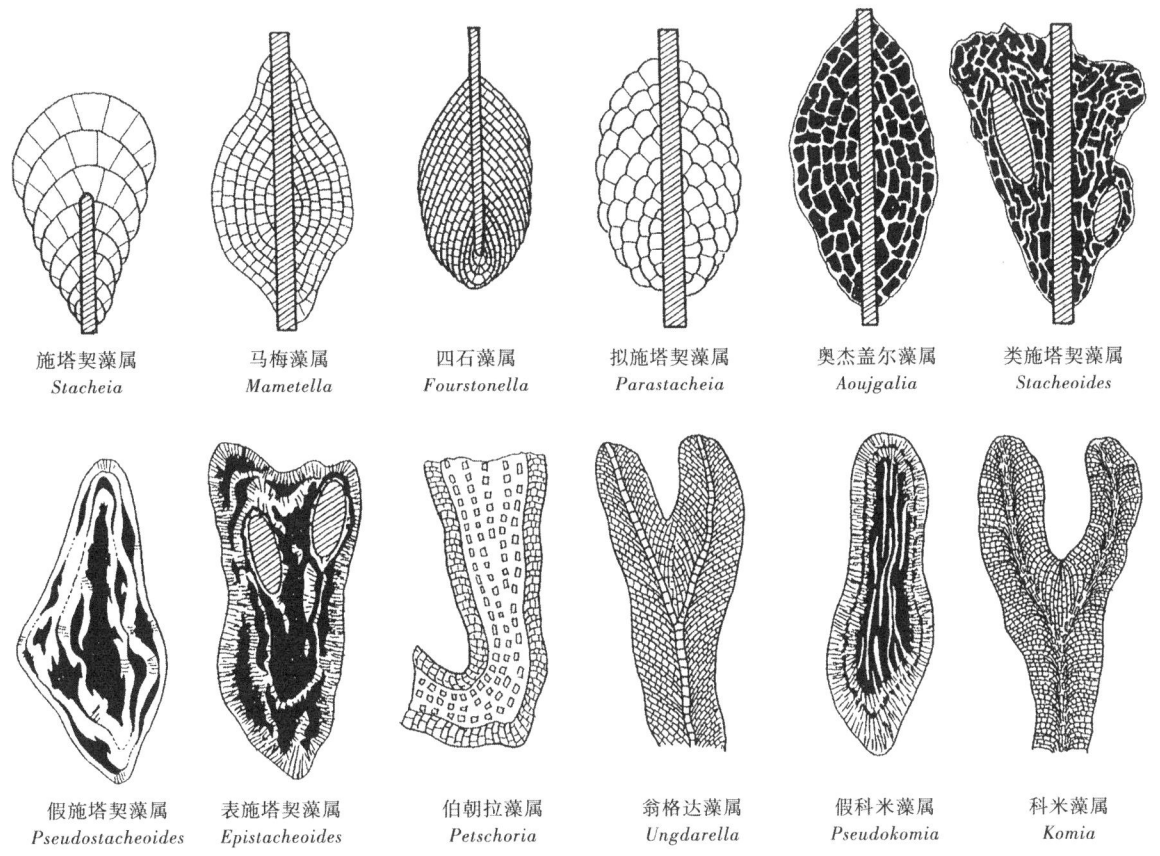

图 4.19　一些红藻的图解示意图（据 Mamet and Roux，1977 年）

科　雷西瓦科　Lysvaellaceae Chuvashov，1987

特征：叶状体具有多列，不分节，呈圆柱形。叶状体可以清晰地分为轴部中央叶状体和边缘叶状体。轴部中央叶状体是由一束紧贴在一起的细胞丝体组成，这些细胞窄而长，而边缘叶状体是由那些较大的多角形细胞组成，几乎是等大的。但是，呈圆球形细胞较少。某些个别的细胞可以比其相邻的细胞大几倍。在边缘叶状体的外带可见亚圆柱形的细胞，它们与轴部倾斜相交，就在这个外带内分布着生殖窝，它们呈蛋形的空腔。这些生殖窝分布之处对于叶状体外表就出现了明显的突起，它们都是呈同心状，围绕叶状体表面分布（图 4.5）。

组成：雷西瓦藻属 *Lysvaella* Chuvashov，1971。

时代分布：俄罗斯乌拉尔山脉西坡的早二叠世空谷期；阿富汗中部的中二叠世穆尔加布期。

目　隐丝藻目　Cryptonemiales

科　珊瑚藻超科　Corallinaceae Harvey，1849

珊瑚藻的分类是最经得起考验和最完整的分类系统。对于这些珊瑚藻的分类系统，极大多数的分类方案（Maslov，1962；《古生物学基础》，1963；Johnson，1964）都划分为下列一个科：Corallinaceae 和两个亚科 Melobesioidea，Corallinoidea。我们认为这些亚科之间的区别是很大的，其中一个亚科的叶状体是不分节的，而另一个亚科的叶状体是分节的。因此，完全可以合理地将它们看作独立的科。现在均以科来讨论。我们暂时把石质或石化的红藻归入珊瑚藻科内。

科　皮壳藻科　Melobesioideae

特征：叶状体不分节，它们是固着于其他物体之上，呈附着式生长；叶状体除了生殖器官之外完全钙化。叶状体是由细胞丝体组成，这些细胞丝体形成一层或多层皮壳，具有突起和凸瘤。对于该科大多数属来说，其叶状体可以分成中央叶状体和边缘叶状体两部分，有时还能见到位于上述这两部分之间的中间叶状体。孢子囊呈孤立分离状产出，可呈一列一列或一组一组地产出，它们分布在孢子堆之内或在生殖窝之内。在孢子囊的顶部有一个孔或有许多孔。此科的藻类通常铺盖在其他的物体之上生长，往往形成自由滚动的结核。

组成：石枝藻属 *Lithothamnium* Philippi，1837；古石枝藻属 *Archaeolithothamnium*（Rothpletz）Foslie，1891；石叶藻属 *Lithophyllum* Philippi，1837；中叶藻属 *Mesophyllum* Lemoine，1928；皮壳藻属 *Melobesia* Lamouroux，1812；中石藻属 *Mesolithon* Maslov，1955；古叶藻属 *Palaeophyllum* Maslov，1950；多角藻属 *Polygonella* Elliott，1957；石孔藻属 *Lithoporella* Foslie，1909；拟叶藻属 *Paraphyllum* Lemoine，1969；古代石枝藻属 *Palaeolithothamnium* Conti，1945。

时代分布：侏罗纪—现代。

Maslov（1962）提出将当前该科的藻类分为三个族。现分别叙述如下：

族　古石枝藻族　Archaeolithothamnieae Maslov，1962

特征：叶状体呈皮壳状，表面凹凸不平或呈分枝状；叶状体可分为中央叶状体和边缘叶状体两部分。基底的中央叶状体以躺卧状生长，其组成的细胞排列成一列一列。边缘叶状体内的组成细胞排列成一列一列。四分孢子囊显示垂向拉长，呈椭圆形或细颈玻璃瓶状，仅有一个孔［图 4.11（c）］。

组成：古石枝藻属 *Archaeolithothamnium*（Rothpletz）Foslie，1891；古代石枝藻属 *Palaeolithothamnium* Conti，1945；中石藻属 *Mesolithon* Maslov，1955。

时代分布：古近纪—现代。

族　石枝藻族　Lithothamnieae Maslov，1962

特征：叶状体呈皮壳状，表面凹凸不平或呈分枝状；基底的中央叶状体以躺卧状生长，其组成的细胞排列成一列一列。边缘叶状体的组成细胞可成长条状排列。但是，边缘叶状体的细胞很少出现格子状或呈不清晰的一列一列。在中央叶状体与边缘叶状体之间存在着中间叶状体。四分孢子分布于孢子堆之内，而这些孢子堆有许多小孔［图 4.11（c）］。

组成：石枝藻属 *Lithothamnium* Philippi，1837；中叶藻属 *Mesophyllum* Lemoine，1928。

时代分布：白垩纪—现代。

族　石叶藻族　Lithophylleae Maslov，1962

特征：叶状体呈皮壳状，表面凹凸不平或呈分枝状。中央叶状体的细胞呈层状分布，而边缘叶状体的细胞成列排列。横隔板可连接成一条直线。生殖器官是生殖窝，这些生殖窝在纵切面内经常具有接近于翻转中心的形状，而这些翻转中心的顶面有一个小孔 [图4.11（c）]。

组成：石孔藻属 *Lithoporella* Foslie，1909；石叶藻属 *Lithophyllum* Philippi，1837；皮壳藻属 *Melobesia* Lamouroux，1812。

时代分布：白垩纪—现代。

科　珊瑚藻科　Corallinaceae Harvey，1849

特征：叶状体呈分叉的、分节的、易于弯曲的丛状体。在藻体死亡后，此丛状体就分解成各个节片。位于中央的中央叶状体是由长形的细胞组成，而边缘叶状体是由较短的细胞组成。所有的细胞均成一列一列排列。

组成：珊瑚藻属 *Corallina* Lamouroux，1816；叉节藻属 *Amphiroa* Lamouroux，1816；古叉节藻属 *Archamphiroa* Steinmann，1930。

时代分布：白垩纪—现代。

4.6 红藻的演化和发育状况

红藻的演化与系统发育的相互关系在相当大的程度上取决于所采用的分类体系。Vologdin 首次在晚寒武世的地层内发现了红藻。可惜，这一发现在以后并未获得证实。在俄罗斯西伯利亚安加拉河附近的震旦纪地层内曾描述过 *Pustularia* Vologdin，这一化石归属于红藻门，这是根据此化石细胞丝体呈匍匐状的生长。在俄罗斯西伯利亚贝加尔湖附近的晚震旦纪地层内，Vologdin 发现了管孔藻。在阿尔泰中寒武世地层内发现了比加菌属 *Bija* 这一化石，现在已在马里共和国的前寒武纪的晚期 Sarnyere 组内找到（Bertrand Sarfati，1979）。在西伯利亚的寒武纪地层内，korde（1973）和 Voronova（1976）都已经找到了比加菌属 *Bija*。上述这些作者都把比加菌属 *Bija* 归于红藻，而我们认为不合理的。在当前我们所采用的分类体系中，此属应归属于蓝绿藻。

Korde（1961，1973）曾描述过来自于原苏联的寒武纪地层内的红藻，这是红藻中最丰富的领域。把所有这些化石组合归属于红藻，其可信度是不相同的。根据我们的观点，将那些具有细胞结构的叶状体和生殖器官位于叶状体末端，属于红藻是合适的，如管状藻属 *Tubomorphophyton*，戈顿藻属 *Gordonophyton*，科西瓦藻属 *Kosvophyton*，鲁德洛藻属 *Ludlovia*，对于这些化石，我们从表附菌目 Epiphytales 中分离出来，归入到鲁德洛藻科 Ludloviaceae。

Reitlinger，1959；Korde，1966，1973；Drodova，1980 从西伯利亚、阿尔泰及蒙古的早寒武世地层内找到两个红藻，即巴捷内夫菌属 *Batenevia* 和巴托木菌属 *Botominella*。这两个属的叶状体是由一簇像葛万菌属 *Girvanella* 式的小管组成。这些小管时而紧密排列，时而呈松散状分布。但是，这两个属的细胞丝体内存在着横隔板，这与葛万菌属 *Girvanella* 的细胞丝体很不相同，此外，在巴捷内夫菌 *Batenevia* 一属的叶状体内还可见到椭圆形的空腔，即孢子囊。应当要指出的，绝不是所有的古藻类学家都承认这两个属是红藻（Luchinina，1975）。

当前，我们归属于寒武纪和晚前寒武纪的藻类的认识，在相当大的程度上，是有矛盾的。如果我们遵循 korde 的意见，那么在寒武纪时，可以毫不夸大地说可称为丝状体红藻的繁荣期。但是，如果按照其他藻类学家的观点，在寒武纪时，只存在着有疑问的管孔藻；此时藻类植物的基本背景是蓝绿藻。

如果考虑到上述的假设情况，我们可以认为在寒武纪时，红藻只出现 3 个形态类型：（1）具有单列细胞丝体，如管状藻属 Tubomorphophyton，戈顿藻属 Gordonophyton 等；（2）块状或瘤状，如管孔藻属 Solenopora；（3）由多列细胞组成的亚圆柱形，如巴捷内夫藻属 Batenevia。

古藻类学家曾不止一次地试图建立这些红藻在整个演化时间过程中各个级别分类单位之间的系统发育关系（Johnson，1960；Maslov，1962 及其他作者）。在大多数的系统发育重建过程中，由管孔藻属 Solenopora 和拟刺毛藻属 Parachaetetes 组成的管孔藻群体发挥着重要的作用，而管孔藻群体成为独立的、长久活着的分支，它从前寒武纪开始，一直演化到古近纪。

Maslov（1962）认为管孔藻是皮壳藻科 Melobesioideae 内古石枝藻族 Archaeolithothamnieae 和石枝藻族 Lithothamnieae 两个族中所有各属的祖先。在此重建系统发育演化图解中，Maslov 曾用心观察那些分节红藻的起源，它占据了重要的位置。Maslov（1962）指出由拟刺毛藻属 Parachaetetes 可演化成早泥盆世的双真皮藻属 Bicorium Maslov，1956，这成为一个演化的侧支。从一方面来看，Bicorium 一属，它是石孔藻属 Lithoporella 的祖先，而从另一方面来看，它又成为古石叶藻属 Archaeolithophyllum 的祖先。根据 Maslov 重建系统发育演化的图解，古石叶藻属 Archaeolithophyllum 是石叶藻属 Lithophyllum，孔石藻属 Porolithon，皮壳藻科 Melobesioideae 及珊瑚藻科的祖先。上述这些演化的图解在很大的程度上是假设的，因为将分节红藻的演化起源依赖于那些有疑问的 Bicorium 属，然而，对于这个属，当前的作者从未见到过，其他的古藻类学家也没有遇到。

在 Johnson（1960）所建立的藻类系统发育演化图解中（图 4.20），他将管孔藻属 Solenopora 和拟刺毛藻属 Parachaetetes 作为红藻的祖先。到石炭纪中期，从拟刺毛藻 Parachaetetes 又可演化出一个侧支，即演化成楔形藻属 Cuneiphycus。此楔形藻可视为从侏罗纪开始发育的分节红藻的祖先。作为分节红藻的假定的祖先就是那些生物，但是，这些生物归属于藻类是被人们怀疑的。

把管孔藻属 Solenopora 和古石叶藻属 Archaeolithophyllum 作为珊瑚藻的其他各属的祖先。Poignant（1979a，b）的系统发育图解示意图在相当大的程度上是建筑在管孔藻属 Solenopora 群体之上的。根据古代红藻化石所积累起来的材料，我们能够重建古代红藻化石的系统发育演化关系（图 4.21）。

在选择红藻祖先的藻类时，我们首先采用原始的红藻，这些原始红藻的叶状体具有亚圆柱形，如巴捷内夫藻（菌）属 Batenevia，由此藻类可以演化出从形态上来看、基本上是新型的藻类，如奥陶纪到泥盆纪的串珠孔藻科 Moniliporellaceae。此科的红藻具有串珠状的叶状体，它可以清楚地分成两个带：中央带是由平行垂直排列的丝体组成，成为中央叶状体；而边缘带所组成的细胞丝体几乎都是垂直于中央轴部向外延展而成。这一分支的进一步演化，就可以在早泥盆世时见到杰米德藻科 Demidellaceae 的藻类，其中包括杰米德藻属 Demidella 和拟量杯藻属 Paralancicula。由此演化分支可以产生结构组织十分高级的红藻。另外一个演化分支是从串珠孔藻科 Moniliporellaceae 演化成翁格达藻。对于翁格达藻和科米藻属 Komia，我们有足够的根据认为它们是串珠孔藻属 Moniliporella 的后代，因为我们考虑到它们在形态上是十分相似的。上述这些属，即串珠孔藻属 Moniliporella 和翁格达藻——科米藻属 Komia，其叶状体的总体结构有着共同性，它们在中央部位的中央叶状体具有垂直定向和相同的细胞丝体，而在边缘部位的边缘叶状体则有一簇与中央轴呈一定的交角或与其呈垂直相交的丝体。

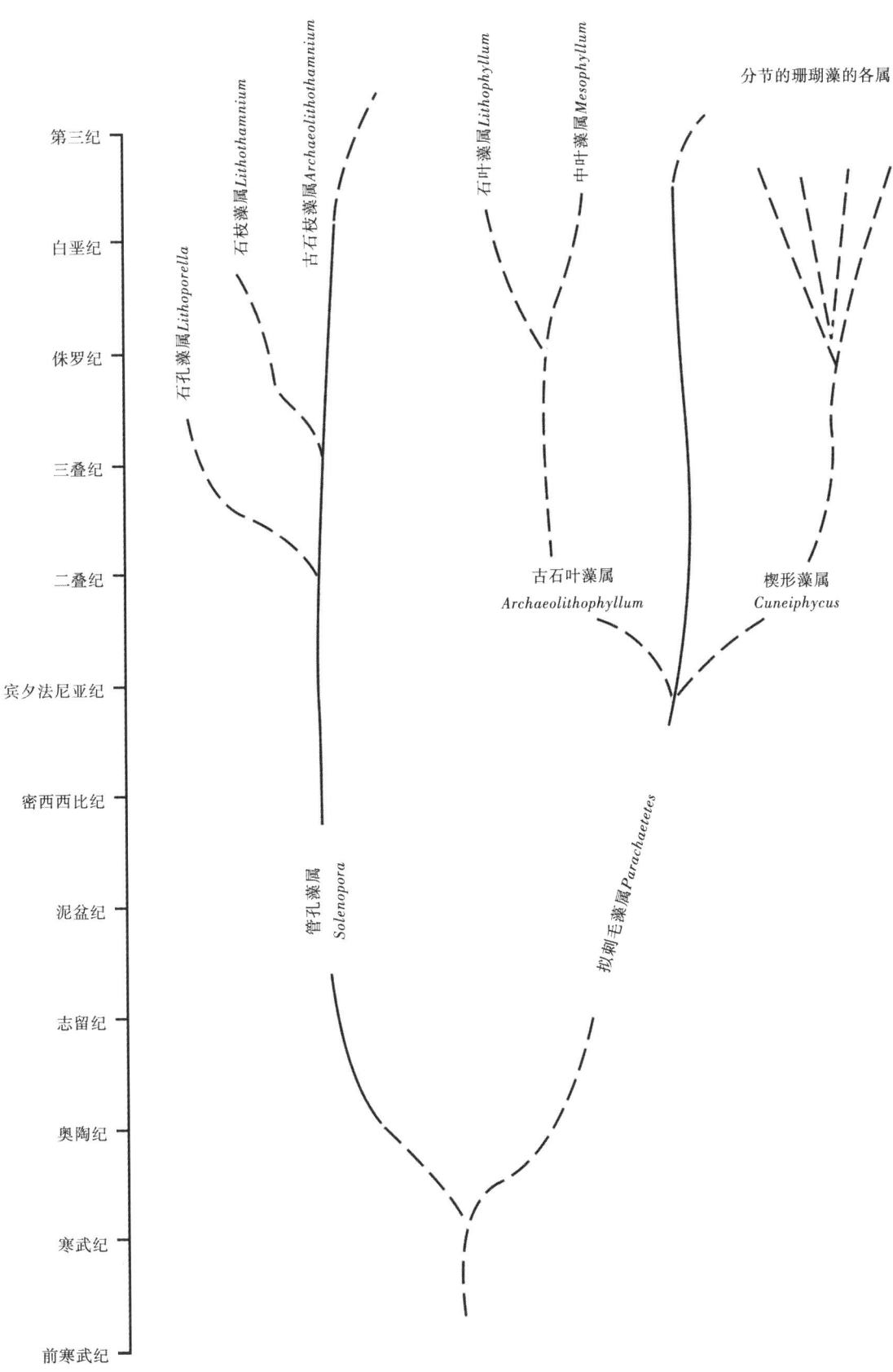

图 4.20 珊瑚藻的起源图解示意图（据 Johnson，1960 年）

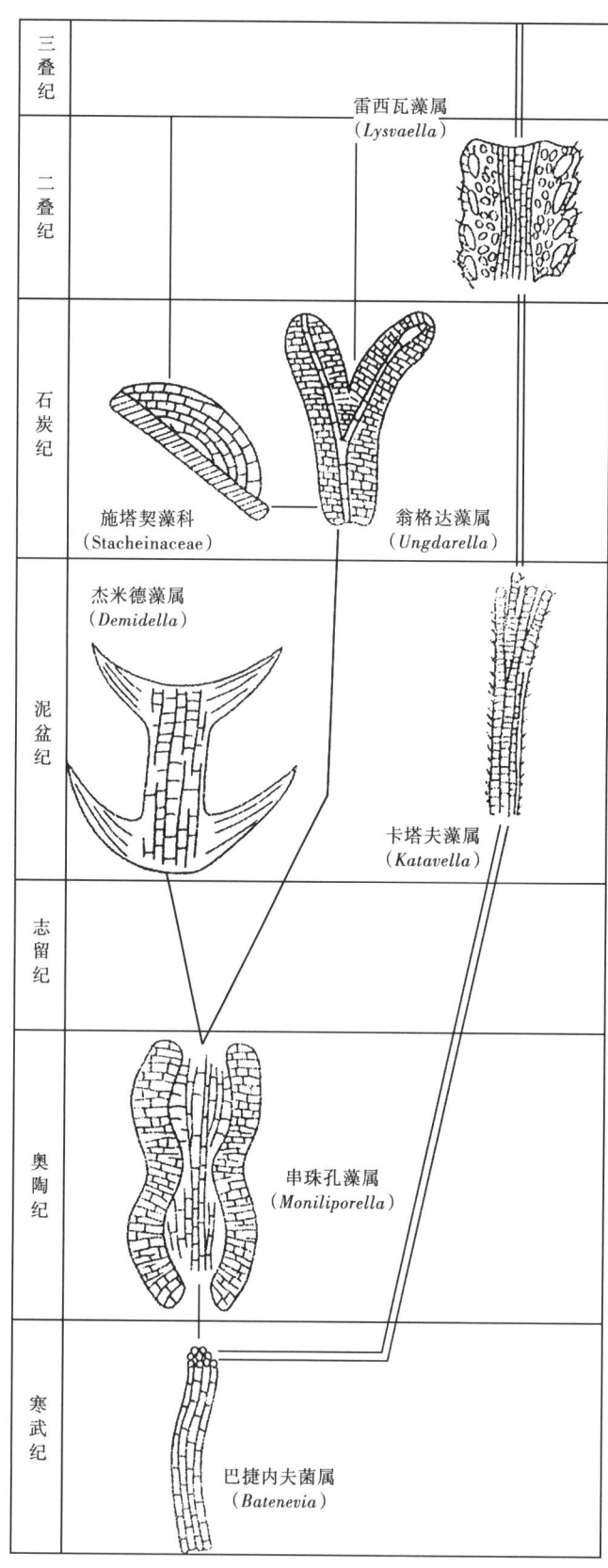

图 4.21 古生代红藻中最重要的各个属之间的系统发育演化关系图

施塔契藻科 Stacheinaceae 的藻类在形态上具有非常大的多样性，我们可以考虑它作为翁格达藻的特殊的演化分支（图 4.22）。此科的藻类具有特殊的生活方式，它们可以在不同的物体上呈薄的包壳或包覆在介壳生物之上呈薄的包壳。可以推测它们是从翁格达藻以幼体生殖的方式产生的。我们将古石叶藻属 Archaeolithophyllum 视为从翁格达藻演化而成的特殊的分支。实际上，古石叶藻属 Archaeolithophyllum 形态的许多细节与那些分节的珊瑚藻是有区别的。在分节的红藻内，其中央叶状体是由细而长的细胞丝体组成，而边缘叶状体的细胞丝体则由那些较大的、多角形细胞组成。而在古石叶藻属 Archaeolithophyllum 内则与其相反，其中央叶状体是由较大的、多角形细胞组成，边缘叶状体的细胞丝体则较小。

另外一个推测的演化分支是很有意思的。这一个演化分支是从 Batenevia 开始，此属到泥盆纪时，它的后代就是卡塔夫藻属 Katavella。卡塔夫藻属 Katavella 具有接近于圆柱形的叶状体，其内中央叶状体和边缘叶状体的划分并不清楚，但在边缘叶状体的外表有一层皮壳细胞层和分布在外表的生殖器官。由此属进一步的演化发展，就在早二叠世末期的空谷期，成为雷西瓦藻属 Lysvaella。此属的叶状体呈亚椭圆形，其内具有很复杂的、能分化成不同的内部结构；其生殖器官位于叶状体的边缘部分，而且在它的外面有一层皮壳细胞层所覆盖。雷西瓦藻属 Lysvaella 长期以来认为是乌拉尔地区属于地区性的一个藻类生物。但是，在不久以前，这个藻类发现于阿富汗中部的早二叠世阿丁斯克期的地层内（Vachard, 1980; Vachard and Montenat, 1981）。因此，雷西瓦藻属 Lysvaella 对于论证分节红藻的起源问题具有重要的意义。

综上所述，古生代红藻，也即是雷西瓦藻属 Lysvaella，可以更确信地说，雷西瓦藻属 Lysvaella 可能可作为珊瑚藻的祖先。雷西瓦藻的叶状体具有中央叶状体和边缘叶状体两部分；中央叶状体是由那些长的细胞组成，其横切面显示多角形细胞，而边缘叶状体是由较大的和等体积的多角形的细胞组成。在珊瑚藻内，如叉节藻属 Amphiroa，如同雷西瓦藻属 Lysvaella 一样，其生殖器官成为一行，分布在叶状体的外表面。叉节藻属 Amphiroa 和雷西瓦藻属 Lysvaella 都具有高大的亚圆柱形的叶状体。为了要说明把雷西瓦藻属 Lysvaella 和与其相似类型的藻类作为分节珊瑚藻的最可能的祖先，我们已经说得足够了。我们决不是这个意思，即认为雷西瓦藻属 Lysvaella 就是分节红藻的直接的祖先，而是推测这条演化的路线可以引导到中生代和新生代大量的分节红藻的产生和发育。

为了要完成红藻系统发育演化关系的总图像，必须要研究一个重要分支的发育状况——单列丝状体的藻类——鲁德洛藻科 Ludloviaceae，即具有细胞结构的表附藻科的藻类。这一科的藻类包括戈顿藻属 Gordonophyton，管状藻属 Tubomorphophyton 及其他的藻类，它们首先出现于寒武纪，而且迅速地在藻类植物群中占据了重要的位置。到奥陶纪和志留纪时，我们可以看出它们的分布区域明显地缩小，而且在藻类植物的总体组成中，其价值也下降，只有个别的属，如鲁德洛藻属 Ludlovia 和科西瓦藻属 Kosvophyton 还存在着，表明这一组合的藻类仍然存在。到现在还没有获得关于这一类化石在早泥盆世和中泥盆世地层内出现的信息。但是，在不久前，晚泥盆世的礁相沉积内找到了这一分支的代表属，即管状藻属 Tubomorphophyton（Chuvashov, 1985）。

研究了整个红藻的演化发育总进程的历史，就可以看出它们的演化过程可以分为三个阶段：第一个阶段是从寒武纪—泥盆纪，在此阶段发育着单列的丝状体红藻，但在此阶段也可出现具有高级组织的红藻，如串珠孔藻属 Moniliporella，杰米德藻科 Demidellaceae，卡塔夫藻科 Katavellaceae 的藻类。第二个阶段是石炭纪—二叠纪，此阶段红藻的特征是其形态的多样性急剧地增加，而且这些红藻都分布在石炭—二叠纪的浅水陆棚地区。在这些藻类中，最主要的藻类且成为发育基础的就是翁格达藻和施塔契藻属 Stacheoides；由中生代开始（三叠纪），并没有出现在红藻发育历史中任何显著的代表。在三叠纪时，从二叠纪红藻的全部组合中，只有两个属，即管孔藻属 Solenopora 和拟刺毛藻属 Parachaetetes 能继续存在。第三个阶段是侏罗纪—第三纪。在此发育阶段的初期，即在早侏罗世和中侏罗世沉积内，红藻同样是很稀

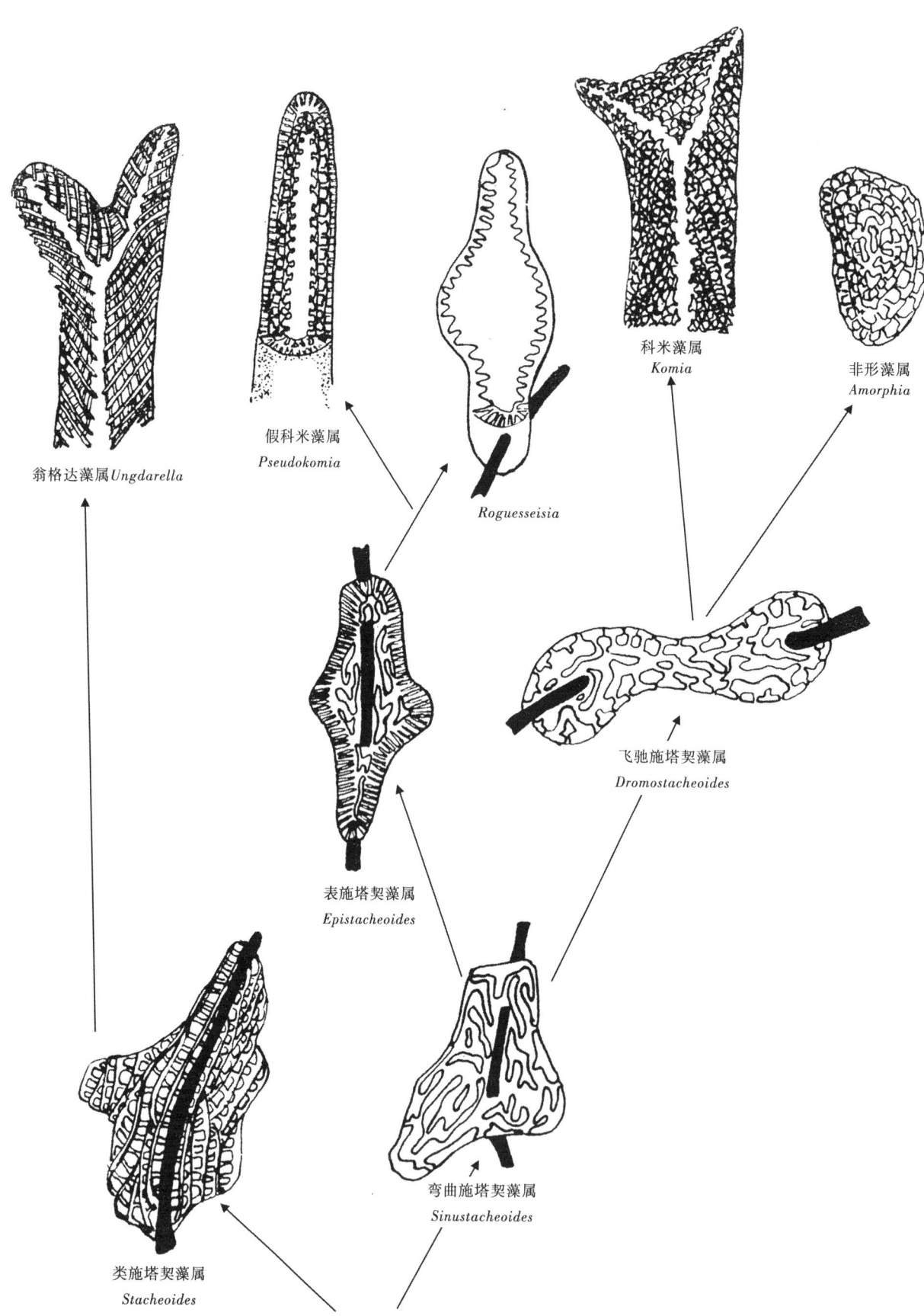

图 4.22 施塔契藻科 Stacheinaceae 中各个属之间的系统发育演化图（据 Perret and Vachard，1977 年）

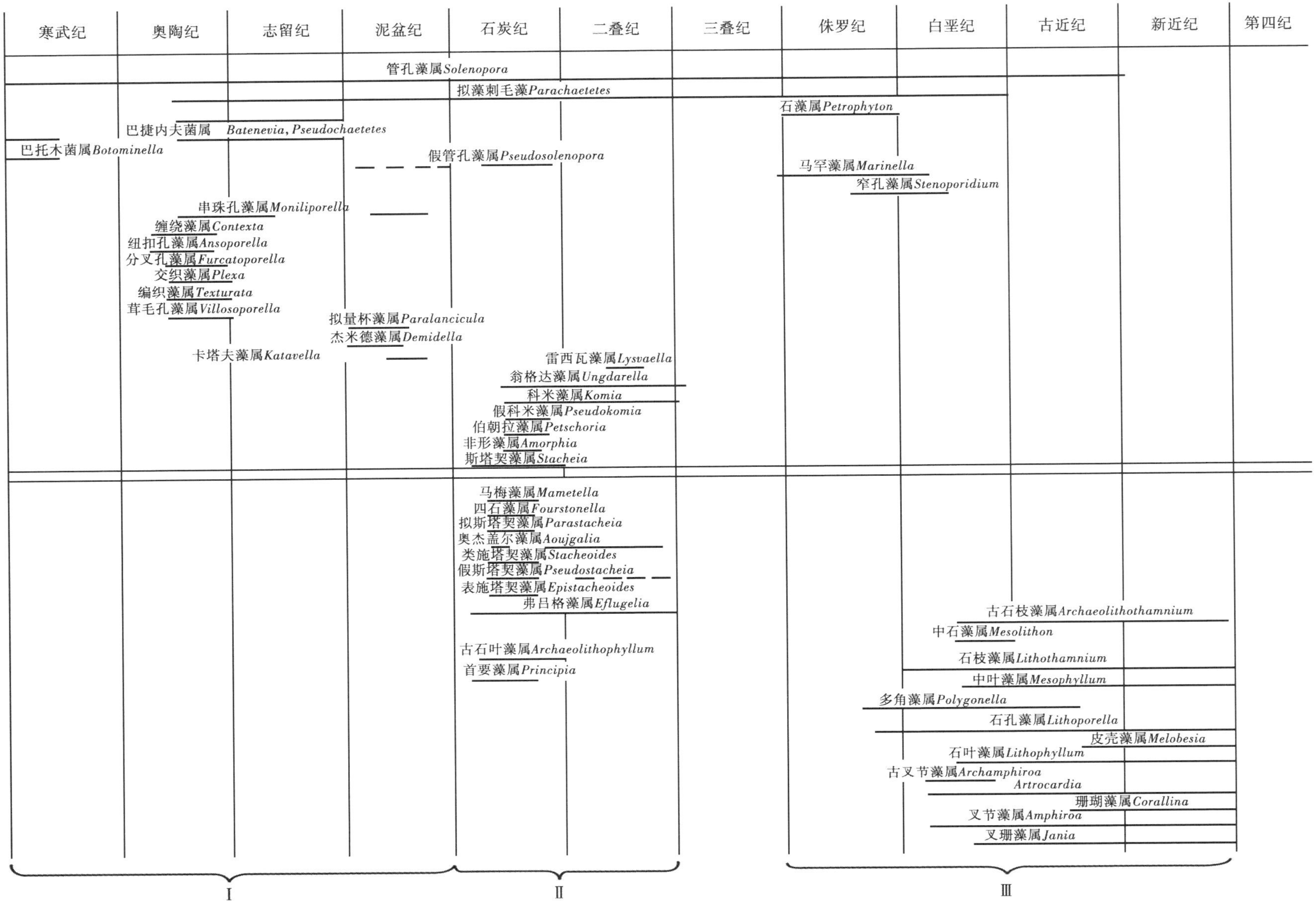

图 4.23 古生代的红藻和中生代、新生代最重要的红藻各属的地层分布图

下划的线代表该化石的延长区间。

121

少和贫乏的。此时期，在整个钙藻组合中，红藻的作用明显地减少。但是，作为补偿的是在三叠纪和侏罗纪的沉积物内繁殖了大量的绿藻，这些绿藻在三叠纪和侏罗纪地层内不仅很丰富，而且具有多样性。可以说晚侏罗世，才开始最后一个红藻继续发育的时期，并直到现在。第一个分节的红藻——古叉节藻属 *Archamphiroa* 出现于晚侏罗世开始时，与此相伴的皮壳藻属 *Melobesia* 也在此时开始发育。在白垩纪和第三纪时，各种各样的红藻不断地发育和扩展，它们占据了所有的、各种各样的生态领域，而且分布在海洋盆地更大的深度范围内，并积极地参与到巨大的礁相沉积物的形成。现在，我们毫不夸大地认为第三阶段，也就是从晚侏罗世—第三纪的时期是红藻繁盛时期。

钙藻和蓝细菌的各个属按字母顺序排列的检索表

Abacella Maslov，1956 托盘藻 (59)

Acanthina Korde，1973 刺藻 (107)

Acetabularia Lamouroux，1816 伞藻 (81)

Acicularia d'Archiac，1843 尖针藻 (81)

Aciculella Pia，1927 细针藻 (71)

Acroporella (Praturlon，1964) Praturlon and Radoicic，1974 尖孔藻 (79)

Acrosiphonia Agardh，1846 尖管藻 (42)

Actinoporella (Gümbel，1882) Conrad 等，1974 射孔藻 (81)

Aeolissaccus Elliott，1958 航空风向囊菌 (19)

Aethesolithon 怪石藻 (105)

Ajakmalajsoria Korde，1957 阿亚克马拉索尔藻（阿亚克马拉索尔是哈萨克斯坦中部的一个湖名） (69)

Albertaporella Johnson，1966 艾伯塔孔藻 (79)

Amgaella Korde，1957 阿姆加藻 (68)

Amicus Maslov，1956 友好藻 (76)

Amorphia Racz，1966 非形藻 (111)

Amphiroa Lamouroux，1816 叉节藻 (115)

Ampullipora Shuysky，1987 烧瓶孔藻 (59)

Anatolipora Konishi，1956 安纳托利亚藻 (77)

Anchicodium Johnson，1946 近松藻 (62)

Angioporella Masse，Conrad and Radoičič，1973 导管孔藻 (79)

Angulocellularia Vologdin，1962 角形蜂窝状菌 (18)

Ansoporella Gnilovskaya，1972 纽扣孔藻 (110)

Anthracoporella Pia，1920 碳孔藻 (72)

Antracoporellopsis Maslov，1956 小碳孔藻 (86)

Aoujgalia Termier and Termier，1950 奥杰盖尔藻（奥杰盖尔是摩洛哥的一条山脉名称） (112)

Aphanothece Peters and Geitler 隐杆藻 (25)

Aphralysia Garwood，1948 泡沫状菌 (33)

Aphroditicodium Elliott，1970 泡沫双松藻 (61)

Aphroporella Gnilovskaya，1972 泡沫孔藻 (71)

Apidium Stolley，1896 梨形藻 (69)

Arabicodium Elliott，1957 阿拉伯松藻 (58)

Archaeosphaera Suleimanov，1945 古球藻 (44)

Archaeolithophyllum Johnson，1956 古石叶藻 (111)

Archaeolithothamnium (Rothpletz) Foslie，1891 古石枝藻 (114)

Archamphiroa Steinmann，1930 古叉节藻 (115)

Arthrocardia 节心藻	(105)
Asphaltina Mamet，1972 沥青菌	(5)
Atractyliopsis Pia，1937 拟纺锤藻	(71)
Avrainvillea 绒扇藻	(55)
Bacilloporella Maslov，1973 杆孔藻	(59)
Bajanophyton Drosdova，1980 巴彦藻	(28)
Balkhanella Srivastava，1973 巴尔坎藻	(79)
Batenevia Korde，1966 巴捷内夫菌	(31)
Batophora Agardh，1854 具刺藻	(72)
Belaya Shuysky，1973 别拉亚菌（这是蓝细菌的一个属名）	(32)
Belzungia Morellet，1908 贝氏藻（这是粗枝藻目的一个属名）	(78)
Beresella Machaev，1939 别立兹藻	(87)
Berestovia Berchenko，1983 （这是管枝藻目的一个属名）	(87)
Bevocastria Garwood，1931 比沃卡斯特里亚菌	(32)
Bicorium Maslov，1956 双真皮藻（这是红藻的一个属名）	(116)
Bija Vologdin，1932 比加菌	(15)
Bijagodella Chuvashov，1973 （这是钙扇藻目的一个属名）	(58)
Bornetella Munier-Chalmas，1877 轴球藻	(68)
Botomaella Korde，1958 巴托木菌	(15)
Botryella Shuysky and Schirschova，1987 小葡萄状藻	(59)
Botrys Schirschova，1984 葡萄状藻	(59)
Boueina Toula，1883 布恩藻	(60)
Brazhnikovia Berchenko，1981 （这是管枝藻目的一个属名）	(86)
Broeckella Morellet，1922 （这是粗枝藻目的一个属名）	(79)
Bryopsis Lamouroux 羽藻	(54)
Cabrieropora Mamet and Roux，1975 （这是粗枝藻目的一个属名）	(79)
Calcicaulis Shuysky and Schirschova，1987 钙茎藻	(87)
Calcifolium Schvetzov and Birina，1935 钙叶藻	(63)
Calcipholium	(42)
Calliarthron 粗珊藻	(105)
Callisphenus Hoeg，1937 丽楔藻	(75)
Callithamnion Whitfield，1894 绢丝藻	(91)
Callithamniopsis Whitfield，1894 类绢丝藻	(75)
Calothrix (Ag.) V. Poljansk. 眉藻	(27)
Cambroporella korde，1950 寒武孔藻	(67)
Campbelliella (Radoičič，1959) Bernier，1974 坎贝尔藻	(77)
Carpenterella Munier-Chalmas，1877 卡彭特藻	(75)
Caryosphaeroides Schopf，1968 类核球藻	(44)
Catellaria Maslov，1955 链条藻	(77)

Catenaella Shuysky, 1987　小链藻 ……………………………………………………………………（88）

Cateniphycus (*Catena*) Maslov, 1956　小链状菌 ………………………………………………………（33）

Caulerpa Lamouroux　蕨藻 ………………………………………………………………………………（55）

Cayeuxia Frollo, 1938　卡优菌 …………………………………………………………………………（24）

Chabakovia Vologdin, 1939　恰巴科夫菌 ………………………………………………………………（17）

Chaetocladus Whitfield, 1894　刺枝藻 …………………………………………………………………（65）

Chaetomorpha Kützing, 1845　硬毛藻 …………………………………………………………………（84）

Cherdyncevella Antrop., 1955　（这是蓝细菌的一个属名）……………………………………………（17）

Chistrichospher　（这是绿藻的接合藻纲的一个属）……………………………………………………（45）

Chlorochytrium Cohn., 1872　绿点藻（这是绿藻的接合藻纲的一个属）……………………………（42）

Chlorocladus Sonder, 1871　绿枝藻 ……………………………………………………………………（78）

Chlorodesmis Bail. and Harv.　绿毛藻 …………………………………………………………………（55）

Chomustachia Korde, 1973　（这是蓝细菌的一个属名）………………………………………………（26）

Chuvashovia Vachard, 1981　丘瓦索夫藻 ……………………………………………………………（112）

Circella Schirschova, 1984　卷曲藻 ……………………………………………………………………（58）

Cladophora Kützing, 1843　刚毛藻 ……………………………………………………………………（84）

Claracrusta Vachard, 1981　亮壳藻 ……………………………………………………………………（87）

Clavapora Güvenc, 1979　棒孔藻 ………………………………………………………………………（73）

Clavaporella kochansky and Herak, 1960　小棒孔藻 …………………………………………………（79）

Clavaphysoporella Endo, 1958；Güvenc 修改，棒形气泡孔藻 ………………………………………（73）

Clibeca Poncet, 1975　克里贝藻 ………………………………………………………………………（61）

Clypeina Michelin, 1845　盾形藻 ………………………………………………………………………（81）

Codium Stackhouse, 1797　松藻 ………………………………………………………………………（52）

Coelosphaeridium Roemer, 1885　腔球藻 ……………………………………………………………（69）

Coelosporella Wood, 1940　腔孢藻 ……………………………………………………………………（71）

Columbiapora Mamet, 1974　哥伦比亚藻 ……………………………………………………………（74）

Coniporella Fischer and Thierry, 1971　锥形孔藻 ……………………………………………………（69）

Connexia Kochansky-Devide, 1970　连接藻 …………………………………………………………（79）

Consinocodium Endo, 1961　相似松藻 ………………………………………………………………（88）

Contexta Gnilovskaya, 1972　缠绕藻 …………………………………………………………………（110）

Corallina Lamouroux, 1816　珊瑚藻 …………………………………………………………………（115）

Coticula Shuysky and Schirschova, 1987　研钵藻 ……………………………………………………（81）

Crinella Sokač and Nikler, 1973　（这是粗枝藻目的一个属名）………………………………………（79）

Cruoria　（这是红藻的一个属）…………………………………………………………………………（91）

Cuneiphycus Johnson, 1960　楔形藻 …………………………………………………………………（112）

Cyclocrinus Eichwald, 1840　圆球藻 …………………………………………………………………（69）

Cylindroporella Johnson, 1954　圆柱孔藻 ……………………………………………………………（72）

Cymopolia Lamouroux, 1816　波纹藻 …………………………………………………………………（75）

Dactylopora Lamarck, 1816　指孔藻 …………………………………………………………………（68）

Dasycladus Agardh, 1827　粗枝藻	(78)
Dasyporella Stolley, 1893　粗孔藻	(72)
Demidella Shuysky, 1985　杰米德藻	(110)
Derbesia　德氏藻	(55)
Dermatolithon Foslie, 1899　皮石藻	(105)
Desmosiphon Borsi　纽带管菌	(28)
Devonoscale　泥盆梯形藻	(5)
Digitella Morellet, 1913　指状藻	(68)
Dimorphosiphon Hoeg, 1927　双形管藻	(58)
Dimorphosiphonoides Guilbault and Mamet, 1976　类双形管藻	(61)
Dinarella Sokač and Nikler, 1969　迪纳尔藻	(79)
Diplopora Schafhäutl, 1863　双孔藻	(73)
Dissocladella Pia, 1936　双枝藻	(74)
Distichoplax Pia, 1934　双板藻（这是红藻的一个属名）	(105)
Diversoporella Gnilovskaya, 1972　分开孔藻	(76)
Dobunniella Elliott, 1975　（这是粗枝藻目的一个属名）	(78)
Dokutchaevskella Berchenko, 1981　（这是管枝藻目的一个属名）	(86)
Donezella Maslov, 1929　顿涅茨克藻	(87)
Dromastacheoides Perret and Vachard, 1977　飞驰施塔契藻	(113)
Dvinella (*Ardengostella*) Vachard, 1977　德维纳藻	(87)
Dvinella Khvorova, 1949　德维纳藻	(87)
Dvinella (*Trinoclella*) Maslov and Kulik, 1955　德维纳藻	(87)
Dzhulfanella Korde, 1965　尤尔法裸松藻	(61)
Edelsteinia Vologdin, 1940　（这是粗枝藻目的一个属名）	(72)
Eflugelia Vachard, 1979　弗吕格藻	(112)
Einoriella Saltovskaya, 1984　（这是管枝藻目的一个属名）	(87)
Embergella Güvenc, 1972　恩伯格藻（这是粗枝藻目的一个属名）	(66)
Endoina Korde, 1965　远藤藻	(74)
Eoclypeina Emberger (Bassoullet 等, 1979)　古盾形藻	(81)
Eodasycladus Cros and Lemoine, 1966　始粗枝藻	(78)
Eogoniolina Endo, 1953　古角形藻	(69)
Eokoninckopora Saltovsk., 1984　古柯尼克孔藻	(69)
Eouraloporella Berchenko, 1981　古乌拉尔孔藻	(87)
Eovelebitella Vachard, 1974　古韦莱比特藻	(73)
Eovolvox Kazmierczak, 1975　古团藻	(44)
Epimastopora Pia, 1922　表乳孔藻	(69)
Epiphyton Bornemann, 1886　表附菌	(19)
Epiphytonoides Korde, 1973　类表附藻	(108)
Epistacheoides Petryk and Mamet, 1972　表施塔契藻	(113)

Erevanella Maslov，1962 （这是红藻的一个属名） ……………………………………………………（111）

Eugonophyllum Konishi and Wray，1961　真果叶藻 ………………………………………………（62）

Euspondyloporella Sokač and Nikler，1973　真连结孔藻 ……………………………………………（79）

Exvotarisella Elliott，1970 （这是管枝藻目的一个属名） …………………………………………（86）

Fanesella Cros and Lemoine，1966 （这是粗枝藻目的一个属名） ……………………………（79）

Fasciella Ivanova，1973 （=*Shartymophycus* Kulik，1973）　束藻 ……………………………（88）

Ferganella Maslov，1955　费尔干纳藻 ………………………………………………………………（74）

Filaria Korde，1973　丝体藻 …………………………………………………………………………（108）

Flabellia Shuysky，1973　扇形菌 ……………………………………………………………………（22）

Fourstonella Cummings，1955　四石藻 ……………………………………………………………（112）

Funiculus Shuysky and Schirschova，1987　线状藻 ………………………………………………（60）

Furcatoporella Gnilovskaya，1972　分叉孔藻 ……………………………………………………（110）

Furcoporella Pia，1918　分叉藻 ……………………………………………………………………（65）

Galaxaura Lamouroux　乳节藻 ……………………………………………………………………（61）

Garwoodia Wood，1941　加伍德菌 …………………………………………………………………（24）

Gelidium Lamouroux　石花菜藻（红藻的一个属）………………………………………………（94）

Gemma Luchinina，1982　凯马菌 ……………………………………………………………………（18）

Girvanella Nicholson and Etheridge.，1878　葛万菌 ……………………………………………（21）

Gissarella Saltovskaya，1979　吉萨尔藻 ……………………………………………………………（82）

Glenobotrydion Schopf，1968　眼球藻 ………………………………………………………………（44）

Globophycus Schopf，1968　球形藻 …………………………………………………………………（44）

Globuloella Korde，1961　小球菌 ……………………………………………………………………（18）

Gloecystis Naegel　胶囊藻 ……………………………………………………………………………（44）

Gloeocapsa (Kütz.) Hollerb.　黏球藻 …………………………………………………………………（8）

Gloeothrichia (Ag.) Thur.　胶刺藻 …………………………………………………………………（28）

Goksuella Güvenc，1965 （这是管枝藻目的一个属名） …………………………………………（87）

Gonialia Vachard，1979　角形藻 ……………………………………………………………………（112）

Goniolina d'Orbigny，1850　小角形藻 ………………………………………………………………（69）

Goniolinopsis Milanovic，1965　类角形藻 …………………………………………………………（69）

Gordonophyton Korde，1973　戈顿藻 ………………………………………………………………（108）

Gymnocodium Pia，1920　裸松藻 ……………………………………………………………………（61）

Gyroporella Gümbel，1872　圆孔藻 …………………………………………………………………（74）

Halicoryne Harvey，1859　海棍藻 …………………………………………………………………（81）

Halimeda Lamouroux　仙掌藻 ………………………………………………………………………（55）

Halycistis（这是钙扇藻目的一个属名）………………………………………………………………（55）

Halysis Hoeg，1932　链状菌 …………………………………………………………………………（21）

Hamulusella Elliott，1978　钩形藻 …………………………………………………………………（81）

Hedstroemia Rothpletz，1913　海德菌 ………………………………………………………………（24）

Helioporella Sokač and Nikler，1973　日孔藻 ………………………………………………………（79）

127

Hemiphyllum 半叶藻 ……………………………………………………………………………………（105）

Herakella Kochansky-Devide，1970 海拉克藻 …………………………………………………（79）

Hetroporella Ott，1968 异孔藻 …………………………………………………………………（72）

Hikorocodium Endo，1951 希科洛松藻 ………………………………………………………（61）

Holosporella Pia，1930 全孢藻 …………………………………………………………………（71）

Homoeothrix (Thur.) Kirchn. 须藻 ……………………………………………………………（27）

Hydrocoleum Kützing 水鞘藻 …………………………………………………………………（8）

Hydrodictyolites Elovski，1930 水网藻 ………………………………………………………（44）

Imperiella Elliott，1975 因佩里藻 ………………………………………………………………（78）

Indopolia Pia，1936 印度藻……………………………………………………………………（75）

Intermurella Elliott，1972 因特姆尔藻(因特姆尔为英国苏格兰南部的一个区域名称) ………（74）

Iskanderkulia Saltovsk.，1984 （这是粗枝藻目的一个属名）…………………………………（68）

Issinella Reitlinger，1954 （这是管枝藻目的一个属名）………………………………………（72）

Ivanovia Chvorova，1946 伊万诺夫藻…………………………………………………………（62）

Ivdelipora Shuysky and Schirschova，1987 伊夫杰利藻（伊夫杰利是北乌拉尔山脉东坡的
  一条河流的名称）………………………………………………………………………………（79）

Izhella Antrop.，1955 依申科菌 ………………………………………………………………（17）

Jania Lamouroux，1816 叉珊藻………………………………………………………………（105）

Jansaella Mamet and Roux，1974 （这是管枝藻目的一个属名）………………………………（87）

Jodotella Morellet，1913 （这是粗枝藻目的一个属名）………………………………………（75）

Johnsonia Korde，1965 约翰逊藻 ……………………………………………………………（69）

Kamaena Antropov，1967 卡马藻 ……………………………………………………………（86）

Kamaenella Mamet and Roux，1974 小卡马藻 ………………………………………………（86）

Kantia Pia，1912 康蒂藻………………………………………………………………………（73）

Karpathia Maslov，1962 喀尔巴阡藻 …………………………………………………………（100）

Karreria Munier-Chalmas，1877 卡勒藻 ……………………………………………………（75）

Katavella Chuvashov，1965 卡塔夫藻（卡塔夫是俄罗斯南乌拉尔地区的一条河流名）………（111）

Kazakhstanelia Korde，1957 哈萨克斯坦藻 …………………………………………………（80）

Kochanskyella Milanovič，1974 科钦恩斯基藻 ………………………………………………（77）

Koivaella Chuvashov，1974 科伊瓦菌 …………………………………………………………（19）

Komia Korde，1951 科米藻 ……………………………………………………………………（111）

Koninckopora Lee，1912 柯尼克孔藻 …………………………………………………………（69）

Kopetdagaria Maslov，1960 科佩特藻 ………………………………………………………（69）

Korilophyton Voronova，1969 科里尔菌 ………………………………………………………（19）

Koscinobullina Cherchi and Schroeder，1979 （这是蓝细菌的一个属名）……………………（33）

Kosvophyton Korde，1973 科西瓦藻 …………………………………………………………（108）

Kulikia Golubtsov，1961 库立克藻 ……………………………………………………………（71）

Kylimia 星体藻 …………………………………………………………………………………（91）

Kundatia Korde，1973 昆达特藻………………………………………………………………（88）

Kymalithon （这是红藻的一个属名） ……………………………………………………………… （105）

Lancicula Maslov，1956　量杯藻 ………………………………………………………………… （48）

Leckhamptonella Elliott，1982 ……………………………………………………………………… （62）

Lemoinella Morellet，1913　勒莫因藻 …………………………………………………………… （75）

Leptolithophyllum　细石叶藻 ……………………………………………………………………… （105）

Likanella Milanovic，1966 ………………………………………………………………………… （65）

Linoporella (Steinmann，1899) Bassoullet 等，1978　线孔藻 ………………………………… （79）

Litanaella Shuysky and Schirschova，1987　小里坦藻 ………………………………………… （58）

Litanaia Maslov，1956　里坦藻 …………………………………………………………………… （58）

Lithocodium Elliott，1956　石松菌 ……………………………………………………………… （88）

Litholepis　（这是红藻的一个属名） …………………………………………………………… （105）

Lithophyllum Philippi，1837　石叶藻 …………………………………………………………… （115）

Lithoporella Foslie，1909　石孔藻 ……………………………………………………………… （115）

Lithothamniurn Philippi，1837　石枝藻 ………………………………………………………… （115）

Litopora Johnson，1964　细孔藻 ………………………………………………………………… （78）

Lorella Borsi　单列藻 ……………………………………………………………………………… （28）

Lowvillia Guilbault and Mamet，1976　洛维藻 ………………………………………………… （61）

Ludlovia Korde，1973　鲁德洛藻 ………………………………………………………………… （108）

Lulipora Shuysky，1984　（这是粗枝藻目的一个属名） …………………………………… （82）

Luteotubulus Vachard，1977　（这是管枝藻目的一个属名） ……………………………… （87）

Lyngbya Ag.　鞘丝藻 ……………………………………………………………………………… （27）

Lysvaella Chuvashov，1971　雷西瓦藻（雷西瓦是乌拉尔山脉中段的西坡的一条河流名） …… （113）

Macroporella Pia，1912　大孔藻 ………………………………………………………………… （74）

Maksimovia Korde，1980　马克西莫娃藻 ……………………………………………………… （68）

Malakhovella Mamet and Roux，1977　马拉霍娃菌 …………………………………………… （21）

Mametella Brenckle，1977　马梅藻 ……………………………………………………………… （112）

Marinella Pfender，1939　马罕藻 ………………………………………………………………… （109）

Maslovina Obrhel，1968　马斯洛夫藻 …………………………………………………………… （58）

Masloviporella Kulik，1973　马斯洛夫孔藻 …………………………………………………… （81）

Mastopora Eichwald，1840　乳孔藻 ……………………………………………………………… （69）

Maupasia Munier-Chalmas，1877 ………………………………………………………………… （69）

Mejerella Korde，1950　梅耶尔藻 ………………………………………………………………… （67）

Mellporella Racz，1965（这是粗枝藻目的一个属名） ……………………………………… （72）

Melobesia Lamouroux，1812　皮壳藻 …………………………………………………………… （114）

Mesolithon Maslov，1955　中石藻 ……………………………………………………………… （114）

Mesophyllum Lemoine，1928　中叶藻 …………………………………………………………… （115）

Metagonolithon　变角石藻 ………………………………………………………………………… （105）

Microcodium Glück，1914　微松菌 ……………………………………………………………… （88）

Microcoleus Desmaz　微鞘藻 ……………………………………………………………………… （88）

129

Microcystis (Kutz.) Elenkin 微囊藻 ……………………………………………………………………… (26)

Mitcheldeania Wethered, 1886 米切尔丁菌 ……………………………………………………………… (22)

Mizzia Schubert, 1907 米齐藻 …………………………………………………………………………… (69)

Mizziella Maslov, 1956 小米齐藻 ……………………………………………………………………… (88)

Moniliporella Gnilovskaya, 1972 串珠孔藻 …………………………………………………………… (110)

Montenegrella Sokač and Nikler, 1973 黑山藻或蒙特内格鲁藻 ……………………………………… (79)

Montiella Morellet, 1922 蒙蒂藻 ………………………………………………………………………… (75)

Morelletina Maslov, 1969 莫瑞莱特藻 ………………………………………………………………… (75)

Morelletpora Varma, 1955 莫瑞莱特孔藻 ……………………………………………………………… (75)

Mucilina Korde, 1973 黏液藻 …………………………………………………………………………… (107)

Nanjinophycus Mu and Riding, 1983 南京裸松藻 …………………………………………………… (61)

Nannoconus Kamptner, 1938 短锥菌 ………………………………………………………………… (88)

Nanopora Wood, 1964 微孔藻 ………………………………………………………………………… (87)

Neoanchicodium Endo, 1954 新近松藻 ……………………………………………………………… (62)

Neogoniolithon 新角石藻 ………………………………………………………………………………… (105)

Neogyroporella Yabe and Toyama, 1949 新圆孔藻 …………………………………………………… (77)

Neomeris Lamouroux, 1816 蠕藻 ……………………………………………………………………… (65)

Neoteuloporella Bassoullet 等, 1978 新梭孔藻 ……………………………………………………… (77)

Nipponophycus Yabe and Toyama, 1928 日本钙藻 …………………………………………………… (62)

Nipponophysoporella Endo, 1959 日本孔藻 …………………………………………………………… (69)

Novantiella Elliott, 1972 诺万泰藻 …………………………………………………………………… (80)

Nubecularites Maslov, 1937 云纹藻 …………………………………………………………………… (26)

Nuia Maslov, 1954 (=*Bogutschanophycus* Korde, 1954) 努亚菌 ………………………………… (88)

Obruchevella Reitlinger, 1948 奥布鲁切夫菌 ………………………………………………………… (3)

Oligoporella Pia, 1912 少孔藻 ………………………………………………………………………… (77)

Ollaria Maslov, 1955 小瓶藻 …………………………………………………………………………… (77)

Orioporella Munier-Chalmas, 1877 定向孔藻 ………………………………………………………… (81)

Orthriosiphon Johnson and Konishi, 1956 早管藻 …………………………………………………… (79)

Orthriosiphonoides Petryk, 1972 类早管藻 …………………………………………………………… (79)

Ortonella Garwood, 1914 奥登菌 ……………………………………………………………………… (15)

Oscillatoria Vauch. 颤藻 ………………………………………………………………………………… (40)

Ovulites Lamarck, 1816 卵石藻 ………………………………………………………………………… (69)

Pachysphaera Conil and Lys, 1964 厚球藻 …………………………………………………………… (44)

Palaeoberesella Mamet and Roux, 1974 古别立兹藻 ………………………………………………… (86)

Palaeocancellus 古格子藻 ……………………………………………………………………………… (44)

Palaeodasycladus Pia, 1927 古粗枝藻 ………………………………………………………………… (78)

Palaeolithothamnium Conti, 1945 古代石枝藻 ………………………………………………………… (114)

Palaeomicrocystis Korde, 1961 古微囊藻 ……………………………………………………………… (18)

Palaeophyllum Maslov, 1950 古叶藻 …………………………………………………………………… (105)

Palaeoporella Stolley，1893　古孔藻 …… （76）

Paleolithophyllum　古石叶藻 …… （105）

Paleothamnium　古枝藻 …… （105）

Paracapsa Naum.（这是蓝细菌的一个属）…… （25）

Parachaetetes Deninger，1906　拟刺毛藻 …… （109）

Paradella Maslov，1956　雨伞藻 …… （63）

Parakamaena Mamet and Roux，1974　拟卡马藻 …… （86）

Paralancicula Shuysky，1973　拟量杯藻 …… （110）

Paraphyllum Lemoine，1969　拟叶藻 …… （114）

Paraporolithon　拟孔石藻 …… （105）

Parastacheia Mamet and Roux，1977　拟施塔契藻 …… （112）

Parastacheoides Mamet and Roux，1977　拟类施塔契藻 …… （99）

Parkerella Morellet，1922　帕克藻 …… （75）

Parmacaulis Shuysky and Schirschova，1987　帕尔马茎藻 …… （88）

Parmiella Schirschova，1985　帕尔马藻（帕尔马是极圈乌拉尔山脉东坡的一条山脉名称）…… （76）

Pediastrites Zalessky，1928　盘星藻 …… （44）

Pedinopora　拱勒藻（这是绿藻的团藻纲的一个属）…… （44）

Pedinoperopsis　冠突藻（这是绿藻的团藻纲的一个属）…… （44）

Pekiskopora Mamet，1974（这是粗枝藻目的一个属）…… （79）

Penicillus　画笔藻 …… （79）

Pentaporella Senowbari-Daryan，1978　五形孔藻 …… （79）

Permocalculus Elliott，1955　二叠钙藻 …… （61）

Permoperplexella Elliott，1968　二叠缠绕藻 …… （74）

Petschoria Korde，1951　伯朝拉藻 …… （111）

Petrascula (Gümbel，1873) Pia，1920　石刻藻 …… （79）

Petrophyton Yabe，1912　石藻 …… （109）

Phormidium Kütz.　席藻 …… （27）

Physoporella Steinmann，1903　囊孔藻 …… （77）

Piaea Florin，1929　皮亚藻 …… （77）

Piania Gowda，1959　小皮亚藻 …… （75）

Placklesia Bilgutay，1968（这是粗枝藻目的一个属）…… （78）

Plectonema Thur.　织线藻 …… （27）

Plexa Gnilovskaya，1972　交织藻 …… （110）

Pokorninella Vachard，1977（这是管枝藻目的一个属）…… （86）

Polyderma　多皮藻 …… （44）

Polygonella Elliott，1957　多角藻 …… （109）

Polymorphocodium Derville，1931　多形松菌 …… （33）

Poncetella Güvenc，1979　庞赛藻 …… （73）

Porolithon　孔石藻 …… （105）

Praedonezella Kulik，1973　前顿涅茨克藻 …… (87)

Praelitanaia Shuysky，1987　前里坦藻 …… (58)

Praturlonella Barattolo，1978　普拉图隆藻 …… (81)

Primicorallina Whitfield，1894　原始珊瑚藻 …… (75)

Principia Brenckle，1982　首要藻 …… (111)

Proaulopora Vologdin，1937　前管孔菌 …… (8)

Proninella Reitlinger，1971　下弯藻（这是管枝藻目的一个属） …… (86)

Pseudoaethesolithon　假怪石藻 …… (105)

Pseudoanthos Korde，1973　假花藻属 …… (107)

Pseudobryopsis　假羽藻 …… (55)

Pseudochaetetes Haug，1883　假刺毛藻 …… (109)

Pseudoclypeina Radoičič，1969　假盾形藻 …… (81)

Pseudocymopolia Elliott，1970　假波纹藻 …… (75)

Pseudogyroporella Endo，1959　假圆孔藻 …… (69)

Pseudokamaena Mamet and Petryk，1972　假卡马藻 …… (86)

Pseudokomia Racz，1966　假科米藻 …… (111)

Pseudonanopora Mamet and Roux，1975　假微孔藻 …… (87)

Pseudosolenopora Mamet and Roux，1977　假管孔藻 …… (109)

Pseudostacheoides Petryk and Mamet，1972　假施塔契藻 …… (112)

Ptychocladia Ulrich and Bassler，1904　褶枝藻 …… (112)

Pustularia Vologdin　多泡藻 …… (115)

Pycnoporidium Yabe and Toyama，1928　密孔藻 …… (109)

Razumovskia Vologdin，1939　拉祖莫夫斯基菌 …… (22)

Rectangulina Antropov.，1950　直角菌 …… (24)

Renalcis Vologdin，1932　肾形菌 …… (26)

Rhabdoporella Stolley，1893　柱孔藻 …… (72)

Rhipocephalus　扇头藻 …… (55)

Rhizoclonium Kützing，1843　根枝藻 …… (84)

Rivularia（Roth.）Thur.　胶须藻 …… (8)

Roguesseisia（这是红藻的一个属） …… (120)

Rostroporella Segonzac，1971　喙孔藻 …… (81)

Rotella Shuysky and Schirschova，1987　轮环藻 …… (76)

Rothpletzella Wood，1948　罗斯普莱兹菌 …… (22)

Sakkionella Segonzac，1970　（这是粗枝藻目的一个属） …… (75)

Salopekiella Milanovič，1965　（这是粗枝藻目的一个属） …… (77)

Salpingoporella（Pia，1918）Conard，1969　号角孔藻 …… (77)

Samarella Maslov and Kulik，1955　萨马拉藻 …… (87)

Sarosiella Segonzac，1972　（这是粗枝藻目的一个属） …… (79)

Scasyporella Shuysky，1987　斯卡兹孔藻 …… (72)

Schizothrix (Kütz.) 裂须藻 ··· (8)

Scytonema Ag. 伪枝藻 ·· (27)

Seletonella Korde, 1950 谢列特藻（藻名来自于哈萨克斯坦北部的一条河流） ··············· (79)

Shartymophycus multiplex Kulik（=*Kulikaella unistratosa* Berchenko=*Frustulata*） 含果藻 ··········· (89)

Shuguria Antrop., 1959 （这是蓝细菌的一个属） ·· (17)

Siamporidium Endo, 1969 暹罗钙藻 ··· (62)

Sinoporella Yabe, 1949 中华藻 ··· (79)

Sinustacheoides Termier and Vachard, 1977 弯曲施塔契藻 ····································· (113)

Solenopora Dybowsky, 1878 管孔藻 ··· (109)

Sphaeroplea Agardh, 1827 环藻 ··· (46)

Sphaeroporella Antropov, 1967 球孔菌 ··· (33)

Sphinctoporella Mamet and Rudloff, 1972 束缚孔藻 ··· (71)

Spirulina Turp. 螺旋藻 ·· (34)

Spongomorpha Kützing, 1843 绵形藻（这是绿藻的一个属） ··································· (42)

Stacheia Brady, 1876 施塔契藻 ··· (112)

Stacheoides Cummings, 1955 类施塔契藻 ·· (112)

Stenoporidium Yabe and Toyama, 1928 窄孔藻 ·· (109)

Stichoporella Pia, 1922 排孔藻 ··· (69)

Stipulella Maslov, 1956 小茎菌 ·· (25)

Stylaella Berchenko, 1981 小柱藻 ·· (86)

Stylocodium Derville, 1931 柱松菌 ·· (33)

Subkamaena Berchenko, 1981 亚卡马藻 ··· (86)

Subterraniophyllum 亚地叶藻 ·· (105)

Subtifloria Maslov, 1956 小花菌 ··· (17)

Succodium Konishi, 1954 短松藻 ·· (61)

Suppiluliumaella Elliott, 1968 （这是粗枝藻目的一个属） ······································· (79)

Taninia Korde, 1973 塔宁菌 ·· (26)

Tauridium Güvenc, 1966 托罗斯藻 ·· (61)

Tenaria Bory, 1832 （这是红藻的一个属） ·· (105)

Terquemella (Munier-Chalmas, 1877) Morellet, 1913 特尔奎姆藻 ······························· (77)

Tersella Morellet, 1951 （这是粗枝藻目的一个属） ·· (79)

Teutloporella Pia, 1912; Bassoullet 等, 1978 修改 梭孔藻 ······································· (78)

Texturata Gnilovskaya, 1972 编织藻 ··· (110)

Thaiporella Endo, 1965 泰国孔藻 ·· (61)

Tharama Wray, 1967 萨拉马菌 ·· (19)

Thibia Shuysky, 1973 长笛藻 ··· (68)

Thyrsoporella Gümbel, 1972 茎孔藻 ··· (78)

Tolypothrix (Kütz.) 单歧藻 ·· (8)

Trinocladus Raineri, 1922 三枝藻 ·· (79)

Triploporella (Steinmann, 1880) Bassoullet 等, 1978　三孔藻 …………………………………………（79）

Tubiphytes Maslov, 1956　管壳石 ……………………………………………………………………（22）

Tubomorphophyton Korde, 1973　管状藻 ……………………………………………………………（108）

Tubophyllum Krasnopeeva, 1955　管叶菌 ……………………………………………………………（30）

Turkmeniaria Maslov, 1960　土库曼斯坦藻 …………………………………………………………（72）

Udotea　钙扇藻 …………………………………………………………………………………………（45）

Ulocladia Shuysky and Schirschova, 1987　卷枝藻 …………………………………………………（72）

Ulothrix　丝藻 …………………………………………………………………………………………（75）

Unella Poncet, 1974　（这是粗枝藻目的一个属） …………………………………………………（77）

Ungdarella Maslov, 1950　翁格达藻 …………………………………………………………………（111）

Unjaella Korde, 1951　乌尼亚藻（乌尼亚是北乌拉尔地区的一条河流的名称） …………………（69）

Uragiella Pia, 1925　（这是粗枝藻目的一个属） …………………………………………………（77）

Uragiellopsis Vachard, 1981 …………………………………………………………………………（65）

Uraimella Chuvashov, 1973　乌赖姆菌（乌赖姆是俄罗斯乌法河左岸的一条河流的名称） ……（32）

Uralella, Korde, 1957　乌拉尔藻 ……………………………………………………………………（72）

Uraloporella Korde, 1950　乌拉尔孔藻 ……………………………………………………………（87）

Urospora Areschoug, 1866　尾孢藻 …………………………………………………………………（42）

Uteria Michelin, 1845　（这是粗枝藻目的一个属） ………………………………………………（79）

Uva Maslov, 1956　串藻 ………………………………………………………………………………（59）

Valonia　法囊藻 ………………………………………………………………………………………（46）

Vasicekia Pokorny, 1951　（这是管枝藻目的一个属） ……………………………………………（83）

Vaucheria De Canddle, 1803　无隔藻 ………………………………………………………………（43）

Velebitella Kochansky-Devide, 1964　韦莱比特藻 …………………………………………………（73）

Vermiporella Stolley, 1893　蠕孔藻 …………………………………………………………………（80）

Vicinisphaera　近球藻 …………………………………………………………………………………（44）

Villosoporella Gnilovskaya, 1972　茸毛孔藻 ………………………………………………………（110）

Visheraia Korde, 1958　（这是蓝细菌的一个属） …………………………………………………（24）

Volvox Linnaeus, 1755　团藻 …………………………………………………………………………（44）

Wetheredella Wood, 1948　韦瑟雷德菌 ……………………………………………………………（33）

Windsoporella Mamet and Rudloff, 1972　窗格孔藻 ………………………………………………（73）

Yakutina Korde, 1972（= *Siberiella* Korde, 1957）　雅库特藻 …………………………………（68）

Zaganolomia Drosdova, 1980　察冈诺洛姆菌 ………………………………………………………（32）

Zidella Saltovskaya, 1984　（这是管枝藻目的一个属） …………………………………………（87）

Zittelina Munier-Chalmas, 1877（= *Maupasia* Munier-Chalmas, 1877）　齐特尔藻 ……………（69）

参 考 文 献

Accordi, B., 1956, Calcareous algae from the Upper Permian of the Dolomites (Italy) with stratigraphy of the "*Bellerophon*-zone". *Jour. Pal. Soc. India*, vol. 1, p. 75-84.

Antropov, I. A., 1955, Devonian blue green algae from central region of eastern Russion Platform. *Proceedings of National University of West Kashan, Russian*. vol. 115, p. 41-53 (In Russian).

Antropov, I. A., 1967, Devonian and lower Carboniferous algae (Tournaisian) from central part of eastern Russian platform. In: Fossil algae of USSR, p. 118-125 (In Russian).

Barattolo, F., et. al., 2008, *Petrascula iberica* (Dragastein and Trappe), *Tersella genotii* Barattolo and Bigozzi, and the relationships of club-shaped dasycladalean algae during Late Triassic-Early Jurassic times. *Geol. Crotica*, vol. 61/2-3, p. 159-176.

Basson, P. W. and Edgell, H. S., 1971, Calcareous algae from the Jurassic and Cretaceous of Lebanon. *Micropaleontology*, vol. 17, no. 4, p. 411-433.

Bassoullet, J. P., Bernier, P., Deloffre, R., Genot, P., Jaffrezo, M., Poignant, A. F. and Segonzac, G., 1977, Classification criteria of Fossil Dasycladales. In: Flügel, E. (ed.), Fossil algae, p. 154-166.

Bassoullet, J. P., Bernier, P., Conrad, M. A., Deloffre, R. and Jaffrezo, M., 1978, Les Algues Dasycladales du Jurassique et du Cretace. *Geobios*, Mem. Spec., no. 2, p. 1-330.

Bassoullet, J. P., Bernier, P., Deloffre, R., Genot, P., Jaffrezo, M., and Vachard, D., 1979, Essai de classification des Dasycladales en tribus (Attempt to classify Dasycladales in Tribes). *Bull. Cent. Rech. Explor. -Prod. Elf-Aquitaine*, vol. 3, no. 2, p. 429-442.

Bassoullet, J. P., Bernier, P., Deloffre, R., Genot, P., Poncet, J. and Roux, A., 1983, Udoteaceae algae from the Paleozoic to the Cenozoic. *Bull. Cent. Rech. Explor. -Prod. Elf-Aquitaine*, vol. 7, no. 2, p. 449-621.

Berchenko, O. I., 1981, Calcareous algae in lower Carboniferous Tournaisian deposits from Donbass, Ukraine. 70p (In Russian).

Berchenko, O. I., 1983, Calcareous algae. In: Late Serpukhovian substage of Donetsk basin. p. 123-129 (In Russian).

Belka, Z., 1979, Shallow-water Solenoporaceae and their environmental adaptation, Upper Permian of the Holy Cross Mts. *Bull. Cent. Rech. Explor. -Prod. Elf-Aquitaine*, vol. 3, no. 2, p. 443-452.

Bebout, D. G. and Coogan, A. H., 1964, Algal genus *Anthracoporella* Pia. *Jour. Paleontology*, vol. 38, p. 1093-1096.

Bertrand-Sarfati, J., 1979, An unusual green, red algae or blue-green alga in a dolomite formation presumed of Late Precambrian age. *Bull. Cent. Rech. Explor. -Prod. Elf-Aquitaine*, vol. 3, no. 2, p. 453-461.

Bornemann, J. G., 1885, Die Versteinerungen des Cambrishen schichten systems der Insel Sardinien. *Verh. Leopold Carolin Deutsch. Akad. Naturforsch.*, Bd. 51, p. 1-147.

Bourque, P. A., Mamet B. and Roux, A., 1981, Algues siluriennes du synclinorium de la baie des chaleurs, Quebec, Canada. *Rev. Micropaleontol.*, vol. 24, p. 83-126.

Brenckle, P. L., Marshall, F. C., Waller, S. F. and Wilhelm, M. H., 1982, Calcareous microfossils from the Mississippian Keokuk Limestone and adjacent formations, Upper Mississippi River Valley: their meaning for North American and intercontinental correlation. *Geol. and Paleontol.*, 1982, Bd,15, p. 47-88.

Brooke, C. and Riding, R., 1998, Ordovician and Silurian coralline red algae. *Lethaia*, vol. 31, p. 185-195.

Brown, A., 1894, On the structure and affinities of the genus *Solenopora* with descriptions of new species. *Geol. Mag.*, new ser., vol. 1, p. 145-152.

Bystricky, J., 1978, *Diplopora borzai* nov. spec. (Dasycladaceae) of the Upper Triassic of the Muran plateau (The West Carpathians Mountains, Slovakia). *Geol. Carpathica*, vol. 29, no. 2, p. 327-336.

Canerot, J., 1979, Algae and their environment in the Malm and the Lower Cretaceous of the Iberian Chain and Catalanides (Spain). *Bull. Cent. Rech. Explor. -Prod. Elf-Aquitaine*, vol. 3, no. 2, p. 505-518.

Chiocchini, M., Mancinelli, M., Molinari-Paganelli, V. and Tilla-Zuccari, A., 1979, Dasycladales and Codiaceae algae stratigraphic distribution in the carbonate platform Mesozoic sequence of the central-southern Lazio (Italy). *Bull. Cent. Rech. Explor. -Prod. Elf-Aquitaine*, vol. 3, no. 2, p. 525-535.

Chuvashov, B. I., 1965, *Katavella*: a new genus of ancient red algae. *Palaeontological Magazine*, 1965, no. 2, p. 144-146 (In Russian).

Chuvashov, B. I., 1971, New Late Paleozoic genera of red algae. *Palaeontological Magazine*, 1971, no. 2, p. 85-89 (In Russian).

Chuvashov, B. I., 1973, Two new green algal genera of Lower Devonian from west slope of the Urals. *Jour. Insti. Geol. and Geoche.*, *Uralian Scientific Centre, the Academy of Sciences, USSR*. vol. 99, p. 18-27 (In Russian).

Chuvashov, B. I., 1973, New Devonian algae from the Urals. *Jour. Insti. Geol. and Geoche.*, *Uralian Scientific Centre, the Academy of Sciences, USSR*. vol. 99, p. 28-47 (In Russian).

Chuvashov, B. I., 1974, Permian calcareous algae from the Urals. In: Algae, Brachiopods and microspores of Permian deposits from western Urals. *Jour. Insti. Geol. and Geoche.*, *Uralian Scientific Centre, the Academy of Sciences, USSR*. vol. 109, p. 3-76 (In Russian).

Chuvashov, B. I. and Riding, R., 1984, Principal floras of Palaeozoic marine calcareous algae. *Palaeontology*, vol. 27, p. 487-500.

Chuvashov, B. I., Uferev, O. V. and Luchinina, V. A., 1985, Middle and Upper Devonian algae from western Siberia and the Urals. In: Palaeozoic biostratigraphy of western Siberia, p. 72-99 (In Russian).

Conrad, M. A. and Radoicic, R., 1979, Remarks on the genus *Kopetdagaria* Maslov (Dasycladales). *Bull. Cent. Rech. Explor. -Prod. Elf-Aquitaine*, vol. 3, no. 2, p. 537-544.

Copper, P., 1976, The cyanophyte *Wetheredella* in Ordovician reefs and off-reef sediments. *Lethaia*, vol. 9, p. 273-281.

Course of lower plants, 1981, published by high school press. 518p (In Russian).

Drosdova, N. A., 1980, Lower Cambrian algae in organic buildups from western Mongolia. Trans. of the joint Soviet-Mongolian palaeontological expedition, vol. 10, 140p., Science Publishing house (In Russian).

Drosdova, N. A. and Sayutina, T. A., 1984, On the microstructure of some early Cambrian calcareous algae and problematica. Problematics of the Palaeozoic and Mesozoic. p. 16-19 (In Russian).

Elenkin, A. A., 1936, Blue green algae of USSR. 984p (In Russian).

Elliott, G. F., 1955, The Permian calcareous algae *Gymnocodium*. *Micropaleontology*, vol. 1, p. 83-90.

Elliott, G. F., 1956, Further records of fossil calcareous algae from the Middle East. *Micropaleontology*, vol. 2, no. 4, p. 327-334.

Elliott, G. F., 1957, New calcareous algae from the Arabian peninsula. *Micropaleontology*, vol. 3, p. 227-230.

Elliott, G. F., 1958. Fossil microproblematica from the Middle East. *Micropaleontology*, vol. 4, no. 4, p. 419-428.

Elliott, G. F., 1968, Permian to Palaeocene calcareous algae (Dasycladaceae) of the Middle East. *Bull. Brit. Mus. Nat. Hist.*, Geol. Suppl., vol. 4, p. 1-109.

Elliott, G. F., 1970, Calcareous algae new to the British Carboniferous. *Paleontology*, vol. 13, no. 3, p. 443-450.

Elliott, G. F., 1972, Lower Palaeozoic green algae from southern Scotland and their evolutionary significance. *Bull. Brit. Mus. Nat. Hist.*, Geol., vol. 22, no. 4, p. 357-376.

Elliott, G. F., 1977, A consideration of the Tribe Thyrsoporelleae, dasyclad algae. *Palaeontology*, vol. 20, no. 3, p. 705-714.

Elliott, G. F., 1978, Ecologic significance of post-Palaeozoic green calcareous algae. *Geol. Magazine*, vol. 115, p. 437-442.

Elliott, G. F., 1982, A possible non-calcified dasycladacean alga from the Carboniferous of England. *Bull. Brit. Mus. Nat. Hist.*, Geol., vol. 36, no. 2, p. 105-107.

Endo, R., 1954, Stratigraphical and paleontological studies of the later Paleozoic calcareous algae in Japan: Several species from kinsho-zan, Akasakamachi Gifa-ken. *Sci. report Saitama University*, ser. B, vol. 1, no. 3, p. 209-216.

Endo, R., 1961, Calcareous algae from the Jurassic Torinosu Limestone of Japan. *Sci. report Saitama University*, ser. B, Comm. vol., p. 53-75.

Endo, R., 1969, Fossil algae from the Khao Phlong Phrab district in Thailand. Contribution to the Geology and Paleontology of Southeast Asia. *Geol. Paleontology Southeast Asia*, no. 7, p. 33-85.

Flajs, G., 1977, Skeletal ultrastructures of calcareous algae. *Paläontographica*, Abt. B, Bd. 160, p. 69-128.

Flügel, E., 1962, Beiträge zur Paläontologie der nordalpinen riffe: Neue spongien und algen aus den Zlambachschichten (Rhät) des westlichen Gosaukammes, Oberösterreich. *Ann. Naturhistor. Mus. Wien*, vol. 65, p. 51-56.

Flügel, E., 1975, Kalkalgen aus riffkomplexen der alpin-mediterranen Obertrias (Calcareous algae from reef-complexes of the alpine-mediterranean Upper Triassic). *Verh. Geol. B-A*, Heft, 2-3, p. 297-346.

Flügel, E., 1977, Fossil algae: Recent results and Developments. Springer-Verlag, p. 1-375.

Flügel, E., 1977, Environmental models for Upper Paleozoic benthic calcareous algal communities. In: Flügel, E. (ed.), Fossil algae: Recent results and Developments, p. 314-343.

Flügel, E., 1979, Paleoecology and microfacies of Permian, Triassic and Jurassic algal communities of platform and reef carbonates from the Alps. *Bull. Cent. Rech. Explor. -Prod. Elf-Aquitaine*, vol. 3, no. 2, p. 569-587.

Flügel, E., 1990, Einschnitte in der Entwicklung Permischer Kalkalgen. *Mitt. Naturwiss. Ver. Steiermark*, vol. 120, p. 99-124.

Flügel, E., Senowbari-Daryan, B. and Stanley, G. D., Jr., 1989, Late Triassic Dasycladacean alga from northeastern Oregon: significance of first reported occurrence in western North America. *Jour. Paleontology*, vol. 63, no. 3, p. 374-381.

Flügel, H., 1963, Algen und problematica aus dem Perm süd-Anatoliens und Irans. *Öster. Akad. der Wiss.*, *Math. Naturwiss. Klass*, *Sitzungsberichte*, Abt. 1, vol. 172, p. 85-95.

Fritz, M. A., 1941, On *Solenopora compacta* (Billings) and the new variety *Solenopora compacta ouareauensis*. *Trans. Roy. Canad. Institute*, vol. 23, pt. 2, p. 157-161.

Fois, E., 1979, A new Dasycladaceans (calcareous algae) assemblage from Triassic of M. Popera (Belluno, Italy). *Riv. Ital. Paleont.*, vol. 85, no. 1, p. 57-84.

Frollo, M. M., 1938, Sur un nouveau genre de codiacee du Jurassique superieur des Karpathes orientales. *Bull. Soc. Geol. France*, ser. 5, vol. 8, no. 3-4, p. 269-271.

Garwood, E. J., 1914, Some new rock-building organisms from the Lower Carboniferous beds of Westmoreland. *Geol. Magazine*, new ser., vol. 6, p. 265-271.

Garwood, E. J., 1931, The Tuedian beds of northern Cumberland and Roxburghshire, east of the Liddel Water. *Quart. Jour. Geol. Soc. London*, vol. 87, p. 97-157.

Genot, P., 1980, Les Dasycladacees du Paleocene superieur et de l' Eocene du bassin de Paris. *Mem. soc. Geol. France*, new ser., vo. 59, no. 138, p. 1-37.

Gnilovskaya M. B., 1972, Middle and late Ordovician calcareous algae from eastern Kazakhstan. Science Publishing house. 192p (In Russian).

Gnoli, M. and Serpagli, E., 1980, The problematical microorganism *Nuia* in the Lower Ordovician of precordilleran Argentina and its paleogeographic significance. *Jour. Paleontology*, vol. 54, p. 1245-1251.

Gollerbaks, M. M. et al., 1953, Freshwater algae of USSR: Blue green algae. 651p (In Russian).

Gollerbaks, M. M. and Polyansky, B. I., 1951, Freshwater algae of USSR. 198p (In Russian).

Golubic, S., 1973, The relationship between blue green algae and carbonate deposits. In: The biology of blue green algae, vol. 9, p. 472.

Golubtzov, V. K., 1961, A new genus of calcareous algae, *Kulikia*, from the Lower Carboniferous Visean in the Republic of Belarus. *Palaeontology and Stratigraphy of Belarus*, vol. 3 p. 348-353 (In Russian).

Gorden, W., 1921, Cambrian organic remains from a dredging in the Weddell Sea. *Scottish National Antarctic expedition* 1902-1904. *Trans. Roy. Soc. Edinburgh*, vol. 52, p. 681-714.

Goreau, T. F., 1963, Calcium carbonate deposition by coralline algae and corals in relation to their roles as reef builders. *N. Y. Acad. Sci. Ann.*, vol. 109, p. 127-167.

Goryunova, S. B. et al., 1969, Blue green algae. 227p (In Russian).

Gromov, B. V., 1976, Ultrastructures of blue green algae. 93p (In Russian).

Grotzinger, J. P. and Hofmann, P. F., 1983, Aspects of Rocknest Formation, Asiak thrustfold Belt, Wopmay orogen, district of Mackenzie. *Current Research*, *Geol. Surv. Canada*, pt. B, p. 83-92.

Guilbault, J. P. and Mamet, B. L., 1976, Codiacees (Algues) Ordoviciennes des Basses-Terres du Saint-Laurent. *Canadian Jour. Earth Sci.*, vol. 13, p. 636-660.

Gusev, M. B. and Kirikova, N. N., 1982, Cyanobacteria: its characteristics, structures and functions. In: Biology of present times, p. 70-82 (In Russian).

Gusev, M. B. and Nikitina, K. A., 1979, Cyanobacteria. 227p (In Russian).

Güvenc, T., 1966, Description de quelques especies d' algues calcaires (Gymnocodiacees et dasycladacees) du

Carbonifere et du Permian des Taurus occidentaux (Turquie). *Revue Micropaleontologie*, vol. 9, p. 94-103.

Güvenc, T., 1979, Upper Paleozoic and Triassic metaspondyl Dasycladaceae. *Bull. Cent. Rech. Explor. -Prod. Elf-Aquitaine*, vol. 3, no. 2, p. 625-637.

Høeg, O. A., 1927, *Dimorphosiphon rectangulare*, preliminary note on a new Codiaceae from the Ordovician of Norway. *Skr. Norske Vidensk. Akad., math. -natur. class*, Bd. 1, no. 4, p. 1-15.

Høeg, O. A., 1932, Ordovician algae from the Trondheim area. *Skr. Norske Vidensk. Akad., math. -natur. class*, Bd. 1, no. 4, p. 63-96.

Høeg, O. A., 1961, Ordovician algae in Norway. *Quarterly of the Colorado School of Mines*, vol. 56, no. 2, p. 107-120.

Herak, M., 1965, Comparative study of some Triassic Dasycladaceae in Yugoslavia. *Geol. Vjesnik Inst. Geol. Istrazivanja, Zagreb*, vol. 18, p. 3-34.

Herak, M. and Kochansky-Devide, V., 1960, Gymnocodiacean calcareous algae in the Permian of Yugoslavia. *Geol. Vjesn. Zagreb*, vol. 13, p. 185-195.

Herak, M. and Kochansky-Devide, V., 1963, Jungpaläozoische Kalkalgen aus den Bükk-Gebirge (Nordungarn). *Geol. Hung., ser. Palaeontol.*, vol. 28, p. 45-77.

Herak, M., Kochansky-Devide, V. and Gusic, I., 1977, The development of the Dasyclad algae through the ages. In: Flügel, E. (ed.), Fossil algae, p. 143-153.

Homann, W., 1972, Unter- und tief-mittelpermian kalkalgan aus den Ratendorfer schichten, dem Trogkofel-kalk und dem Tressdorfer-kalk der Karnischen Alpen (Österreich). *Senckenbergiana Leth.*, vol. 53, p. 133-313.

Ishenko, A. A. and Radionova, A. P., 1981, On the morphological characteristics and systematical position of the genus *Wetheredella* Wood. *Problems of Micropaleontology*, vol. 24, p. 140-151 (In Russian).

Ishenko, A. A., 1985, Silurian algae from the Podolin. Inst. Geol. Science, Acad. of Science, Ukraine, 115p. (In Russian).

Ivanova, P. M., 1973, On the stratigraphy of middle and upper Viseanian deposits of lower Carboniferous from eastern slope of South Urals. In: Carboniferous deposits from eastern slope of South Urals, vol. 82, p. 18-86 (In Russian).

James, N. P., Wray, J. L. and Ginzburg, R. N., 1988, Calcification of encrusting aragonitic algae (Peyssonneliaceae); implications for the origin of Late Paleozoic reefs and cements. *Jour. Sed. Petrology*, vol. 58, p. 291-303.

Johnson, J. H., 1942, Permian lime-secreting algae from the Guadalupe Mountains, New Mexico. *Bull. Geol. Soc. America*, vol. 53, p. 195-226.

Johnson, J. H., 1946, Lime-secreting algae from the Pennsylvanian and Permian of Kansas. *Bull. Geol. Soc. America*, vol. 57, p. 1087-1120.

Johnson, J. H., 1951, Permian calcareous algae from the Apache Mountains, Texas. *Jour. Paleontology*, vol. 25, no. 1, p. 21-30.

Johnson, J. H., 1954, Cretaceous Dasycladaceae from Gillespie County, Texas. *Jour. Paleontology*, vol. 28, no. 6, p. 787-790.

Johnson, J. H., 1956a, Ancestry of the Coralline algae. *Jour. Paleontology*, vol. 30, no. 3, p. 565-567.

Johnson, J. H., 1956b, *Archaeolithophyllum*, a new genus of Paleozoic coralline algae. *Jour. Paleontology*, vol. 30, no. 1, p. 53-55.

Johnson, J. H., 1960, Paleozoic Solenoporaceae and related red algae. *Quarterly of the Colorado School of Mines*, vol. 55, no. 3, p. 1-77.

Johnson, J. H., 1961, Studies of Ordovician algae. *Quarterly of the Colorado School of Mines*, vol. 56, no. 1, p. 1-101.

Johnson, J. H., 1961, Limestone-building algae and algal limestones. 297p.

Johnson, J. H., 1963, Pennsylvanian and Permian algae. *Quarterly of the Colorado School of Mines*, vol. 58, no. 3, p. 1-211.

Johnson, J. H., 1964, The Jurassic algae. *Quarterly of Colorado School of Mines*, vol. 59, no. 2, 129p.

Johnson, J. H. and Danner, W. R., 1966, Permian calcareous algae from northwestern Washington and southwestern British Columbia. *Jour. Paleontology*, vol. 40, no. 2, p. 424-432.

Johnson, J. H. and Dorr, M. E., 1942, The Permian algal genus *Mizzia*. *Jour. Paleontology*, vol. 16, no. 1, p. 63-77.

Johnson, J. H. and Konishi, K., 1956, A Review of Mississippian algae. *Quarterly of the Colorado School of Mines*, vol. 51, no. 4, p. 11-83.

Johnson, J. H. and Konishi, K., 1956, Mississippian algae from the western Canada basin and Montana. *Quarterly of the Colorado School of Mines*, vol. 51, no. 4, p. 88-103.

Johnson, J. H. and Konishi, K., 1959, A review of Silurian (Gotlandian) algae. Part 1 of Studies of Silurian (Gotlandian) algae. *Quarterly of the Colorado School of Mines*, vol. 54, no. 1, p. 1-114.

Johnson, J. H. and Konishi, K., 1959, Some Silurian calcareous algae from northern California and Japan. Part 3 of Studies of Silurian (Gotlandian) algae. *Quarterly of the Colorado School of Mines*, vol. 54, no. 1, p. 131-158.

Kamptner, E., 1958, Über das system und die stammesgeschichte der dasycladaceen (Siphoneae verticillatae). *Ann. Naturhist. Mus. Wien*, vol. 62, p. 95-122.

Khvorova, I. V., 1946, New genera of calcareous algae of Middle Carboniferous deposits from Moscovian Basin. *Reports of the Academy of Sciences*, USSR. vol. 53, no. 8, p. 741-744 (In Russian).

Khvorova, I. V., 1949, New genera of the verticillate siphonaceous algae of Middle Carboniferous from Moscovian synclinorium. *Reports of the Academy of Sciences*, USSR, vol. 65, no. 5, p. 749-752 (In Russian).

Kirkland, B. L., Moore, C. H. Jr. and Dickson, J. A. D., 1993, Well preserved aragonitic phylloid algae (*Eugonophyllum*, Udoteaceae) from the Pennsylvanian Holder Formation, Sacramento Mountains, New Mexico. *Palaios*, vol. 8, p. 111-120.

Klement, K. W. and Toomey, D. F., 1967, Role of the blue-green alga *Girvanella* in skeletal grain destruction and lime-mud formation in the Lower Ordovician of West Texas. *Jour. Paleontology*, vol. 37, p. 1045-1051.

Kochansky-Devide, V., 1964, Die mikrofossilien des Jugoslawischen Perms. *Paläont. Zeitschrift*, vol. 38, p. 180-188.

Kochansky-Devide, V., 1970, Die Kalkalgen des Karbons vom Velebit-Gebirge (Moskovien und Kasimovien). *Palaeontologia Jugoslavica*, vol. 10, 32p.

Kochansky-Devide, V. and Gusic, I., 1971, Evolutions-Tendenzen der Dasycladaceen mit besonderer berücksichtigung neuer funde in Jugoslawien. *Paläont. Zeitschrift*, vol. 45, p. 82-91.

Kochansky-Devide, V. and Herak, M., 1959, On the Carboniferous and Permian Dasycladaceae of Yugoslavia. *Geol. Vjesnik Zagreb*, vol. 13, p. 65-94.

Kolosov, P. N., 1975, On the stratigraphy of upper Precambrian strata in southern Yakutsk, Russian. 155p (In Russian).

Kolosov, P. N., 1977, On the older oil-gas bearing strata in the southeastern part of Siberia platform. 91p (In Russian).

Konishi, K. and Wray, J. L., 1961, *Eugonophyllum*, a new Pennsylvanian and Permian algal genus. *Jour. Paleontology*, vol. 35, no. 4, p. 659-667.

Korde, K. B., 1950a, Cambrian Dasycladaceae from Tuwa region, Russion. *Reports of the Academy of Sciences, USSR*, vol. 73, no. 2, p. 371-374 (In Russian).

Korde, K. B., 1950b, On the morphology of the verticillate siphonaceous algae of the Carboniferous from northern Urals. *Reports of the Academy of Sciences, USSR*, vol. 73, no. 3, p. 569-571 (In Russian).

Korde, K. B., 1950c, Cambrian algal fossils from the Kazakhstan. *Reports of the Academy of Sciences, USSR*, vol. 73, no. 4, p. 809-812 (In Russian).

Korde, K. B., 1951, Some new genera and species of calcareous algae in the Carboniferous deposits from northern Urals. *Transactions of Moscovian Association of Natural Sciences*, Section of Geology, 1951, no. 1, p. 175—182 (In Russian).

Korde, K. B., 1957a, New specimens of siphonaceous algae. Collections for the fundamentals of Paleontology, no. 1, p. 67-75 (In Russian).

Korde, K. B., 1957b, On the knowledge of ancient blue-green algae. *Transactions of Moscovian Association of Natural Sciences*, Section of Geology, 1957, no. 2, p. 164-165 (In Russian).

Korde, K. B., 1961, Cambrian algae from southeastern part of the Siberian platform. *Transactions of the Insti. of Paleontology, the Acad. of Sciences, USSR*, vol. 89, p. 1-147 (In Russian).

Korde, K. B., 1965, Algae (red algae and green algae): the developments and changes of marine organisms at the boundary between the Paleozoic and Mesozoic. *Transactions of the Institute of Paleontology, the Acad. of Sciences, USSR*, vol. 108, p. 268-284 and p. 414-429 (In Russian).

Korde, K. B., 1966a, New materials for the systematics and evolution of Early Paleozoic red algae. *Reports of the Academy of Sciences, USSR*, vo. 166, no. 6, p. 1440-1442 (In Russian).

Korde, K. B., 1966b, On the morphology and systematic position of Paleozoic alga: *Pseudovermiporella*. *Paleontological magazine*, 1966, no. 4, p. 86-91 (In Russian).

Korde, K. B., 1973, Cambrian algae from the USSR. Science Publishing house, p. 1-349 (In Russian).

Korde, K. B. and Maksimova, S. V., 1980, New genera and species of siphonocladian algae from Upper Devonian in Middle Urals. *Paleontological Magazine*, 1980, no. 1, p. 120-124 (In Russian).

Kozlowski, R. and Kazmierczak, J., 1968, On two Ordovician calcareous algae. *Acta Palaeontologica Polonica*, vol. 13, no. 3, p. 325-341.

Krumbein, W. E. and Cohen, Y., 1977, Primary production, mat formation and lithification: Contribution of oxygenic and facultative anoxygenic cyanobacteria. In: Flügel, E. (ed.), Fossil algae: Recent results and Developments, p. 37-56.

Krumbein, W. E., 1978, Geological microbial processes during the accumulation of useful minerals and sedimentary deposits. *Oil and coal natural gas——Petrochemistry*, Bd. 31, p. 147-151.

Krylov, I. N. and Orlensky, V. K., 1986, Experimental models of calcification for algae and bacteria mats and the role of blue green algae for the formation of the deposits of calcium carbonate. *Jour. of the Academy of Sciences, USSR*, Ser. Geol., 1986, no. 5, p. 63-71 (In Russian).

Kukk, A. G., 1965, On the distribution of blue green algae, which can make the water to be green. In: Ecology and Physiology of blue green algae, p. 5-12 (In Russian).

Kulik, E. L., 1964, Carboniferous algae tribe: Bereselleae from the Russian Platform. *Paleontological magazine*, 1964, no. 2, p. 99-114 (In Russian).

Kulik, E. L., 1973, Calcareous algae. In: Stratigraphy and fauna of Carboniferous sediments from the river Shaptem, p. 39-48 (In Russian).

Life of the plants (植物的生命), 1977, Published by the Education Press, 488p (In Russian).

Loeblish, A. R. and Tappan, H., 1961, Suprageneric classification of the Rhizopoda. *Jour. Paleontology*, vol. 35, p. 245-330.

Luchinina, V. A., 1969. *Renalcis polymorphus* Maslov of Udomian Complexes from the river Sukhalinkha. In: Lower Cambrian biostratigraphy and Paleontology of the Siberia and Far East. p. 184-185 (In Russian).

Luchinina, V. A., 1971, On the systematics of the genus *Proaulopora* Vologdin. In: Palaeozoic and Mesozoic algae from the Siberia, p. 5-8 (In Russian).

Luchinina, V. A., 1972, Cambrian calcareous algae *Subtifloria* Maslov and *Batenevia* Korde. In: Problems of Lower Cambrian biostratigraphy and paleontology in the Siberia, p. 217-221 (In Russian).

Luchinina, V. A., 1975, Palaeoalgological characteristics of early Cambrian from the Siberian Platform. *Transactions of Acad. Sci. USSR, Siberian Branch, Inst. Geol. Geophys.*, vol. 216, p. 1-99 (In Russian).

Luchinina, V. A., 1983, On the first finding of calcareous algae from Anabap Massif. In: On the stratigraphy of Late Precambrian and early Palaeozoic in the middle part of the Siberia, p. 110-115 (In Russian).

Luchinina, V. A., 1985, Calcareous algal buildups of early Palaeozoic from northern Siberian Platform. In: Environments and organisms during the geological past, p. 45-50 (In Russian).

Luchinina, V. A., 1986, Calcareous algae of Cambrian organic buildups in Mansk depression. In: Biostratigraphy and Paleontology of Cambrian system in Northern Asia, p. 77-85 (In Russian).

Luchinina, V. A. and Terleev, A. A., 2008, The morphology of the genus *Epiphyton* Bornemann. *Geologia Croatica*, vol. 61/2-3, p. 105-113.

Mamet, B., 1991, Carboniferous algae. In: Riding, R. (ed.), Calcareous algae and Stromatolites, p. 370-451.

Mamet, B., Nassichuk, W. and Roux, A., 1979, Late Paleozoic algae and stratigraphy of the Canadian Arctic. *Bull. Cent. Rech. Explor. -Prod. Elf-Aquitaine*, vol. 3, no. 2, p. 669-683.

Mamet, B. and Roux, A., 1974, Sur quelques Algues tubulaires scalariformes de la Tethys Paleozoique. *Rev. Micropaleontol.*, vol. 17, no. 3, p. 134-156.

Mamet, B. and Roux, A., 1975, Algues Devoniennes et Carboniferes de la Tethys occidentale, (part 3). *Rev. Micropaleontol.*, vol. 18, no. 3, p. 134-187.

Mamet, B. and Roux, A., 1977, Algues rouges Devoniennes et Carboniferes de la Tethys occidentale, (Part 4). *Rev. Micropaleontol.*, vol. 19, no. 4, p. 215-266.

Mamet, B. and Roux, A., 1978, Algues viseennes et namuriennes du Tennessee (Etats-Unis). *Rev. Micropaleontol.*, vol. 21, p. 68-97.

Mamet, B., Roux, A. and Nassichuk, W. W., 1987, Algues Carboniferes et Permiennes de l'Arctique Canadien. *Bull. Geol. Surv. Canada*, no. 342, p. 1-143.

Mamet, B. L. and Rudloff, B., 1972, Algues Carboniferes de la partie septentrionales de l'Amerique du Nord. *Rev. Micropaleont.*, vol. 15, p. 75-114.

Maslov, V. P., 1929, Microscopical algae of Carboniferous limestones from Donetsk basin. *Jour. Geol. Committee*, vol. 48, no. 10, p. 115-138 (In Russian).

Maslov, V. P., 1955, On the new forms of the Tertiary algae. *Reports of the Acad. Sci.*, USSR, vol. 103, p. 145-149 (In Russian).

Maslov, V. P., 1956, Ancient calcareous algae of the USSR. *Transactions of the Insti. Geology*, Acad. Sci., USSR, vol. 160. p. 1-301 (In Russian).

Maslov, V. P., 1960, New Cretaceous algae from Kopetdaga Mountains, Turkmenstan. *Reports of the Academy of Sciences*, USSR, vol. 134, no. 4, p. 939-941 (In Russian).

Maslov, V. P., 1961, Algae and the sedimentation of carbonate deposits. *Jour. Acad. Sci.*, USSR, Section of Geol., 1961, no. 12, p. 81-86 (In Russian).

Maslov, V. P., 1962, , Fossil red algae of USSR and their relations with facies. *Trans. of the Inst. of Geology, The Academy of Sciences*, USSR, vol. 53, 222p (In Russian).

Maslov, V. P., 1973, Atlas of rock-building organisms. Science Publishing house, p. 1-264 (In Russian).

Maslov, V. P. and Kulik, E. L., 1956, A new Carboniferous algal tribe: Bereselleae from the USSR. *Reports of the Academy of Sciences*, USSR, vol. 106, no. 1, p. 126-130 (In Russian).

Morellet, L. and Morellet, J., 1913, Les Dasycladacees du Tertiaire parisien. *Mem. Soc. Geol. France*, Ser. Paleont., vol. 47, 43p.

Morellet, L. and Morellet, J., 1922, Nouvelle contribution a l'etude des Dasycladacees tertiaires parisien. *Mem. Soc. Geol. France*, vol. 58, 37p.

Mu Xinan and Riding, R., 1983, Silicified Gymnocodiacean algae from the Permian of Nanjing, China. *Paleontology*, vol. 26, p. 261-276.

Nicholson, H. A. and Etheridge, R., 1880, A monograph of the Silurian fossils of the Girvan District, Ayrshire. *Scotland Geol. Survey*, Mem., vol. 23, pt, I, 23p.

Okla, S. M., 1987, Algal microfacies in Upper Tuwaiq Mountain Limestone (Upper Jurassic) near Riyadh, Saudi Arabia. *Palaeogeogr. Palaeoclimatol. Palaeoecol.*, vol. 58, p. 55-61.

Orlov, Yu. E., 1963, Fundamentals of Paleontology, Publishing by the Academy of Sciences, USSR, p. 1-698 (In Russian).

Ott, E., 1967, Dasycladaceen (kalkalgen) aus der nordalpinen Obertrias. *Mitt. Bayer. Staatssamml. Palaeont. Hist. Geol.*, vol. 7, p. 205-226.

Ott, E., 1972, Zur kalkalgen stratigraphie der Alpinen Trias. *Mitt. Ges. Geol. Bergbaustud. Wien*, vol. 21, p. 455-464.

Pal, A. K., 1976, The algal family Dasycladaceae——its taxonomy and evolution. Proc. 6th Indian coll. micropalaeotology and stratigraphy, p. 154-181.

Pantic, S., 1963, Gornjopermski mikrofosili iz anizijskih konglomerata Haj Nehaja, Crna Gora. *Vjesnik zavoda za geol. i geof. istraz*, (A), vol. 21, p. 145-167.

Pantic, S., 1970, Lithostratigraphy and micropaleontology of the Middle and Upper Permian of western Serbia. *Vjesnik zavoda za geol. i geof. istraz*, (A), vol. 27, p. 201-215.

Parchenko, V. I., 1981, Calcareous algae at the boundary beds between the Devonian and Carboniferous from west slope of middle Urals. 23p (In Russian).

Petryk, A. A. and Mamet, B., 1972, Lower Carboniferous algal microflora of southwestern Albereta. *Can. Jour. of Earth Sci.*, vol. 9, p. 767-802.

Perret, M. F. and Vachard, D., 1977, Algues et pseudo-algues des calcaires serpoukhoviens d'Ardengost (Hautes Pyrenees). *Ann. Paleontol. Invertebres*, vol. 63, no. 2, p. 85-156.

Peybernes, B., 1979, The Jurassic and lower Cretaceous algae from the French and Spanish Pyrenees: Biostratigraphical and palaeoecological aspects. *Bull. Cent. Rech. Explor. -Prod. Elf-Aquitaine*, vol. 3, no. 2, p. 733-741.

Pia, J. von, 1920, Die Siphoneae verticillatae vom Karbon bis zur Kreide. *Verhandlungen Zool. und Bot. Gesellschaft Wien*, vol. 11, no. 2, p. 1-263.

Pia, J. von, 1927, Thallophyta. In: Hirmer, M. (ed.), Handbuch der Paläobotanik, vol. 1, p. 1-136.

Pia, J. von, 1930, Upper Triassic fossils from the Burmo-Siamese frontier. A new Dasycladacea, *Holosporella siamensis* nov. gen. and nov. sp., with a description of the allied *Aciculella* Pia. *Rec. Geol. Survey India*, vol. 63, 177-181.

Pia, J. von, 1937, Die wichtigsten kalkalgen des Jungpaläozoikums und ihre geologische bedeutung. In: 2nd congr. av strat. geol. Carbonifere, vol. 2, p. 765-856.

Poignant, A. F., 1979a, Mesozoic and Cenozoic corallinaceae: phylogenetic hypotheses. *Bull. Cent. Rech. Explor. -Prod. Elf-Aquitaine*, vol. 3, no. 2, p. 753-755.

Poignant, A. F., 1979b, Generic determination of Mesozoic and Cenozoic Corallinaceae. *Bull. Cent. Rech. Explor. -Prod. Elf-Aquitaine*, vol. 3, no. 2, p. 757-765.

Poncet, J., 1975, *Clibeca devoniana* nov. sp., nov. gen., algue calcaire nouvella de l'Eodevonien du NF du massif Armoricain (France). *Geobios*, vol. 8, no. 2, p. 119-123.

Poncet, J., 1986, Lower Paleozoic calcareous algae from Hudson Bay and Canadian Arctic Archipelago. *Bull. Cent. Rech. Explor. -Prod. Elf-Aquitaine*, vol. 10, no. 2, p. 259-282.

Poncet, J., 1987a, Creation du genre *Californiella* n. gen. (Rhodophycophyta) et revision du genre *Dasyporella* Stolley, 1893 (Dasycladales). *Geobios*, vol. 20, no. 6, p. 837-842.

Poncet, J., 1987b, Paleobiogeography of the genus *Vermiporella* (green calcareous alga) during Middle and Upper Ordovician times. *Ann. Soc. Geol. Nord*, T. 106, p. 279-284.

Pratt, B. R., 2001, Calcification of cyanobacterial filaments: *Girvanella* and the origin of lower Paleozoic lime mud. *Geology*, vol. 29, p. 763-766.

Racz, L., 1966a, Carboniferous calcareous algae and their associations in the San Emiliano and Lois-Ciguera Formations (Prov. Leon, NW Spain). *Leidse Geol. Meded.*, vol. 31, p. 1-112.

Racz, L., 1966b, Late Palaeozoic calcareous algae in the Pisuerga basin (North Palencia, Spain). *Leidse Geol. Meded.*, vol. 31, p. 241-260.

Rezak, R., 1959a, New Silurian Dasycladaceae from the southwestern U. S. *Quarterly of the Colorado School of Mines*, vol. 54, no. 1, p. 117-129.

Rezak, R., 1959b, Permian algae from Saudi Arabia. *Jour. Paleontology*, vol. 33, p. 531-538.

Reitlinger, E. A., 1959, Atlas of microscopic organic remains and problematics from some ancient formations in the Siberia. *Transactions of Inst. of Geology, the Academy of Sciences*, USSR, vol. 25, 56p (In Russian).

Rich, M., 1967, *Donezella* and *Dvinella*, widespread algae in Lower and Middle Pennsylvanian rocks in east-central Nevada and west-central Utah. *Jour. Paleontology*, vol. 41, no. 4, p. 973-980.

Riding, R., 1975, *Girvanella* and other algae as depth indications. *Lethaia*, vol. 8, p. 173-179.

Riding, R. (ed.), 1991, Calcareous algae and stromatolites. Springer-Verlag, p. 1-571.

Riding, R., 1979, *Donezella* bioherms in the Carboniferous of the southern Cantabrian Mountains, Spain. *Bull. Cent. Rech. Explor. -Prod. Elf-Aquitaine*, vol. 3, no. 2, p. 787-794.

Riding, R., 1984, Sea-level changes the evolution of benthic marine calcareous algae during the Palaeozoic. *Jour. Geol. Soc.*, vol. 141, p. 547-553.

Riding, R., Cope, J. C. W. and Taylor, P. D., 1998, A coralline-like red algae from the Lower Ordovician of Wales. *Paleontology*, vol. 41, p. 1069-1076.

Riding, R. and Voronova, L., 1984, Assemblages of calcareous algae near the Precambrian/Cambrian boundary in Siberia and Mongolia. *Geol. Mag.*, vol. 121, p. 205-210.

Riding, R. and Voronova, L., 1985, Morphological groups and series in Cambrian calcareous algae. In: Toomey, D. F. and Nitecki, M. H. (eds.), Paleoalgology: contemporary research and applications, p. 56-78.

Roux, A., 1979, Revision of the genus *Epimastopora* Pia, 1922 (Dasycladaceae). *Bull. Cent. Rech. Explor. -Prod. Elf-Aquitaine*, vol. 3, no. 2, p. 803-810.

Rozanov, A. Y., 1980, The centre of occurrence for Cambrian fauna. In: Paleontology and stratigraphy, 26th Intern. Geological Congress, p. 30-34.

Saltovskaya, V. D., 1975, On the algal genus *Palaeoporella* Stolley. Problems of Palaeontology in the Tajikstan, p. 54-69 (In Russian).

Saltovskaya, V. D., 1975, On the genus: *Epiphyton* Bornemann: its possible synonym and stratigraphical significance. Problems of Palaeontology in the Tajikstan, p. 70-88 (In Russian).

Saltovskaya, V. D., 1979, New calcareous algae of Middle Carboniferous from the Tajikstan. *Jour. of the Academy of Sciences of Tajikstan*, Section of Biological Sciences, vol. 74, p. 88-93 (In Russian).

Saltovskaya, V. D., 1984, Some Palaeozoic calcareous algae from the Tajikstan. New species of ancient flora and fauna from the Tajikstan. The Institute of Geol., Academy of Sciences, Tajikstan. p. 141-160 (In Russian).

Schirschova, D. I., 1980, New materials for a algal genus *Paralancicula*. In: Palaeontology and biostratigraphy of Middle Paleozoic from the Urals, p. 93-97. The Institute of Geology and Geochemistry, Uralian Scientific Centre, the Academy of Sciences, USSR (In Russian).

Schlagintwelt, F., 2008, New findings of halimedacean algae from the Late Triassic Dachstein limestone of the northern calcareous Alps (Hochschwab area, Styria, Austria). *Geologia Crotica*, vol. 61/2-3, p. 129-133.

Schvetsov, M. S. and Birina, L. M., 1935, On the petrology and origin of the Oka Limestones in the Mikhalov-Aleksin region. *Trans. Moscovian Geol. Trest*, vol. 10, p. 1-86 (In Russian).

Senowbari-Daryan, B. and Flügel, E., 1993, *Tubiphytes* Maslov, an enigmatic fossils: Classification, fossil record and significance through time. Part 1: Discussion of Late Paleozoic materials. *Bull. Soc. Paleont. Ital.*, Spec. vol., no. 1, p. 353–382.

Senowbari-Daryan, B., Torabi, H. and Rashidi, K., 2008, New solenoporaceans from Upper Triassic (? Norian-Rhaetian) reef limestones in central Iran. *Geologia Crotica*, vol. 61/2-3, p. 135–157.

Senowbari-Daryan, B., Bucur, I. L. and Schlagintweit, F., 2008, *Crescentiella*, a new name for "*Tubiphytes*" *morronensis* Crescenti, 1969: an enigmatic Jurassic-Cretaceous microfossil. *Geologia Crotica*, vol. 61/2-3, p. 185–214.

Shitina, A. A. and Pankratova, E. M., 1974, The interaction of nitrogen-fixing blue green algae with microorganisms and associated organisms. In: Urgent problems for the biology of blue green algae, p. 61–78 (In Russian).

Shuysky, V. P., 1973a, Algal genus: *Lancicula* from Lower Devonian of the Urals. *Jour. of the Institute of Geology and Geochemistry, Uralian Scientific Centre, the Academy of Sciences, USSR.* vol. 99, p. 3–17 (In Russian).

Shuysky, V. P., 1973b, Two new Lower Devonian genera of green algae from western slope of the Urals. *Jour. of the Institute of Geology and Geochemistry, Uralian Scientific Centre, the Academy of Science, USSR*, vol. 99, p. 18–27 (In Russian).

Shuysky, V. P., 1973c, Lower Devonian reef-building calcareous algae from the Urals. *The Institute of Geology and Geochemistry, Uralian Scientific Centre, the Academy of Sciences, USSR*, p. 1–155 (In Russian).

Shuysky, V. P., 1985, On the systematical position of Palaeoberesellids and other segmental algae within the family Siphonophyceae. In: New materials of Geology, biostratigraphy and paleontology from the Urals. *The Institute of Geology and Geochemistry, Uralian Scientific Centre, the Academy of Sciences, USSR*, p. 86–95 (In Russian).

Shuysky, V. P., 1986, New representative of dacyclad algae from the Lower Devonian of the Urals. *Trans. of Inst. of Paleontology, the Academy of Sciences, USSR*, vol. 2, p. 118–122 (In Russian).

Shuysky, V. P. and Schirschova, D. I., 1985, On the revision of the genus *Lancicula* Maslov. In: New materials of Geology, biostratigraphy and paleontology from the Urals. *The Institute of Geology and Geochemistry, Uralian Scientific Centre, the Academy of Sciences, USSR*, p. 96–104 (In Russian).

Sirenko, L. A., 1969, The physio- and biochemistry characteristics of blue green algae and its chief task of researches (In Russian).

Stefano, P. D. and Senowbari-Daryan, B., 1985, Upper Triassic Dasycladales (green algae) from the Palermo Mountains (Sicily, Italy). *Geologica Rom.*, vol. 24, p. 189–220.

Stolley, E., 1893, Über silurische Siphoneen. *Neues Jahrb. Mineral. Geol. und Paläontol.*, vol. 2, p. 135–146.

Tappen, H., 1974, Molecular oxygen and evolution. In: Molecular oxygen in biology. North-Holland publishing company, p. 81–135.

Termier, G., Termier, H. and Vachard, D., 1975, Recherches micropaleontologiques dans le Paleozoique superieur du Maroc Central. *Cahiers Micropaleontol.*, vol. 4, p. 1–99.

Termier, G., Termier, H. and Vachard, D., 1977, On Moravamminida and Aoujgaliida (Porifera, Ischyrospongia): Upper Paleozoic" Pseudo algae". In Flügel, E. (ed.), Fossil algae, p. 215–219.

Termier, G., Termier, H. and Vachard, D., 1977, Monographie paleontologique des affleurements Permiens du

Djebel Tebaga (Sud Tunisien). *Palaeontographica*, Abt. A, Bd. 156, p. 1-109.

Titorenko, T. N., 1970, On the stratigraphy of Vendian and Lower Cambrian sediments in the eastern part of Irkutskian regions. 30p (In Russian).

Toomey, D. F. and Nitecki, M. H. (eds.), 1985, Paleoalgology: Contemporary research and applications. Springer-Verlag, p. 1-376.

Toomey, D. F., 1985, Dasyclad algae within Permian (Leonard) cyclic shelf carbonates (Abo), northern Midland Basin, West Texas. In: Toomey, D. F. and Nitecki, M. H. (eds.), Paleoalgology: contemporary research and applications, p. 315-329.

Vachard, D., 1974, Sur les dasycladacees metaspondules vestibulaires, a propos d'un de leurs representants viseens: *Eovelebitella occitanica* nov. gen., nov. sp. *C. R. Acad. Sci.* Paris, D 279, no. 25, p. 1855-1858.

Vachard, D., 1980, Tethys et Gondwana au Paleozoque superieur, les donnees afghanes. *Docum. et Trav.*, Inst. Geol. Albert de Lapparent, no. 2, 460p.

Vachard, D. and Montenat, C., 1981, Biostratigraphie, micropaleontologie et paleogeographie du Permian de la region de Tezak (Montagnes Centrales d'Afghanistan). *Palaeontographica*, Abt. B, vol. 178, p. 1-88.

Valet, G., 1969, Contribution a l'etude des dasycladales, Revision systematique. *Nova Hedwigia*, vol. 17, p. 551-644.

Valet, G., 1979, Paleoecological approach to Dasycladales from the ecology of recent forms. *Bull. Cent. Rech. Explor. -Prod. Elf-Aquitaine*, vol. 3, no. 2, p. 855-857.

Vinogradova, K. L., 1979, The algae from the Far-East Seas, USSR. 146p (In Russian).

Vinogradova, K. L., Gollerbaks, M. M., Zhauel, L. M. and Sdobnikova, N. V., 1980, Fresh water algae of USSR. 248p. (In Russian).

Vologdin, A. G., 1940, Archaeocyathids and calcareous algae from Cambrian limestones in Mongolia and Tuwa region. 268p (In Russian).

Vologdin, A. G., 1962, The oldest calcareous algae of USSR. 655p (In Russian).

Voronova, L. G. and Radionova, A. P., 1976, Paleozoic algae and microphytolites of USSR. 219p (In Russian).

Voronova, L. G., 1979, Calcitizated algae of the Precambrian and the Early Cambrian. *Bull. Cent. Rech. Explor. -Prod. Elf-Aquitaine*, vol. 3, no. 2, p. 867-871.

Walter, M. R. and Awramik, S. M., 1979, *Frutexites* from stromatolites of the Gunflint Iron Formation of Canada, and its biological affinities. *Precambrian Research*, vol. 9, p. 22-33.

Whittaker, R. H., 1969, New concepts of kingdoms or organisms. *Science*, no. 163, p. 150-159.

Wilson, E. C., Waines, R. H. and Coogan, A. H., 1963, A new species of *Komia* Korde and the systematic position of the genus. *Palaeontology*, vol. 6, p. 246-253.

Wood, A., 1940, Two new calcareous algae of the family Dasycladaceae from the Carboniferous limestone. *Proc. Geol. Soc. Liverpool*, vol. 18, p. 14-18.

Wood, A., 1941, The Lower Carboniferous calcareous algae *Mitcheldeania* Wethered and *Garwoodia*, gen. nov. *Proc. Geol. Assoc.*, vol. 52, p. 216-226.

Wood, A., 1948, "*Sphaerocodium*", A misinterpreted fossil from the Wenlock limestone. *Proc. Geol. Assoc.*, vol. 59, p. 9-22.

Wood, A, 1964, A new dasycladacean alga, *Nanopora*, from the Lower Carboniferous of England and Kazakhstan.

Paleontology, vol. 7, p. 181-185.

Wray, J. L., 1967, Upper Devonian calcareous algae from the Canning Basin, western Australia. *Professional Contributions of the Colorado School of Mines*, no. 3, p. 1-76.

Wray, J. L., 1979, Paleoenvironmental reconstructions using benthic calcareous algae. *Bull. Cent. Rech. Explor. -Prod. Elf-Aquitaine*, vol. 3, no. 2, p. 873-879.

Zavarzin, G. A., 1984, Bacteria and atmospheric composition. 191p (In Russian).

Zinova, A. D., 1967, Identification of green algae, brown algae and red algae from southern Seas in USSR. Science Publishing house, 398p (In Russian).